U0812286

中国元宝枫

ZHONGGUO YUANBAOFENG

王性炎 著

西北农林科技大学出版社

图书在版编目(CIP)数据

中国元宝枫 / 王性炎著. — 杨凌：西北农林科技大学出版社，2013.6
(2019.5 重印)
ISBN 978-7-81092-826-7
Ⅰ.①中… Ⅱ.①王… Ⅲ.①元宝枫—栽培技术. Ⅳ.①Q792.35

中国版本图书馆 CIP 数据核字(2013)第 144747 号

中国元宝枫
王性炎 著

出版发行	西北农林科技大学出版社		
地　　址	陕西杨凌杨武路3号	**邮　　编**	712100
电　　话	总编室:029-87093105	**发 行 部**	87093302
电子邮箱	press0809@163.com		
印　　刷	陕西天地印刷有限公司		
版　　次	2013年11月第1版		
印　　次	2019年5月第3次印刷		
开　　本	787mm×960mm　1/16	插页	20
印　　张	22		
字　　数	456千字		

ISBN 978-7-81092-826-7

定价:68.00元
本书如有印装质量问题,请与本社联系

内蒙古科尔沁沙漠中的元宝枫天然林秋叶正红

元宝枫的花枝

元宝枫的果枝

内蒙古科尔沁沙地中元宝枫天然林风蚀裸根仍健壮生长

陕西省“八五”科技攻关“元宝枫开发利用研究”成果鉴定会合影

"九五"国家科技攻关"元宝枫丰产栽培及产业化技术"国家科技部验收鉴定为林业项目重大成果之一

成果汇编封面

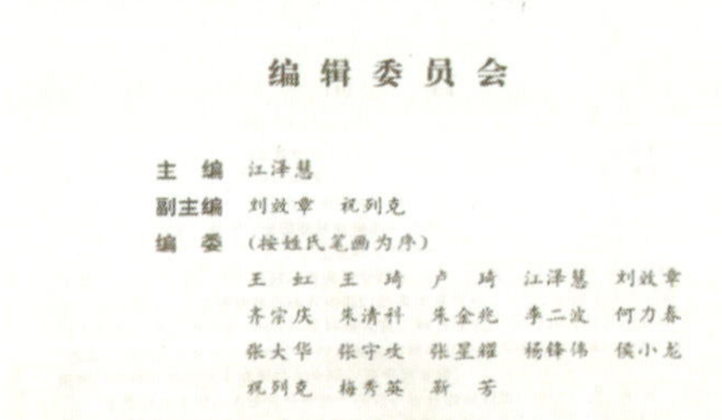

编辑委员会

主　编　江泽慧

副主编　刘效章　祝列克

编　委　（按姓氏笔画为序）

王　虹　王　琦　卢　琦　江泽慧　刘效章
齐宗庆　朱清科　朱金兆　李二波　何力春
张大华　张宇改　张星耀　杨锋伟　侯小龙
祝列克　梅秀英　靳　芳

成果汇编编委会

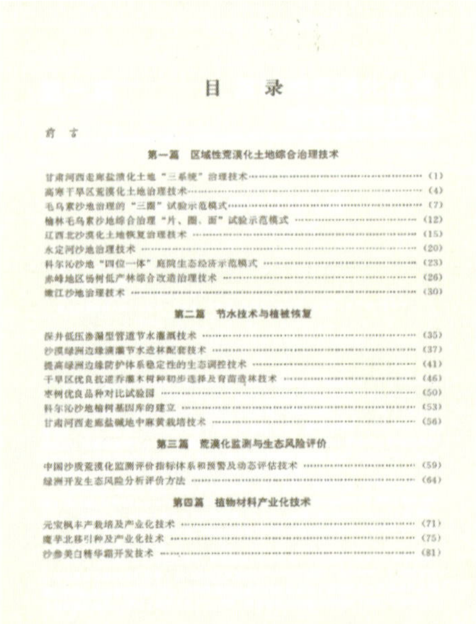

目　　录

成果汇编目录

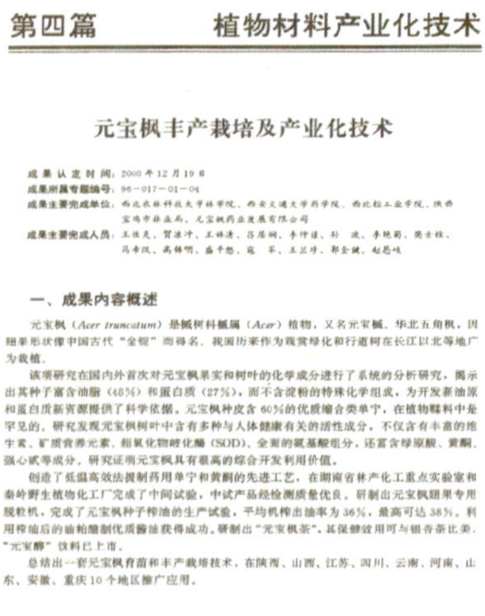

第四篇　植物材料产业化技术

元宝枫丰产栽培及产业化技术

成果认定时间：2000年12月19日
成果所属专题编号：96－017－01－04
成果主要完成单位：西北农林科技大学林学院、西安交通大学药学院、西北轻工业学院、陕西宝鸡市林业局、元宝枫药业发展有限公司
成果主要完成人员：王性炎、贺浪冲、王姝清、吕居娴、李仲谨、孙　波、李艳菊、樊金栓、马希汉、高锦明、盛平想、寇　军、王兰珍、郭金健、赵忠峻

一、成果内容概述

元宝枫（*Acer truncatum*）是槭树科槭属（*Acer*）植物，又名元宝槭、华北五角枫，因翅果形状像中国古代"金锭"而得名。我国历来作为观赏绿化和行道树在长江以北等地广为栽植。

该项研究在国内外首次对元宝枫果实和树叶的化学成分进行了系统的分析研究，揭示出其种子富含油脂（48%）和蛋白质（27%），而不含淀粉的特殊化学组成，为开发新油源和蛋白质新资源提供了科学依据。元宝枫种皮含60%的优质缩合类单宁，在植物鞣料中是罕见的。研究发现元宝枫树叶中含有多种与人体健康有关的活性成分，不仅含有丰富的维生素、矿质营养元素、超氧化物歧化酶（SOD）、全面的氨基酸组分，还富含绿原酸、黄酮、强心甙等成分。研究证明元宝枫具有很高的综合开发利用价值。

创造了低温高效法提制药用单宁和黄酮的先进工艺，在湖南省林产化工重点实验室和秦岭野生植物化工厂完成了中间试验，中试产品经检测质量优良。研制出元宝枫翅果专用脱粒机，完成了元宝枫种子榨油的生产试验，平均机榨出油率为36%，最高可达38%。利用榨油后的油粕酿制优质酱油获得成功。研制出"元宝枫茶"，其保健效用可与银杏茶比美，"元宝醇"饮料已上市。

总结出一套元宝枫育苗和丰产栽培技术，在陕西、山西、江苏、四川、云南、河南、山东、安徽、重庆10个地区推广应用。

成果汇编项目名称

王性炎教授与赵恩岐工程师研制的
“元宝枫翅果专用脱粒机”2003年获国家专利证书

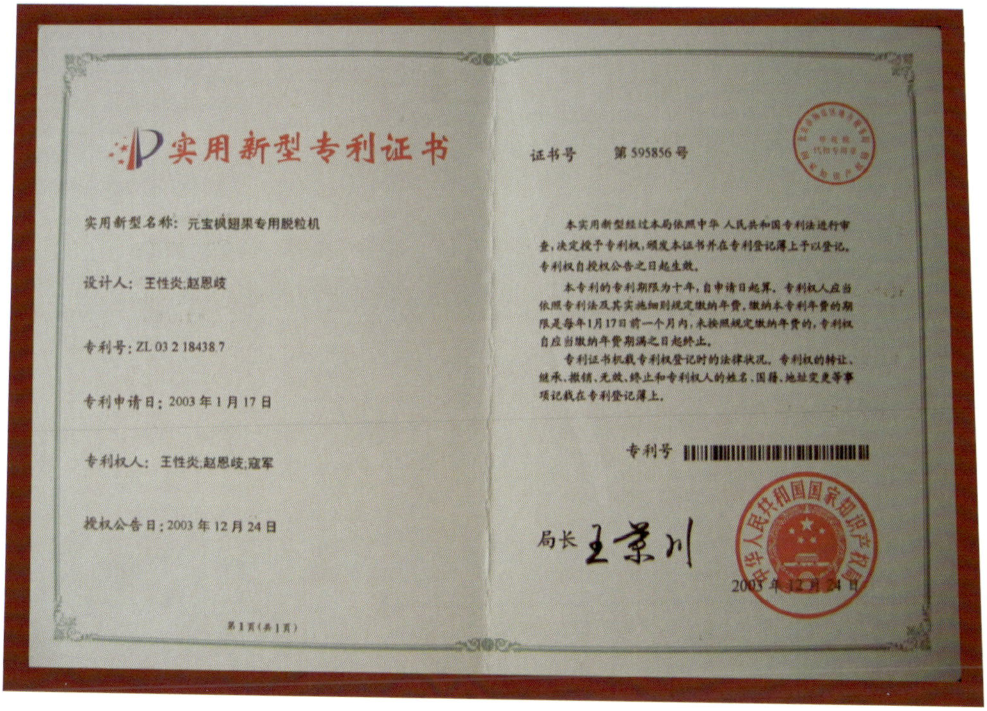

实用新型专利证书

实用新型名称：元宝枫翅果专用脱粒机

设计人：王性炎;赵恩岐

专利号：ZL 03 2 18438.7

专利申请日：2003 年 1 月 17 日

专利权人：王性炎;赵恩岐;寇军

授权公告日：2003 年 12 月 24 日

第 1 页（共 1 页）

证书号　第 595856 号

本实用新型经过本局依照中华人民共和国专利法进行审查，决定授予专利权，颁发本证书并在专利登记薄上予以登记。专利权自授权公告日起生效。

本专利的专利期限为十年，自申请日起算。专利权人应当依照专利法及其实施细则规定缴纳年费。缴纳本专利年费的期限是每年1月17日前一个月内。未按照规定缴纳年费的，专利权自应当缴纳年费期满之日起终止。

专利证书记载专利权登记时的法律状况。专利权的转让、继承、撤销、无效、终止和专利权人的姓名、国籍、地址变更等事项记载在专利登记薄上。

专利号

局长 王景川

2003 年 12 月 24 日

专 利 证 书

西安交通大学药学院院长贺浪冲教授介绍“元宝枫药用开发研究”

王性炎教授带领研究生与秦岭野生植物化工厂科技人员
共同进行元宝枫叶提取黄酮的中间试验

王性炎教授用ZLY-90型榨油机压榨元宝枫种子，出油率为32%（1972年）

1970年元月王性炎教授在国营酱醋加工厂（杨凌）用元宝枫油渣生产第一批元宝酱油现场一角

国家科学技术部部长徐冠华（右四）视察元宝枫研究成果

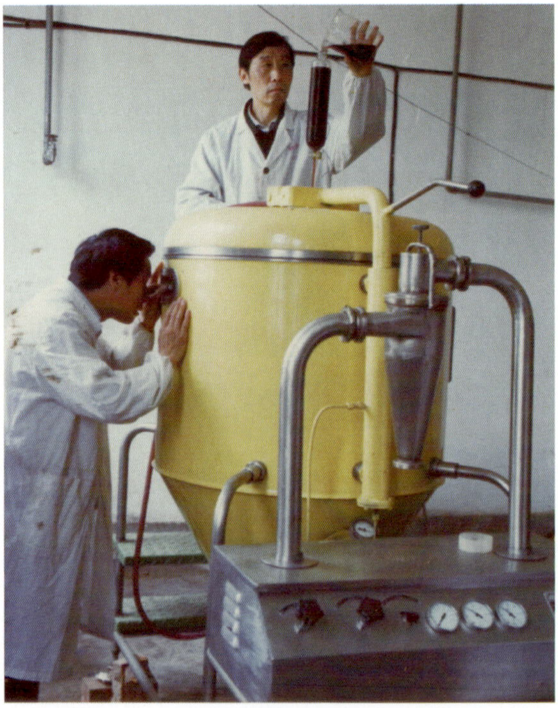

元宝枫丹宁制取

王姝清教授和李艳菊（研究生）检查元宝枫二年生嫁接苗开花情况

元宝枫一年生嫁接苗开花状态

元宝枫产品

元宝枫神经酸油
北京元宝枫世纪农业科技有限公司

木之元生命配方油
北京元宝枫世纪农业科技有限公司

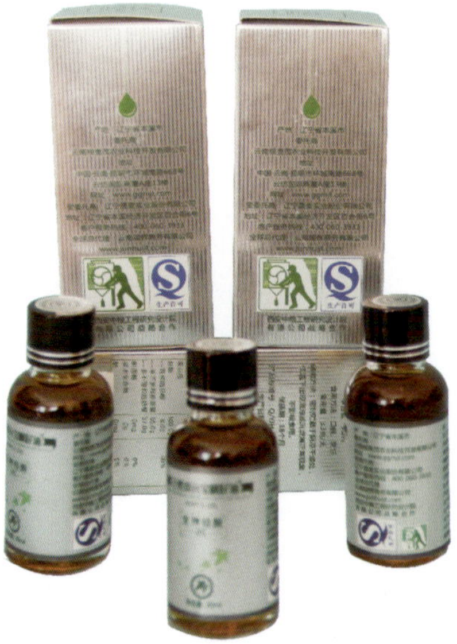

元宝枫神经酸油
云南根贵茂农业科技开发有限公司

元宝枫生命油
四川省元宝枫生态资源开发有限公司

元宝枫油
山东潍坊绿源生物科技有限公司

元宝枫油
山东潍坊绿源生物科技有限公司

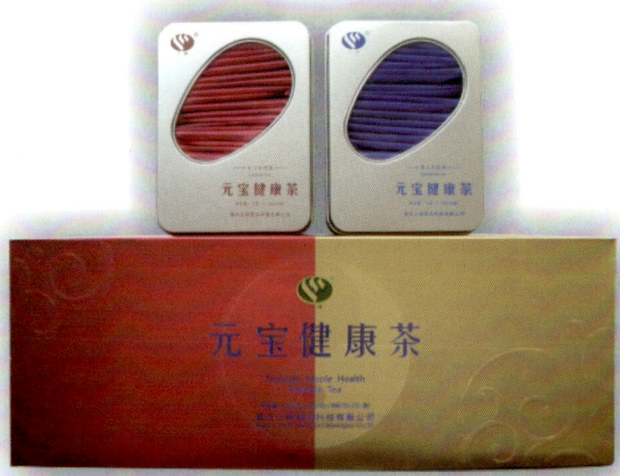

元宝枫健康茶

重庆强华生物科技产业公司、重庆山绿茶叶科技有限公司获2011中国（重庆）茶业博览会创新奖和银奖

元宝枫养生茶

四川省元宝枫生态资源开发有限公司

元宝枫茶
山东潍坊绿源生物科技有限公司

艾舍尔袋泡茶
昆明海之灵生物科技开发有限公司

枫露茶
山西省浮山县福田实业有限公司

神经酸软胶囊
昆明海之灵生物科技开发有限公司

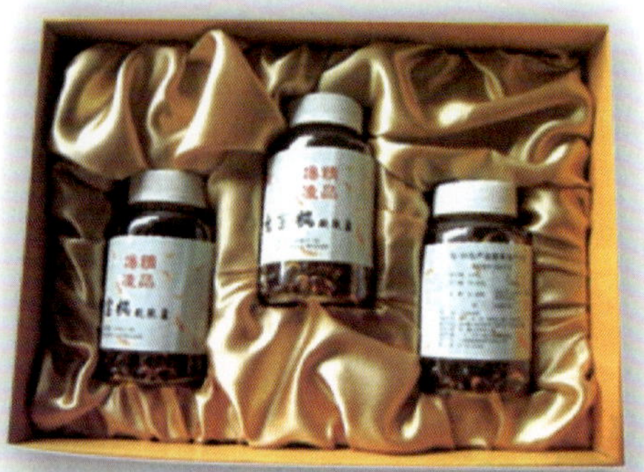

元宝枫软胶囊
杨凌七彩生物科技公司

元宝枫软胶囊
内蒙古赤峰市枫林林业科技有限公司

若斯曼护肤系列化妆品
成都枫科生物技术股份有限公司法国若斯曼国际有限公司

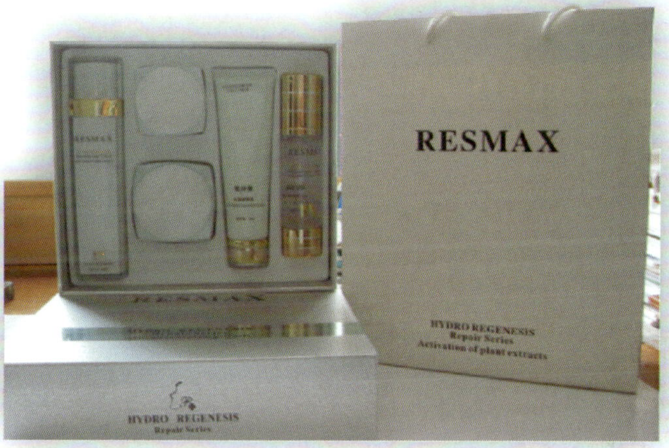

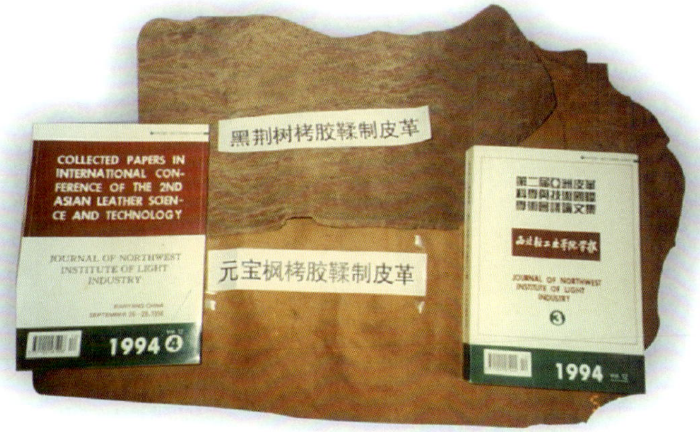

元宝枫栲胶鞣制的皮革
陕西科技大学（原西北轻工业学院）李仲谨教授研发

王性炎教授为陕西省扶风县太白乡
元宝枫专业户王新绪、王高红建立“示范基地”授牌

“中国元宝枫第一村” 扶风县太白乡元宝枫丰产示范园一角

四川省金池农业科技开发有限公司在金堂县龙泉山建立的
“万亩元宝枫丰产栽培示范基地”一角（2012年）

云南骏辉国际董事长李枝亮在云南大理弥渡茶房基地
建立的元宝枫示范林一角(2012)

已出版的元宝枫专著

《元宝枫开发利用研究》	陕西科学技术出版社	1996
《元宝枫栽培与加工利用》	陕西人民教育出版社	1998
《王性炎学术论文集》	四川民族出版社	2001
《中国元宝枫》	四川民族出版社	2003
《元宝枫栽培及利用》	四川民族出版社	2004

中国元宝枫第一人

——《中国元宝枫》序

寒 是

今夜,当我重读王性炎先生浸润着心血和爱的生命之书《中国元宝枫》这部学术专著之际,耳畔,又一次湿漉漉地,浮现出了那位众人皆知的女词人的词句:

知否,知否,应是绿肥红瘦。

是的,曾几何时,我们的地球被2/3的绿色所覆盖。那时,整个地球的表层几乎被绿色所包围。而在逝去的20世纪80年代,与我们生息相存的地球上大约还有40亿公顷的森林,地球1/3的肌肤依旧绿装素裹。

然而,时间走进21世纪的今天,我们的地球尚存不足28亿公顷的森林,仍以惊人的速度锐减。我们中国的森林、中国的绿色,亦在人为地一天天、一月月、一年年地少下去。

这是不争的事实,也是血淋淋的史实!

君不知,我们植的树看起来似乎很多很多,可实际拥有的绿色却实在是少得可怜。我们人工造林为大片沙漠披上绿装,给了世界一个奇迹,然而我们中国依旧是一个贫林的国家。

莫要忘记,全世界的森林覆盖率为30%,其中美国为33%,加拿大为49%,日本为67%,而我国却不足世界水平的1/2。

莫要忘记,美国、加拿大每公顷森林蓄积量为103立方米,日本为113立方米,而我国却为71.26立方米。特别值得一提的是:我国森林的人均蓄积量,还不足世界人均占有量的1/7。

莫要忘记,曾经被葱绿的原始森林所覆盖的呵叻高原,如今却变成了一片汪汪水洼。稀疏低矮的树散落于水洼里,似乎在沉痛地向人们显示,这里曾经是一片郁郁葱葱的热带森林。

莫要忘记,恩格斯在《自然辩证法》中的那段惊策人心的至理名言:不要过分陶醉于我们人类对自然界的胜利,对于我们取得这样的胜利,自然界会对我们进行报复,我们最初的成果又消除了。

失去森林、失去绿色的庇荫之后,我们收获的只能是未来的贫困!黑色风暴的报复,土地荒漠化的报复,家园泣血的不争事实……都在拷问着我们。

因之,世界在呼唤绿色,中国在呼唤绿色,森林在呼唤绿色。绿色,那是我们高擎着的一面圣洁的旗帜呵!

在这面圣洁的旗帜下,云集着众多为绿色舍生忘死的拼搏者,我国著名经济林专家王性炎教授就是其中一位佼佼者。王性炎先生是科学家,从1956年毕业于西北农学院林学系迄今,数十年来一直勤谨地从事林产化学和经济林产品利用的教学与科研工作,特别是在我国特有树种——中国元宝枫的开发利用上,可谓“开山鼻祖”第一人!他主持的“九五”国家科技攻关项目“干旱区元宝枫丰产栽培及产业化技术研究”和国家林业局下达的中试项目“元宝枫开发利用技术”,已于2000年12月通过国家验收并评定为重大科研成果;他将元宝枫——一个传统的观赏绿化树种,开发为高效经济树种,将生态环境建设与保护作为自己为西部大开发服务的根本和切入点,在国家林业局、陕西省、山西省、云南省和四川省等各级政府、领导及企业界朋友们的大力支持、推动下,元宝枫以其特有的生物生态学特征,于西北、华北、西南等生态环境脆弱地区得到迅速发展,人工造林面积已突破了30万亩。这些胜于雄辩的事实,不正说明先生钟情于斯、献身于斯的事业,既是一项“前无古人的事业、艰苦奋斗的事业、拓展创新的事业、前景光明的事业”,更是一项造福于人类的事业!

可不是么?王性炎先生所从事的事业不但造福于人民,而且是从泣血的教训中得来的。人们不会忘却,人类是从森林中走出来的,人类的历史毫不夸张地说是一部葱郁的森林史。然而,荒漠化正在向人类进攻,地球上的沙漠正在扩大。全球荒漠化土地已有4560万平方公里,等于俄罗斯、美国、加拿大、中国国土面积的总和。而且沙漠化还以每年5万~7万平方公里的速度扩大,相当于每年吞食一个爱尔兰。就以我国为例,荒漠化土地占国土面积就达1/3,北方有1300万公顷土地受风沙危害,约1亿公顷草场严重退化。特大沙尘暴近年来多次出现在我国西北地区,实际上除西北以外,华北、东北,甚至江西鄱阳湖周围,都有大面积沙化,而且近十年间荒漠化土地每年扩大200平方公里以上。

这不是危言耸听！位于毛乌素沙漠南缘的陕西榆林地区，人民群众经过与沙漠无数次的搏斗与挫折，依然造林不止，使150万亩的固沙林出现在大片沙地上，森林覆盖率由40年前不足1%，上升到现在的38.9%。1500公里长的防沙林带，守住了榆林城。而被称为“植物王国”的云南省，沙化面积已达7万多公顷，土地荒漠化的潜在威胁已变为现买。云南解放初期森林覆盖率为50%左右，是全国的绿色宝库。长期以来由于乱砍滥伐，过度开垦、放牧及特殊的地理气候条件等原因，沙化已分布于全省100个县市，分布较为集中的31个县就有沙化土地7万多公顷。全省还有水土流失面积14.67万平方公里，占全省总面积的38.3%。而如今，全省森林覆盖率下降到20%左右。还有我国西北南疆，本来就少得可怜的原始森林遭受大肆的砍伐，布哈河和沙柳河两岸的灌木林几乎被采伐殆尽，柴达木盆地近1/3的原始森林遭到严重破坏，致使乔木的覆盖率减到0.02%，降为全国最低水平，等等……

“森林能给予人类的实在太丰富、太细微了，可以说是无微不至。我们为什么拒绝森林！我们怎么能毁坏森林！人们砍掉了森林，挖走了红柳，就如同潘多拉魔盒被打开一般，灾难便会接踵而至！我愿倾尽自己毕生的心血致力于‘元宝枫丰产栽培及产业化技术研究’的事业，在人类生死之间筑起一道天然的绿色屏障。”这是王性炎先生曾对笔者表述过的心迹。他是这样说的，也是这样做的。为了实现元宝枫开发利用的宿愿，先生的足迹遍布祖国大江南北的山山水水。秦地勉县基岩裸露的石质山地上，有他斑斑驳驳、未曾被蒸发的汗滴；蜀水缠绵的穷乡僻壤，有他摇曳多姿的身姿；阿诗玛魂牵梦绕的云之南土地上，有他含辛茹苦、四处奔波、层层迭迭的足迹；漫天黄风、土地沙化的戈壁荒原，有他心系绿色、雄图待展的宏愿。为了实现元宝枫开发利用的宿愿，先生披肝沥胆，在自己从事教学与科研的基础上，积数十年实践体会与经验，完成了这部厚重的学术专著。专著从“元宝枫的分布”、“元宝枫的生物学特性”、“元宝枫的生长发育特性及对环境条件的要求”、“元宝枫苗木培育”、“元宝枫栽培与管理”到“元宝枫化学成分的研究”、“元宝枫果实的加工利用”、“元宝枫叶的加工利用”、“元宝枫药用开发研究”等，均填补了我国特有经济林树种的一个空白。它的出版问世，无疑是对我国西部大开发的神圣事业献上的一份厚礼。

《中国元宝枫》是先生继《王性炎学术论文集》之后的一部学术专著，也是先生呕心沥血的一部生命之书。他的理想，他的追求，他的生命如点点滴滴的血液，浸润于这部专著的字里行间。我不是科学家，而是一位作家，然而我读得懂先生的这部大书。此时此刻，我仿佛正聆听着先生谆谆的教诲：

> 现代的人只盯着眼前的生活，只想快速致富，却忘记了自己赖以生存的环境，忘记了对自身的关怀。人们变成了生活的奴隶，在付出、

得到和享受之间浑然不觉。人们失去了“先天下之忧而忧，后天下之乐而乐”的忧患意识，也失去了居安思危的危机意识。在现代的人们看来，背上这些“负担”太沉重了。可今天，作为一位有良知，有责任心的人，我想把这种意识还于现代人。

历史已经清楚无误地告诫人们：资源被无限制地利用之后，人类将会成为这个地球上的孤家寡人，拥有一切又一无所有；生态的平衡失调，气候的恶性循环，将会让人类得到应有的惩罚；灾荒、饥饿和死亡，大量的污染源走进自然，天空变暗，酸雨、核辐射……一切的一切，亦将会让人们深深懂得无节制地向自然进行索取，那代价会是惨重的。

当然，我们反对人类无节制地向大自然进行索取，依旧是与为人类谋福利、为中国人民奔小康的大业血肉相连的。

因之，我们呼唤大自然的回归，呼唤绿色的回归，也呼唤绿色回归之中的财富创造。这部关于研究中国元宝枫的专著，便是我呼唤绿色和渴望福民的一阕生命的乐曲。

先生一语中的，令人思之悟之，获益多多。它既是王性炎教授这部学术专著的心声——要让中国特有经济树种元宝枫硕果累累，造福于民，又是世人渴望中的呼唤——归兮，归兮，万山绿透！

2012 年 12 月 26 日于蜀都诗梦书斋

前　言

元宝枫(*Acer truncatum*)是槭树科(Aceraceae)槭树(*Acer*)植物中的一种,是中国特有树种。在全世界近200种槭属植物中,元宝枫是经济价值很高的一个树种。由于它树姿优美叶形秀丽,春秋季多红叶,枝头挂满元宝果而受到人们的喜爱。中国历来将元宝枫作为风景园林植物和行道树栽培,成为著名的观赏树种。唐代诗人杜牧《远行》诗云:"远上寒山石径斜,白云深处有人家,停车坐爱枫林晚,霜叶红于二月花"。给人一种红红火火刚健之美,成为古今人们传诵的名诗佳句。近代,随着景观园林和旅游经济的发展,元宝枫作为观叶、观果树种广为栽培,著名的"北京香山红叶"、"八达岭红叶"吸引了众多的中外游客,每年十月北京香山公园都举办红叶文化节。四川九寨沟、南京栖霞山和苏州天平山也都以枫林美景驰名中外。

元宝枫作为经济树种开发利用始于20世纪70年代初,作者当时在原西北农学院任教,从事森林利用和林产化工方面的教学和科研工作,期间在对木本油料植物的研究和比较分析中,发现元宝枫(陕西又名五角枫)是一种优良的食用木本油料。20世纪六七十年代,正是我国食用植物油供应困难时期,在领导的支持下,1971年元月,首次用元宝枫种子在当地土榨油坊榨取食用油,同时在"杨凌酱醋厂"用榨油后的油粕生产出优质酱油,受到陕西省政府的重视。1971年3月,陕西省粮食局、农林局在西北农学院召开"陕西省五角枫(元宝枫)利用现场会",对果实的机械化脱粒、榨油技术、油粕制取酱油技术进行了现场鉴定,品尝了油和酱油的质量和风味，150 位代表给予了高度评价。试制的 1000 Kg 油和 12000 Kg 酱油在杨凌地区销售一空，获得群众赞赏。同时，陕西省农林局、粮食局联合发出通告，将五角枫（元宝枫）种子作为食用油料正式收购（详见附录一）。

全国科学大会后，中国迎来了科学的春天，在时任陕西省委书记张勃兴同志和陕西省政府的支持下，"元宝枫开发利用研究"列入陕西省"八五"科技攻关项目。我主持该项目与西安医科大学药学系和西北轻工业学院应用化学研究所协作攻关，在国内率先对元宝枫果实的化学成分和丰产栽培技术进行了分析和研究，为产品的深度开发利用提供了科学依据，为元宝枫工业生产的资源基地建设奠定了基础。元宝枫单宁在制革工业和纺织印染固色中的应用试验成功，为我国皮革工业和纺织印染工业提供了一种优质单宁新资源。元宝枫的药用开发完成了开创性的基础研究，元宝枫的生药学特性研究，为其药用质量标准的制订提供了科学依据。元宝枫单宁的药理作用试验表明，其具有非常明显的镇痛、抗凝血和止泻等药理作用，可以研制出相应的抗脑血栓等新药。用元宝枫油进行抗肿瘤作用研究的结果表明，它不仅能对肿瘤细胞有显著抑制作用，同时能促进新生组织生长，对体细胞有修复作用。毒理学安全性试验表明，元宝枫油无毒副作用，完全有望开发为一种高效、无毒的抗癌新药。

该项研究，将一个观赏绿化树种开发为集优质油料、新蛋白质资源、鞣料、药用、化工等多效益为一树的高效经济树种。评审委员会一致认为，该成果处于国内领先地位，达到国际同类研究的先进水平。1996 年获陕西省林业科技进步一等奖；1998 年获陕西省科技进步二等奖。《元宝枫开发利用》专著，1996 年在陕西科学技术出版社出版。

我主持的"九五"国家科技攻关"元宝枫丰产栽培及产业化技术研究"，已于 2000 年 10 月通过国家林业局专家组验收；同年 12 月通过国家科技部专家组验收（鉴定），被评定为"九五"国家重点科技攻关林业项目重大成果之一（详见附件）。该项研究在"八五"科技攻关的基础上，对元宝枫果实和树叶的化学成分进行了较深入系统分析研究，揭示出元宝枫种子富含油脂和蛋白质而不含淀粉的特殊化学组成，为开发新油源和蛋白质新资源提供了科学依据。元宝枫叶中含有多种与人体健康有关的活性成分，不仅含有丰富的维生素，矿质营养元素，超氧化物歧化酶(SOD)，全面的氨基酸组分，还富含绿原酸、黄酮、强心苷等成分。元宝枫种皮中含60%优质缩合类单宁，在植物鞣料中是罕见的。研究证明，元宝枫具有很高的综合开发利用价值。

“九五”国家科技攻关中，研制出“元宝枫翅果专用脱粒机”(已获国家专利证书)。完成了元宝枫种子榨油的生产试验，平均机榨出油率为36%，最高可达38%。利用榨油后的油粕酿制优质酱油获得成功。研制出“元宝养生茶”。创造了低温高效法提制药用单宁和黄酮的先进工艺，在湖南省林产化工重点实验室和秦岭野生植物化工厂完成了中间试验，中试产品经国家检测部门检测质量优良。

与西安交通大学医学院合作，继续对元宝枫进行药用开发研究，通过大量动物试验证明，元宝枫黄酮具有明显的促凝血作用，其作用大于止血敏125倍以上；还可使心肌耐缺氧时间延长，对于防止和治疗冠心病、心绞痛、心力衰竭有重要意义，为元宝枫的药用开发利用奠定了科学基础。

西北农林科技大学对元宝枫树的水分和抗旱生理生化特性进行了系统研究，为元宝枫在干旱、半干旱地区和生态条件脆弱地区表现出很高的造林成活率与保存率提供了科学依据。并总结了一套元宝枫育苗和丰产栽培技术，在用播种育苗培育壮苗的基础上，成功的解决了嫁接育苗、扦插育苗和平茬育苗技术，使嫁接苗提前三年结实。编著出《元宝枫栽培与加工利用》专著，在陕西人民教育出版社出版。

《中国元宝枫》作为一部学术专著，是我主持元宝枫研究和开发以来的历程写真。它记述了从1970年元宝枫和五角枫作为木本油料首次在我国开发利用的良好开端；记述了陕西省“八五”科技攻关项目“元宝枫开发利用研究”和“九五”国家攻关项目“元宝枫丰产栽培及产业化技术研究”的研究历程；记述了多学科、多部门专家、教授们的团结协作，为元宝枫的基础研究和产品开发注入了生机和活力，将一个传统的观赏绿化树种，开发为高效经济树种；反映了随着国家经济建设的快速发展，将生态环境建设与保护作为西部大开发的根本切入点，在国家林业局、陕西省、山西省、四川省和云南省等各级领导和企业界朋友们的大力支持和推动下，元宝枫在西北、西南、华北和内蒙古赤峰地区得到了迅速发展，元宝枫人工造林面积突破60万亩。

2011 年 3 月 22 日,卫生部第 9 号文件公告批准元宝枫油作为新资源食品,为元宝枫油正式进入我国食用植物油大家庭签发了准入证;同年 7 月,在 2011 中国(重庆)国际茶业博览会上,重庆山绿茶业科技公司生产的"元宝健康茶"获得创新奖和银奖,必将推进元宝枫产业的快速发展。随着我国人民生活水平的不断提高,人们的保健意识增强,元宝枫作为一种纯天然、无公害、高营养的"药食两用"树种,必将成为开发系列保健品和药品的重要原料。通过丰产示范基地建设、产品的深度开发、市场开拓等多方面的努力和创造性的工作,元宝枫定能在本世纪成为一种造福于人类的高效经济树种。

王性炎

2013 年 5 月

目　　录

CONTENTS

概　述

全世界有近200种槭属植物，主要分布于东亚，间断分布于欧亚大陆和北美洲。中国是世界上槭树科植物种类最多的国家，有153种，占全世界的75%，是槭属的分布中心。从海拔50 m的海滨到海拔4000 m的高寒山区均有分布。在西南至东北的整个森林地区，槭树(俗称枫树)是中国温带落叶阔叶林、针阔混交林，以及亚热带山地森林的建群种和主要树种。长江流域以南，是槭树的现代分布中心，种类集中，有100多种槭树，占全世界的1/2。

一、槭树风景资源的利用

槭树，俗称枫树，泛指槭属植物，是世界著名的观赏树木。在欧美和日本，槭树风景资源的开发与利用已经达到很高水平，而且很普遍。

日本原产槭树仅27种，但日本人民利用和培育槭树作红叶观赏，在世界上享有很高的声誉。为了使庭园一年四季变得美丽，在绿色世界中，从春到秋都可看到红叶，日本人民培育了千姿百态、丰富多彩的槭树红叶观赏树种和众多的品种，为世界园林事业做出了贡献。

加拿大号称枫叶之国，是因为这个国家的国土上长满了枫树，每到深秋，枫树上的枫叶便妖娆地红透了这个离北冰洋最近的北美国家。加拿大人也就把这种红得像血一样的枫叶奉为代表国家的象征。在国徽上、国旗上以及所有代表国家形象的地方都画上了大红的枫叶。凛冽的秋风刮过，大街小巷里到处飞舞着枫叶，议会大厦的旗杆上也飘扬着枫叶，加拿大人以枫叶为自豪，每年都要举行盛大的“槭树节”。用枫叶制成的各种各样的旅游工艺品琳琅满目，显示他们何等地喜欢槭树。

槭树风景资源的开发利用在我国已有悠久的历史。战国时代屈原(约公元前353~前278年)的《招魂》有:"湛湛江水兮上有枫"。唐玄宗时代(约公元712~742年)肖颖士的《江有枫诗》云:"相彼槭矣,亦类其枫"。唐代张继《枫桥夜泊》有:"江枫渔火对愁眠"。唐代诗人杜牧(公元803~852年)《山行》诗云:"远上寒山石径斜,白云生处有人家。停车坐爱枫林晚,霜叶红于二月花。"这首诗写山行时所见景色,作者摈弃一般诗人所常写的萧条、凋零、凄清的秋色,专心激赏枫林的一片红叶。"霜叶红于二月花",给人一种生气勃勃、火红刚健之感,而成为人们传诵的名句。明代诗人柳应方在《赋得千山红树送姚圆客还闽》诗云:"肃肃浅绛霜初醉,槭槭深红雨复然,染得千秋林一色,还家只当是春天。"可见,我们中华民族对槭树红叶的崇爱,源远流长。鲁迅《送增田涉君归国》有:"扶桑正是秋光好,枫叶如丹照嫩寒。"说明日本人民也很爱枫树红叶。

近代,随着风景园林和旅游经济的发展,著名的北京"香山红叶"吸引了众多的中外游客,香山红叶就是由元宝枫和黄栌两个树种相配而成。四川著名风景区——九寨沟,自然分布着9种槭属植物,且数量很多,是九寨沟秋天美景的主要景观。南京栖霞山和苏州天平山都以枫林美景驰名中外。

槭树风景资源的引种研究,受到庐山、中山、上海、昆明等植物园的重视。昆明植物园自1989年起,收集了长江流域及国外槭树种子72种,并取得了培育60万株观赏槭树的成功经验。古往今来,枫叶一直给人们以美感和享受,也是诗人们创作爱用的意象。"红叶经济"已在神州大地悄然兴起。

二、槭树的综合利用

(一)木材

槭属植物系亚热带与温带森林内的常见树种。就木材利用而论,亦为阔叶树材中重要的一大类。槭树多系乔木或高大乔木,树干挺直,木材坚硬,材质细密,为室内装饰、家具、建筑等的优良用材。有些种类,如色木槭、元宝枫、金沙槭、景东槭等为纺织工业上用于纱管、木梭的制作以及高级小提琴等工艺品的特殊用材。

由于元宝枫木材结构细致均匀,密度中等,材色悦目,常具美丽的花纹和光泽,加工面光洁耐磨,是理想的室内装饰用材。如楼梯扶手、墙裙板、木线板、地板条;胶合板面板或刨削薄木用材;各类高级家具用材;美工、雕刻、玩具和细木工用材；车辆、体育运动器械用材；在纺织行业制作各类纱管、压缩木木梭、走梭板、绒绲、清花机木帘子、染花机等；在军工生产中制作手榴弹柄、枪托、飞机螺旋桨及机面材料；在乐器工业中用于钢琴上的琴框和内部机件、提琴的琴背板等；在日常生活用品中可制作鞋楦、鞋跟、木梳、木尺、算盘、牙签、象棋、工具柄等；元宝枫木材还是高级仪器仪表箱盒的理想材料。

（二）糖资源——槭糖

糖槭树是世界三大糖料木本植物之一。世界槭糖产量主要产自北美洲的槭糖树——银糖槭（*Acer saccharinum* L.）和糖槭（*A. saccharum* March.）。树液含糖一般2%～6%，最高可达9.8%，每年单株可产糖0.9～1.8 kg，多达3.5 kg。

槭糖又称枫糖，其中65%～85%是蔗糖，也含有单糖，即葡萄糖和果糖，糖蜜占26%，其营养价值可与蜜糖媲美，深为人们所喜爱。目前，槭糖产量最高的国家是加拿大，美国一般家庭均喜食槭糖。

在朝鲜，银糖槭作为糖料植物资源引入已经有40余年，经过精心培育，已有大片的糖槭林，不少糖槭树已经高达20 m以上，胸径40～50 cm，糖槭生产已经形成一项专门的产业。

糖槭于20世纪30年代在我国辽宁的盖县，赤峰县引种成功。20世纪70年代，湖北武汉，房县，北京、南京，湖南等省市已相继引种。

（三）工业原料

据报道，从槭树（茶条槭等）树叶中可提取大量没食子酸（Gallic acid），即3,4,5—三羟基苯甲酸。每1 kg茶条槭干叶含200 g左右没食子酸，目前每1 kg干叶提取量已达120 g以上。没食子酸广泛应用于医药、化工、食品、轻工、印染、军工等方面。

在医药工业上，以没食子酸为原料用于合成多种药品，如合成抗感染药品甲氧苄啶（TMP）；合成脑复清，用于治疗老年意识障碍；合成联苯双脂，用于治疗慢性肝炎；合成优心平（海索苯定）、心痛平等，用于治疗心绞痛；合成克冠酸，用于治疗心肌梗死。没食子酸在医药上，用作泌尿系统的收敛剂和内部止血剂等。在国际医学界，以没食子酸为原料制成的没食子酸酯类，用于防治放射病；从槭树皮中提取抗癌药等，在国外已有报道，是国防医药的主要新药。

在皮革工业上作皮革鞣剂，纺织印染的固色剂，照相显影剂，毛发染色剂，胶版印刷和平版印刷中的助剂和食品保鲜剂等。

三、元宝枫的开发利用

元宝枫,因其翅果形状像中国古代的金锭元宝而得名。元宝枫作为经济树种的开发研究始于20世纪70年代初,由原西北农学院林学系王性炎主持研究,他发现元宝枫是一种优良的木本油料,首次用其种子榨取食用油,并用油渣制造出优质酱油,受到陕西省政府的重视。1971年3月,陕西省粮食局、农业局在原西北农学院召开"陕西省五角枫(元宝枫)利用现场会",对榨油工艺、油渣制取酱油技术进行了现场鉴定,品尝了油和酱油的质量和风味,150位代表给予了高度评价。试制的1000 kg油和12000 kg酱油在杨陵地区销售一空,获得群众赞赏。同时,陕西省农林局、粮食局联合发出通知,将五角枫(元宝枫)种子作为油料正式收购(详见附录一)。

1990年10月,在陕西省农村工作会议上讨论陕西省粮棉油生产时,王性炎教授提出发展五角枫(元宝枫),受到省委书记张勃兴的支持(详见附录二)。陕西省科委、省农办、省政府专家顾问委员会、杨凌农业科技开发基金委员会立项支持,促使该项研究上了一个新台阶,"元宝枫开发利用研究"列入陕西省"八五"科技攻关重要项目。"八五"期间,我们对元宝枫的生物学特性、果实的化学成分进行了深入的研究,为元宝枫的深度开发提供了科学依据。改进了油脂提取工艺,生产出优质食用油。创造了低温高效法提制元宝枫栲胶工艺,生产出高活性的元宝枫单宁。在此基础上又与西安医科大学和西北轻工业学院协作,在元宝枫油和单宁的深度开发和药用研究方面取得新的突破。开展了系统的生药学研究,元宝枫油抗肿瘤作用研究和元宝枫单宁的药理作用研究,通过大量动物试验,取得了可喜的效果。试验证明,元宝枫油可开发成为一种高效、无毒的抗癌保健油,元宝枫单宁可作为抗脑血栓新药。元宝枫产品系列开发研究,在1993年"陕西省第三届技术成果交易会"上荣获技术成果金奖。1994年6月,该项成果通过省级鉴定,受到专家们的高度评价,一致认为该项成果处于国内领先地位,达到国际同类研究的先进水平。1996年获陕西省林业科技进步一等奖;1998年获陕西省科技进步二等奖。

王性炎教授主持的"九五"国家科技攻关"元宝枫丰产栽培及产业化技术研究"专题,已于2000年10月通过国家林业局专家组验收;同年12月通过国家科技部专家组验收(鉴定),被认定为"九五"国家重点科技攻关林业项目重大成果之一(详见附录四)。

(一)国外木本农业的启示

在世界科技革命、全球消费市场多样化和环境保护等因素的推动下,现代农业已打破封闭、单一、自给自足的局限,正向智能化、多样化、农工贸一体化和生态化的方向发展。

农业是中国国民经济的基础。农业与农村的可持续发展,是中国可持续发展的根本保证和优先领域。但是,中国农业和农村的发展正面临一系列严重问题:人均耕地少,农业自然资源短缺,人均占有量逐年下降,耕地每年减少36万 hm^2,人均粮食占有量低;农业经济不发达,农民平均收入偏低;农村人口增长快,剩余劳动力多,约占农业劳动者总数的1/4;农业综合生产力较低,抗灾能力差;农业经济结构不合理,投入效益不高;农业环境污染日益加重,受污染的耕地近2000万 hm^2,约占耕地总面积的1/5。土地退化严重,自然灾害频繁。

江泽民同志在中央农村工作会议上指出:“必须清醒地看到,我国农业不仅面临人口增加,需求增长的巨大压力,而且面临耕地减少,资源紧缺的严重制约,这种状况将长期存在。农业基础设施薄弱,基本上靠天吃饭的局面,不是短时间能够改变的。增加农民收入,不仅要抓好农产品增产,还要拓宽思路,寻求新的经济增长点。要立足于整个国土资源的开发利用,积极发展多种经营,发展高附加值,高商品率,高创汇率的产业和产品”。

1. 马来西亚棕榈油占领中国市场的启示

棕榈油是从油棕果肉中提取的木本食用油脂。马来西亚种植油棕树,1960年仅5万 hm^2,毛油总产量不足10万 t;之后逐年扩大种植面积,1979年毛油总产达到200万 t,1982年达300万 t,1988年达到500万 t。现在种植面积保持在250万 hm^2 左右,2005年,棕榈油产量达到1520万 t。油棕种植面积的扩大,以及由此引起的棕榈油生产规模的扩大,使木本油脂——棕榈油在世界食用油脂的市场上成为仅次于豆油的第二种最重要的植物油。

目前世界上11种主要食用植物油为:大豆油、菜籽油、棉籽油、花生油、葵花籽油、玉米油、芝麻油、棕榈油、椰子油、橄榄油和油茶油,其中后4种为木本植物油,约占食用植物总产量的1/3。如西班牙的橄榄油已占全国食用油料的84%,希腊达到93%;菲律宾人每人年均食用椰子油35 kg,西班牙、意大利和希腊人年均食用橄榄油20 kg,马来西亚人年均食用棕榈油20 kg。我国由于油料生产不足,食用植物油供不应求,每年需进口约200万 t食用油,而棕榈油的进口从20世纪90年代初以来,每年都在100万 t以上。目前,我国已成为进口马来西亚棕榈油的第一大国,棕榈油已全部占领了国内食品工业市场,如糕点、方便面、煎炸食品(土豆片)等,并逐步进入了千家万户(见表1)。

表1 中国食用植物油生产、进口和消费现状

	食用植物油(万吨)	1991	1992	1993	1994	1995	"八五"平均	构成(%)
国产	菜籽油	245.4	252.6	229.0	247.3	322.6	259.4	45.1
	花生油	106.3	100.4	142.1	466.4	172.7	137.6	23.9
	芝麻油	10.1	12.0	13.1	12.7	13.5	12.3	2.1
	亚麻油	17.0	17.2	16.4	16.9	12.0	15.9	2.8
	葵花籽油	15.1	15.6	13.6	14.5	13.5	14.5	2.5
	大豆油	20.7	21.8	32.0	33.4	28.2	27.2	4.7
	棉籽油	117.3	93.2	77.3	89.7	98.6	95.2	16.5
	合　计	545.9	527.0	534.5	595.1	675.1	575.6	100.0
	年人均(kg)	4.8	4.6	4.6	5.1	5.7	4.9	—
进口	总量	142.5	111.5	248.7	396.5	301.7	240.2	—
	棕榈油	87.5	80.0	142.0	155.0	135.0	119.5	—
	大豆油	21.8	10.0	64.0	155.0	130.0	76.2	—
	菜籽油	29.2	15.3	36.0	75.0	30.0	37.1	—
消费	总量	688.4	638.5	783.2	991.6	976.8	815.8	—
	年人均(kg)	6.0	5.6	6.7	8.5	8.2	7.0	—
	进口油占(%)	20.7	17.5	31.8	40.0	30.6	29.4	—

据中国粮油学会油脂分会会长王瑞元报道,现在,我国油脂油料净进口折油总量已由2000年的461.4万 t上升到2010年的2088.9万 t,十年间增长353%,平均年增长35.3%(见表2)。但与此同时,出现了我国食用油的自给率已由20世纪初的60%下降到目前的38%左右。

表 2　1998 ~ 2010 年我国油脂油料进出口折油表　　(单位:万 t)

年份	进口折油	出口折油	净进口折油
1998	327.7	44.1	283.6
1999	394.5	30.9	363.6
2000	496.8	35.4	461.4
2001	514.4	39.9	474.5
2002	570.2	38.9	531.3
2003	958.3	35.5	922.8
2004	1 055.0	30.0	1 025.0
2005	1 109.5	27.6	1 081.9
2006	1 281	53.0	1 228.0
2007	1 510	35.6	1 475.0
2008	1 614	39.0	1 575.0
2009	2 056.8	20.5	2 036.3
2010	2 112.7	23.8	2 088.9

2. 地中海国家的食用油——木本橄榄油

橄榄油是世界上著名而重要的一种木本油料。目前,种植株数在 1000 万株以上的国家有:西班牙、意大利、希腊、阿尔及利亚、摩洛哥、叙利亚、突尼斯、土耳其等。橄榄油生产在上述国家的国民经济中占有相当大的比重。例如:20 世纪 80年代西班牙橄榄油种植面积占全国农耕面积的 12%,占农业产值的第 3 位;在摩洛哥占全国园艺栽培面积的 40%。突尼斯橄榄油种植面积占全国农耕面积的 30%,20 世纪 80 年代全国有 200 万人口从事这项工作,橄榄油的出口值占农产品出口值的 50%。目前,西班牙是世界最大的橄榄制品生产国和出口国。西班牙新品种橄榄树每株可产橄榄油 25 kg 以上。2000 年西班牙橄榄油产量稳定在 80 万 t 以上。橄榄业是西班牙对欧盟贸易中最赚钱的行业。西班牙 80% 的橄榄油生产控制在生产者协会,橄榄油出口到世界近百个国家,西班牙是仅次于意大利的第二大橄榄油消费国。希腊盛产橄榄油,希腊现有 1.3 亿多株油橄榄树,大约 40 万户橄榄油生产者。其中 90% 左右的生产者组织成 58 家合作社,年产橄榄油达 32 万 t,其数量居西班牙和意大利两大橄榄油生产国之后,但其质量远胜于上述两国。希腊橄榄油大部分是纯橄榄油,是世界橄榄油市场的高档货。希腊人也以其纯橄榄油而自豪。希腊每年人均橄榄油消费量达 20 L,名列世界前茅。希腊橄榄油中大约 1/3 最高档的供国内消费,出口的橄榄油中只有 10% ~15% 是小包装并有希腊产品的标记。希腊农业部已批准确定 22 个“纯和特纯希腊橄榄油”产区(希腊语缩写为 POP),其中 16 个克里特岛——克里特橄榄油一向被认为是世界橄榄油市场的极品。突尼斯是世界第四大橄榄油生产国,出口居世界第 2 位,仅次于西班牙。突尼斯十分重视发展橄榄种植业,突尼斯农民每年栽种 100 多万株橄榄树。目前,全国种有橄榄树 5 500 万株,种植面积 140 万 hm^2,仅斯法克斯一地就种植橄榄油树 1 500 万株。最近几年,突尼斯采用科学育苗方法将橄榄枝放在温室里培植 12 ~18 个月,然后将这种树苗移栽到田野里,4 ~5 年便可以结果,而采用传统栽培方法,一般种植 10 ~14 年才能结果。因此,进入 20 世纪 90 年代以来,突尼斯橄榄油产量大幅度增加,年产量达到 27.5 万 t,年橄榄油出口额达 3 亿多美元,占突尼斯农产品出口总额的 40%。突尼斯橄榄油以其色、香、味俱佳又无污染受到消费者的欢迎,在欧洲市场的占有量逐年增加。

近年来橄榄油成为相当热门的食用油品,世界橄榄油市场供不应求。世界上除欧盟成员国为主要消费国外,美国每年约进口橄榄油 12 万 t 左右。据国际橄榄油协会估计,现在世界橄榄油消费量为 185 万 t 左右,其中欧盟成员国即达 135 万 t。目前世界橄榄油消费量已超过 200 万 t。因此,橄榄油的开发前景广阔。

3. 美国发展“浩浩巴”的启示

浩浩巴,中文名叫希蒙得木,学名为 *Simmondsia* chinensis,原属黄杨科,现已独立为希蒙得木科(Simmondsiaceae),仅一属一种。为多年生常绿灌木,树高 3 m左右,雌雄异株。主要分布在美国西南部和墨西哥西北部的荒漠地带的亚热带气候区。其根系非常发达,具有抗旱、耐瘠、固沙和保土的优良特性,是制止沙漠侵蚀和保持水土的理想树种。1970 年以来,美国的科学家发现,从浩浩巴种子中提取的蜡状油,其化学结构与用抹香鲸(鲸蜡油质量最好的一种鲸)提取的鲸蜡油极其相似,不仅可以作为鲸蜡油的代用品,而且还优于鲸蜡油。这一研究成果被认为是美国学术界、科学界的重大成果之一。

多年来,鲸油是用于高温、高压、高速机器上的润滑油,特点是在高压和高温下还能保持黏着力,为高速运转设备的优质润滑油,其中包括宇宙飞行装备,特别是用于人造地球卫星的润滑油,使机械减少磨损,并且温度较低。高速竞赛用的汽车马达应用这种润滑油,比传统润滑油耐久 5 倍以上。目前尚无法用人工合成,美国每年要耗资数10亿美元进口鲸鱼,浩浩巴油的组成是液态蜡脂,主要成分是40和42碳蜡脂,试验证明完全可以作为鲸蜡油的代用品。

20世纪70年代以来,美国加利福尼亚和亚利桑拿州等地大量种植成功。许多国家争相引种,美国种植面积已超过100万亩,巴西种植的面积已达30余万亩,并建立了大型的浩浩巴油加工厂,墨西哥、以色列等国也在扩大栽植。英国、日本、加拿大、印度、伊朗、沙特阿拉伯、加纳、科威特、尼日利亚等国都在积极进行引种。1980年,在美国加州专门召开了希蒙得木国际会议。1982年以来,美国的浩浩巴已经有商业性收益。浩浩巴油已广泛应用于航空、车辆、机械、化学、医药、纺织、食品、化妆品等工业部门,在国防、军工中尤为重要。浩浩巴油的开发,美国用了10多年发展成为一种新兴产业。

(二)元宝枫——农用林业的最佳树种

1. 优质食用植物油的新资源

种子粒大,含油量高。元宝枫种仁含油量为48%,机榨平均出油率35%,高于油菜籽出油率。

必需脂肪酸含量高,油质优良。元宝枫油是含油酸和亚油酸为主的半干性油,两者占脂肪酸总量的60%以上。油中含有5.8%的特殊功能性脂肪酸——神经酸,在食用植物油中是不多见的。

2. 优质蛋白质的新资源

元宝枫种仁含蛋白质25% ~27%,不含淀粉,在植物种子中也是少见的。种仁提取油后,油粕是很好的食用蛋白质。

据测定,元宝枫种仁中蛋白质含有8种人体必需的氨基酸,属完全蛋白质,是一种理想的植物蛋白质新资源。

3. 优质活性单宁的新资源

元宝枫种皮单宁含量达60%,属凝缩类单宁。目前,国内外缩合类单宁多数来自树皮和树根,结合采伐才能获得,而元宝枫种皮单宁每年可再生获得。

4. 皮革工业和纺织印染工业的优质原料

西北林学院研究的“低温高效法制取元宝枫栲胶工艺”,已获国家专利局申请号,产品经国家指定部门鉴定,达到林业部部颁标准特级品指标。用于鞣制皮革,渗透速度快,革色浅,感观性能好,产品理化指标与进口的黑荆树栲胶相同。用于尼龙丝织物染色的固色剂,产品的各项指标均超过轻工部部颁标准,固色效果好,牢度高,色泽艳,优于五倍子单宁酸。说明元宝枫单宁在工业上的开发利用前景广阔。

5. 医药原料的宝树

西安医科大学通过大量动物实验证明,元宝枫油不仅对肿瘤细胞有抑制作用,同时能促进新生组织生长,对体细胞有修复作用;还可用于治疗烧伤和祛斑美容等,其医疗保健效用可与沙棘油媲美。

元宝枫单宁的药理试验证明,具有非常明显的镇痛、抗凝血作用,可研制为抗脑血栓等新药。

元宝枫叶含多种生物活性物质,如黄酮、绿原酸、强心甙等,完全有希望开发为优质保健茶和提制药用产品。

6. 抗旱、耐瘠薄、生命力强的菌根树种

原西北林学院研究证实,元宝枫根部具有两类菌根,一类是固磷的 VA 菌根,另一类是外生菌根,两类菌根兼有在植物界并不多见。菌根赋予元宝枫以强大的生命力,在 1994 ~ 1995 年陕西大旱之年,在中德合作陕西西部造林工程中,元宝枫在秦岭山区造林成活率名列前茅,超过洋槐、侧柏、油松、山杏等抗旱树种。在当今广大土地磷资源和水资源日益减少的情况下,发展元宝枫将会产生可观的生态效益和社会效益。

7. 投入少、产量高、管理省工的树种

由于元宝枫具有 VA 菌根和外生菌根,能促进其对无机养分的吸收,增进根部的健康生长和高速生长,只需要少量肥料就能获得较高的产量。西北农业大学校园栽植的 20 年生元宝枫行道树,在无人管理的干旱之年,每株结实量一般在 30 kg 左右,其中 1 株果实产量达 41.5 kg。

元宝枫进入秋末休眠期,树叶先脱落,翅果仍悬挂在树枝上,初冬采收果实,不与农忙争劳力,采收也较方便。成熟的果实含水率低,采收入库后,不需特殊条件,堆放在干燥阴凉处不发霉,不变质,贮藏省工且安全。

8. 观赏绿化的环保树种

元宝枫树冠浓荫,树姿优美,叶形秀丽,嫩叶红色,秋季树叶又变成橙黄色或红色，是北方重要的秋色红叶树种。华北各省广泛栽培作庭荫树和行道树。在堤岸、湖边、草地及建筑附近配置皆甚雅致；也可在荒山造林或营造风景林中做伴生树种。春天树上开满黄绿色花朵，颇为美丽，同时也是优良的蜜源植物。

9. 综合经济效益高，“无风险的树种”

元宝枫综合开发利用的主要产品及其可以带动发展的产业如图 1 和图 2 所示。

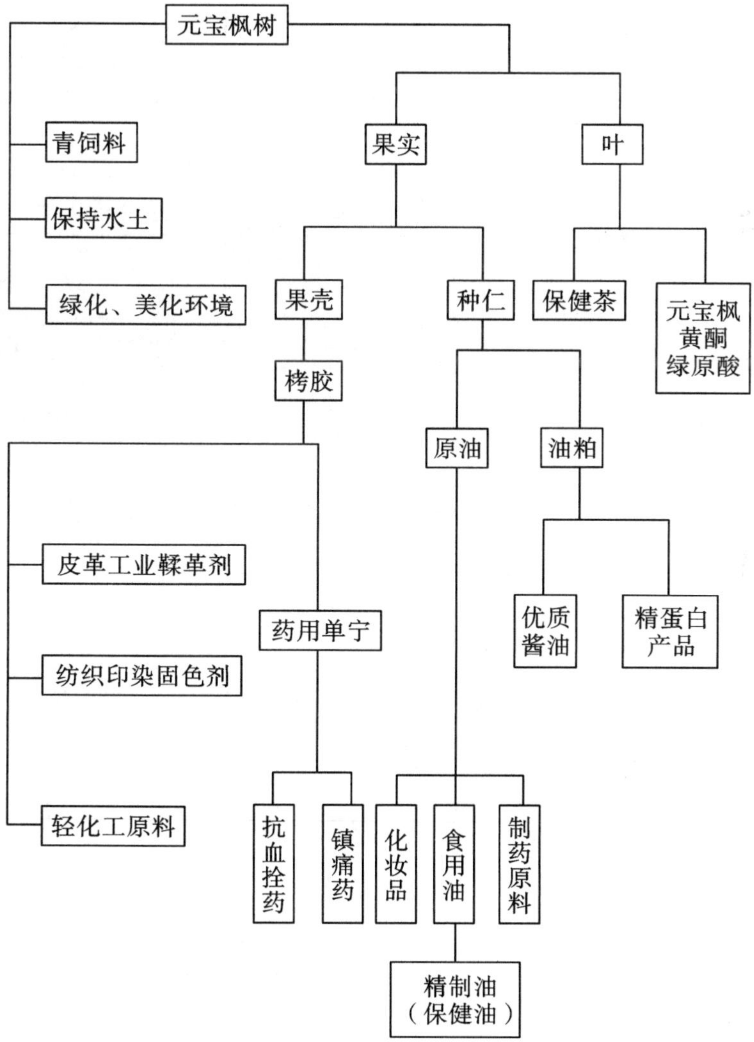

图 1　元宝枫综合开发利用的主要产品

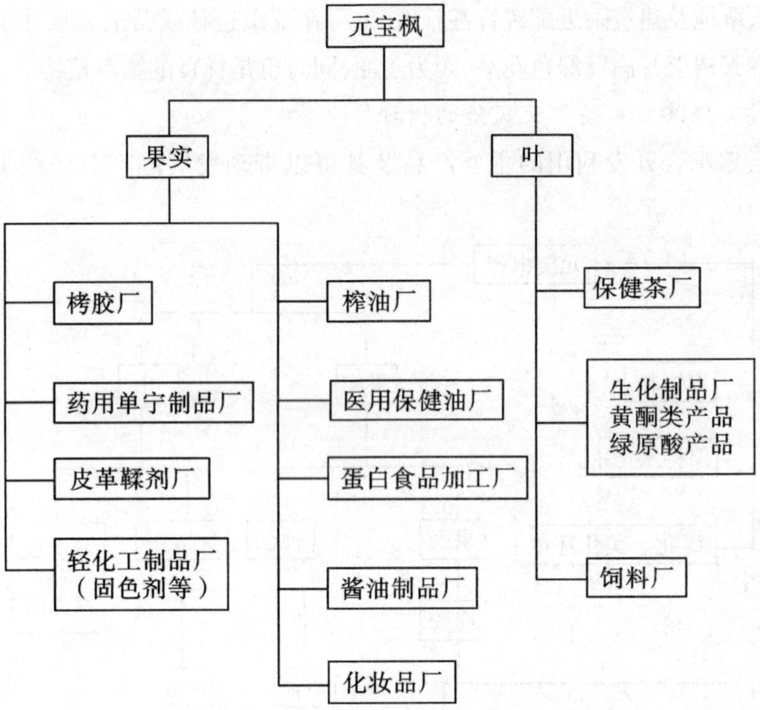

图 2　元宝枫发展起来的新兴产业

第一章　元宝枫的分布

第一节　元宝枫天然林分布概况

元宝枫系中国特有树种。在我国分布较广，东起吉林以南，西至甘肃南部，南至安徽南部，北至内蒙古科尔沁沙地皆有分布。地理范围约在北纬 32°～45°，东经 105°～126°之间。主要分布在吉林、辽宁、内蒙古、北京、河北、河南、山东、山西、江苏、安徽、陕西和甘肃 12 个省市。

吉林省　长白山区、科尔沁沙地

辽宁省　新宾、沈阳、盖县、风城、宽甸、东沟、大连、朝阳、北镇、彰武

内蒙古　大兴安岭南部山区，科尔沁沙地（哲里木盟），在草原地带沙区的固定沙丘上也有零星分布。

北京市　燕山

河北省　太行山区

河南省　太行山、伏牛山区

山东省　鲁中南及胶东山区、泰山、沂山、蒙山

山西省　恒山、吕梁山区

安徽省　淮北萧县、宿县、皖南歙县桃花峰

江苏省　徐州以北地区

陕西省　秦岭山区

甘肃省　陇南山区

《中国植物志》记载：元宝枫（元宝槭）产吉林、辽宁、内蒙古、河北、山西、

山东、江苏北部(徐州以北地区)、河南、陕西及甘肃等省区。生长在海拔 400 ~ 1000 m的疏林中。

《中国沙漠植物志》记载:元宝槭产于科尔沁沙地(内蒙古哲里木盟),在草原地带沙区的固定沙丘上有零星生长;东北、华北和华东有分布。

《河北植被》记载:糠椴、元宝槭、核桃楸林这一杂木林群系主要分布在太行山山地海拔 1000 ~ 1500 m 范围内,群落乔木层以糠椴、元宝槭、核桃楸为共建种,三种的多度值可达 70% ,高约 11 m。

《辽宁植物志》记载:元宝槭生于海拔 400 ~ 1000 m 杂木林中或林缘。产于新宾、沈阳、盖县、凤城、宽甸、东沟、大连、朝阳、北镇、彰武等市县。分布于我国黑龙江、吉林省及华北地区。

《山东植物志》记载:元宝枫产于鲁中南及胶东山区、丘陵。生于山坡、沟底杂木林。各地公园及庭园、村旁有栽培或有野生,是省内生长较普遍的槭树。

《中国森林》记载:内蒙古—辽西草原,尤其是森林草原亚带的固定和半固定沙丘上,森林植物种类比较丰富,如在小腾里沙漠的森林中,木本植物就有 30 多种。建群树种都是邻近大兴安岭和华北山地森林的代表种,主要是樟子松、油松、白秆等,或伴有兴安落叶松、华北落叶松和元宝枫、蒙古栎等。

在鲁中南山地,即泰山、沂山、蒙山,可见到元宝枫块状林。

华北山地包括辽河平原两侧的医巫闾山、燕山、太行山、山西的恒山和吕梁山,这是落叶阔叶林的主要分布区,一般在海拔 700 ~ 1500 m,由栎类为主,其次有油松、元宝枫、色木槭等。

《河南木本植物图鉴》记载:元宝槭(平基槭、华北五角枫)产河南太行山和伏牛山区;生于海拔 1000 m 以下的山坡或山沟杂木林中。

《安徽经济植物志》记载:元宝槭产淮北萧县皇藏峪、宿县大方寺及皖南歙县桃花峰,生于海拔 700 m 以下的沟谷杂木林中;分布吉林、辽宁、内蒙古、河北、山西、山东、江苏北部、河南、陕西及甘肃等省区。

《大兴安岭森林与树木》记载:元宝槭(华北五角枫)分布于大兴安岭南部山地;我国华北、山西、河南西部、华东及东北南部。

《华北树木志》记载:元宝槭(华北五角枫、平基槭)华北各省市普遍栽培或野生,在海拔 500 m 以下的低山、平原地多见,山西、河南西部山区可达1500 m;华东、东北南部及西北各省也有分布。

《河北树木志》记载:华北五角枫(元宝枫、平基槭)产河北海拔 800 m 以下各山区。东北、华北、西北东部均有分布。

元宝枫的垂直分布多见于海拔 400 ~ 1000 m 低山丘陵疏林中。河北、山西、河南西部太行山区可达 1500 m。山西恒山和吕梁山分布在海拔 700 ~

1500 m范围内。

元宝枫喜温凉气候、湿润肥沃排水良好的土壤。较喜光，在山区多见于阴坡、半阴坡及沟底。但在内蒙古—辽西科尔沁沙地，年降雨量不足400 mm，且集中在7～8月份，蒸发量达2300 mm，夏季干热、冬季寒冷，每年刮6级以上大风的天数在70天以上，元宝枫在这里的生长期不足180天，就在这样恶劣的环境条件下，元宝枫林却健壮生长，硕果累累。

河北省丰宁县塔黄旗胡麻营窝铺村，生长着一株约500多年的元宝枫古树，树高15.5 m，胸围3.80 m，冠幅13.7 m。至今仍风姿挺秀，结实繁多。

第二节　元宝枫人工林发展概况

元宝枫作为高效经济树种开发以来，逐步引起社会各界的重视。元宝枫壮苗培育和丰产栽培技术，在陕西宝鸡和汉中勉县分别建立了示范样板之后，“九五”期间迅速辐射到山西、江西、河南、山东、江苏、安徽、云南、四川和重庆10个省、直辖市。陕西省育苗200余 hm^2，造林0.55万 hm^2；山西省育苗约133.3 hm^2，造林0.46万 hm^2；四川省造林约0.25万 hm^2；云南省造林约0.21万 hm^2；江苏、河南、山东、安徽和重庆市共造林近约0.33万 hm^2。

随着元宝枫系列产品研制的不断深入，元宝枫特有的耐干旱、耐低温、耐瘠薄的优良生态特性在荒山造林中高成活率的表现，吸引了一些政府部门和有远见的企业家从城市进军山区，主动投资创办元宝枫产业，促进了元宝枫人工林的发展。

据不完全统计，目前元宝枫人工林已发展到13个省、直辖市、128县，人工造林面积已突破约3.13万 hm^2。具体情况如下：

陕西省　宝鸡、眉县、千阳、凤翔、陇县、麟游、扶风、杨凌、勉县、镇安、蓝田、延安、延川、安塞、耀县、铜川、定边、黄陵、华阴、淳化、彬县、旬邑、乾县

山西省　浮山、永和、阳泉、襄汾、晋城、灵石、运城、忻州、榆次、朔州、泽州、陵川、垣区、阳高、平陆、黎城、介休、长治、翼城、太原、离石、原平、繁峙、寿阳、屯留、平顺

云南省　晋宁、寻甸、呈贡、东川、富民、嵩明、禄劝、鲁甸、巧家、镇雄、水富、盐津、永善、绥江、威信、大关、昭通、牟定、禄丰、南华、姚安、武定、新平、澄江、丽江、永胜、中甸、邱北、弥勒、石屏、洱源、祥云、鹤庆、宣威、会泽、马龙、沾益、泸水、兰坪

河南省　林县、三门峡、鄢陵、许昌、民权
四川省　成都、金堂、双流、眉山、仁寿、彭山、芦山、汶川、都江堰市、广元
江西省　九江、德兴
北京市　延庆、通县、房山
重庆市　荣昌、奉节、南川、綦江、巫溪、巴南
江苏省　宿迁、宜兴
山东省　潍坊、临沂、青岛、淄博、泗水、聊城
甘肃省　兰州、张掖、白银、庆阳
新　疆　喀什
宁　夏　青铜峡

元宝枫侧根十分发达,在内蒙古—辽西科尔沁沙地上生长的元宝枫大树,由于风蚀,暴露在地表面上的侧根可达 7 ~ 8 m。由于元宝枫根部含有大量的 VA 菌根和外生菌根,在干旱瘠薄的土地或沙丘恶劣生境上能正常生长。山西省林业厅在吕梁山、中条山,陕西省宝鸡市林业局在秦岭、关山和黄土高原丘陵区营造元宝枫林均获得成功,造林成活率一般在 86% 以上。

西南地区四川省、重庆市和云南省不是元宝枫的天然分布区。1997 年开始从陕西引种,五年来的育苗造林实践证明,在这三省市的荒山造林和退耕还林中,元宝枫充分显示出生态、社会和经济三大效益的作用。

第二章　元宝枫的生物学特性

元宝枫(*Acer truncatum* Buge)是槭树科(Aceraceae)槭属(*Acer*)植物,因翅果形状像中国古代“金锭元宝”而得名,为中国特有树种,见《中国——日本槭资源与园林》。汉代许慎《说文》中称之为槭树,这是它最早的名称。《中国植物志》又名元宝槭(见《东北木本植物园志》、《中国植物志》),又名平基槭(见《经济植物手册》)、元宝树(见《河北习见植物图说》)、五脚树(见《中国树木分类学》)、华北五角枫(见《华北树木志》、《河北树木志》)。

第一节　元宝枫的形态特征

一、树形

落叶乔木,一般高 8 ~ 10 m。天然林中的元宝枫树高可达 15 ~ 20 m。树冠为卵形、阔圆形,偶见伞形,树冠高大,具备良好庇荫条件。

二、树皮

灰褐色或深褐色,老时灰色,深纵裂。

三、枝

元宝枫枝条向斜上方伸展,分枝角度 30° ~ 80°,枝条无毛,具圆形髓心;侧枝多对生,顶芽破坏后,侧枝往往丛生;当年生枝绿色,后渐变为红褐色或灰棕色,表皮光滑,具细小而明显的皮孔;多年生枝表皮粗糙,呈灰褐色,具不规则的纵向裂纹。

四、叶

单叶对生;叶纸质,长 5 ~ 10 cm,宽 8 ~ 12 cm,掌状 5 裂,稀 7 裂,裂片三角卵形或披针形,先端锐尖,边缘全缘,有时中央裂片的上段再 3 裂,叶基部截形稀近于心脏形;叶表面绿色,光滑,叶背面淡绿色,嫩叶时脉腋簇生柔毛,主脉 5 条,在叶上面显著,叶背面微凸起,侧脉在叶上面微显著,叶背面显著;叶柄长 3 ~ 5 cm,少数达 9 cm。

五、芽

在不同年龄阶段及不同生长季节,元宝枫芽的形态差别较大。一般越冬芽为卵形,长约 2 ~ 5 mm,宽约 1 ~ 3 mm,先端尖,外被棕褐色(或绿色)鳞片,一般 8 ~ 14枚,鳞片两两对生,外层鳞片角质化,由外向内鳞片逐渐变薄,最内层 4 片鳞片为过渡叶。

元宝枫树芽按性质可分为叶芽、花芽(混合花芽、雄花芽);按在枝条上的位置可分为顶芽和腋芽,腋芽常对生;按其萌发情况可分为主芽与副芽,副芽成对位于主芽两侧之下,内着生一个主芽,在主芽两侧又着生多个肉眼几乎看不见的小副芽。一般情况下,这些副芽不萌发,又叫潜伏芽,只有主芽萌发抽枝。但当主芽受损或抹去后,或枝干被剪断或锯断后,潜伏芽也可萌发抽生枝条。元宝枫的潜伏芽寿命较长,可达 20 ~ 30 年之久,这种特性有利于树体更新。

六、花

花黄绿色,杂性,单性雄花与两性花同株;伞房花序生枝端,有花 6 ~ 15 朵,长 5 cm,直径 8 cm;总花梗长 1 ~ 2 cm;每朵花的花冠直径 13 ~ 20 mm,萼片 5 个,基部合生,黄绿色;花瓣 4 ~ 5 个,多为 5 个,离生,卵形,黄色,长 5 ~ 9 mm,宽2.5 ~ 3 mm;花盘近圆形,边缘微裂,直径 3 ~ 5 mm,花萼、花瓣着生于花盘外侧;雄蕊6 ~ 10个,通常 8 个,着生于花盘上,单性花的雄蕊较长,一般为 4 ~ 6 mm,两性花的雄蕊较短,仅有 2 ~ 3 mm;在花丝的顶端着生着一对长卵形花药,花药较小,长 1.2 ~ 1.6 mm,花药内贮有大量花粉粒,当花药成熟之后,自动开裂,散出大量花粉;雌蕊生于花盘的中间,长约 4 ~ 5 mm,子房上位,扁平,2 室,每室有 2 个胚珠,仅 1 个发育;柱头浅黄色,2 裂,呈羽状反曲。花期 4 月。

七、果实和种子

元宝枫果实为翅果，翅果扁平，两翅展开约成直角或钝角，翅果幼嫩时淡绿色，成熟时淡黄色或淡褐色，常呈下垂的伞房果序，翅长圆形，两侧平行，膜质，上有较明显的脉纹，长约 3 cm，宽约 1 cm，常与种子等长，稀稍长。

种子成熟时淡黄色或淡褐色、扁平状，长 1.3～1.8 cm，宽 1～1.2 cm；种皮革质，子叶扁平，呈黄色。果期 9～10 月。

元宝枫的形态特征详见图 2－1。

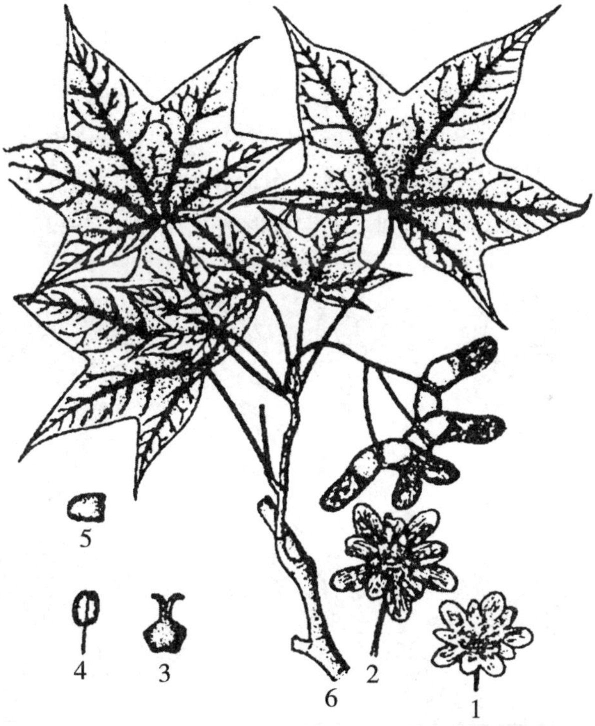

图 2－1　元宝枫形态特征

1. 两性花　2. 雄花　3. 雌蕊　4. 雄蕊　5. 种子　6. 果枝

第二节　元宝枫的解剖学特征

一、叶

叶表面　表皮细胞多角形,类方形,排列紧密,壁薄,条状纹理易见。气孔不定式,多分布于下表皮,上表皮未见。上表面光滑无毛,下表面叶脉处具毛,以叶的基部分布较密;腺毛腺头多细胞,球形,由 7 ~ 10 个细胞排成 2 ~ 3 层,直径 41 ~ 62 ~ 72 μm,腺柄 2 ~ 3 个细胞,长 10 ~ 29 ~ 41 μm;在叶基部密集,至远端叶脉处较稀疏。非腺毛多见单细胞,偶见 2 个细胞,细胞顶端略锐,壁微增厚,壁疣明显,长细胞柔软弯曲,长 226 ~ 316 ~ 412 μm,直径 7 ~ 10 ~ 13 μm。短细胞直立,长 72 ~ 155 ~ 203 μm,直径 7 ~ 10 ~ 13 μm,多分布于叶的基部。叶主脉处表皮细胞含草酸钙方晶,沿叶脉方向成行排列。元宝枫叶表面图见图 2 - 2。

图 2 - 2　元宝枫叶表面图(×130)

1. 表皮细胞　2. 气孔　3. 腺毛　4. 非腺毛　5. 叶主脉表皮细胞

叶横切面　上下表皮均为一列壁增厚的细胞，外被角质层，具腺毛与非腺毛。栅栏细胞长柱形，1～2列，第二列细胞稀疏；细胞长30～37～57 μm，宽7～10～15 μm。海绵细胞类圆形，排列疏松，偶有方晶存在。主脉栅栏组织不通过。叶主脉上表皮处具一弧形突起，长96.6 μm，宽26.58 μm，由厚壁细胞组成。两个外韧型维管束，相背而生，合成一个大的维管束，其外有2～3列厚壁细胞包围。韧皮部可见多个分泌细胞相聚存在。叶横切面见图2－3。

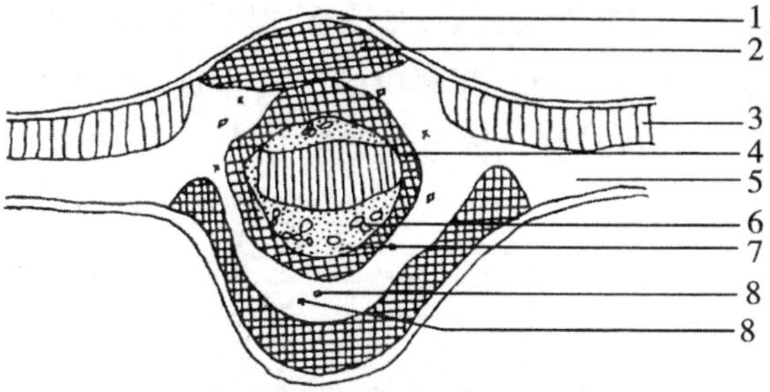

图2－3　元宝枫叶横切面简图（×140）

1. 表皮　2. 厚壁细胞　3. 栅栏组织　4. 海绵细胞
5. 木质部　6. 分泌细胞　7. 韧皮部　8. 草酸钙结晶

叶柄横切面　表皮细胞类圆形，壁增厚，排列紧密，外被角质层，可见腺毛与非腺毛，在近枝条和叶片两端密集。皮层细胞类圆形。壁较厚，内含草酸钙方晶。维管束由8个外韧型维管束愈合成周韧型花瓣状维管束，韧皮部分泌腔多以2～3个相聚，偶有单个存在，直径30～47～70 μm。叶柄横切面见图2－4。

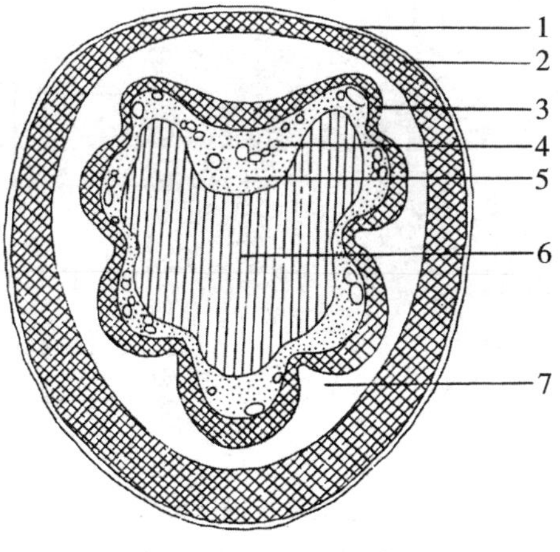

图2－4　元宝枫叶柄横切面简图（×50）

1. 表皮　2. 厚角组织　3. 厚壁组织　4. 分泌腔　5. 韧皮部　6. 木质部　7. 皮层

二、嫩枝

嫩枝横切面　表皮层为一列长方形的棕黄色细胞，壁增厚，排列紧密，外被角质层。木栓层细胞 5～8 列，较大，排列整齐，内含草酸钙方晶，韧皮部纤维束断续排列成环，两列。纤维外薄壁细胞含草酸钙方晶；分泌腔 2～5 个相聚存在于两列纤维层带之间。形成层成环。木质部导管直径 10～37～41 μm，成行排列，近形成层与髓部两端导管较密集；木质部薄壁细胞壁增厚，木化。射线 1～2 列细胞，末端喇叭状，细胞多列。髓部广阔，约占嫩枝横切面的 1/3～1/2，其内有淡黄色的分泌细胞。嫩枝横切面见图 2－5。

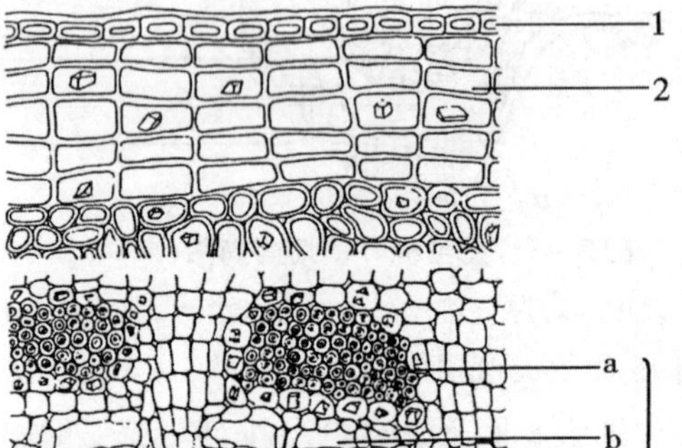

图 2－5　元宝枫嫩枝横切详图（×200）

1. 表皮　2. 木栓层　3. 韧皮部　a. 纤维束　b. 分泌腔
c. 韧皮射线　4. 形成层　5. 木质层　d. 导管　e. 木纤维

三、根

根皮横切面　元宝枫属主根系树种,其根皮木栓层由 8 ~ 12 列排列紧密的黄棕色长方形细胞组成,壁木化,略增厚,有草酸钙方晶散在其中。表层为 3 ~ 5 列不规则的扁长形细胞,壁增厚。韧皮部纤维束两列,由射线分割成断续的环带;分泌腔单个或数个相聚,直径 41 ~ 47 ~ 51 μm;韧皮射线由 2 ~ 3 列近方形细胞构成,末端喇叭状;韧皮薄壁细胞类圆形,壁略增厚,内含草酸钙方晶。根皮横切面见图 2 – 6。

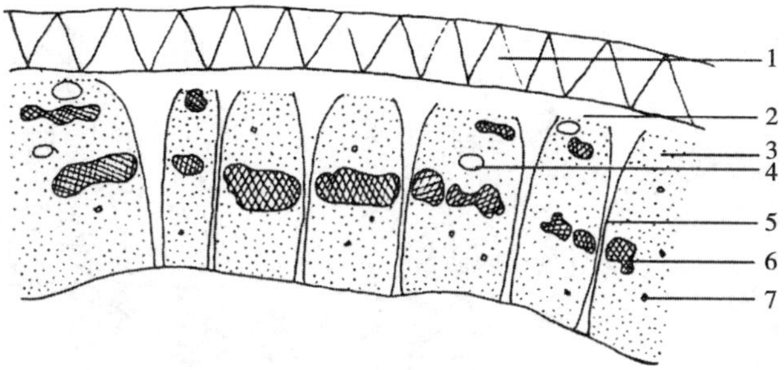

图 2 – 6　元宝枫根皮横切简图(×50)

1. 木栓层　2. 皮层　3. 韧皮部　4. 分泌腔　5. 射线　6. 纤维束　7. 草酸钙方晶

四、花

(一)花药壁层的发育解剖结构

元宝枫花药具 4 个孢子囊。发育初期的花药由一层表皮细胞和内部的一群分裂活动旺盛的多边形细胞组成(图 2 – 7,1)。随着花药的发育,从横切面上看,花药渐呈四棱形,之后,在四个棱角表皮下的细胞分化成孢原细胞,孢原细胞细胞核大,明显(图 2 – 7,2);稍后,孢原细胞平周分裂一次,形成靠近表皮的初生周缘细胞和里面的初生造孢细胞(图 2 – 7,3);初生周缘细胞进行平周和垂周分裂形成 4 层细胞,由外向内依次为药室内壁,2 层中层及绒毡层,这样,元宝枫花药的壁由 5 层细胞构成,即表皮、药室内壁、2 层中层和绒毡层(图 2 – 7,4)。绒毡层属分泌绒毡层,其细胞呈多边形,体积较大,初为单核,后发育为二核、四核及多个核(图 2 – 7,5)。在花药壁层分化过程中,内部的初生造孢细胞也不断分裂,形成数个体积大、细胞核大、明显,细胞质浓厚,排列紧密的次生造孢细胞。

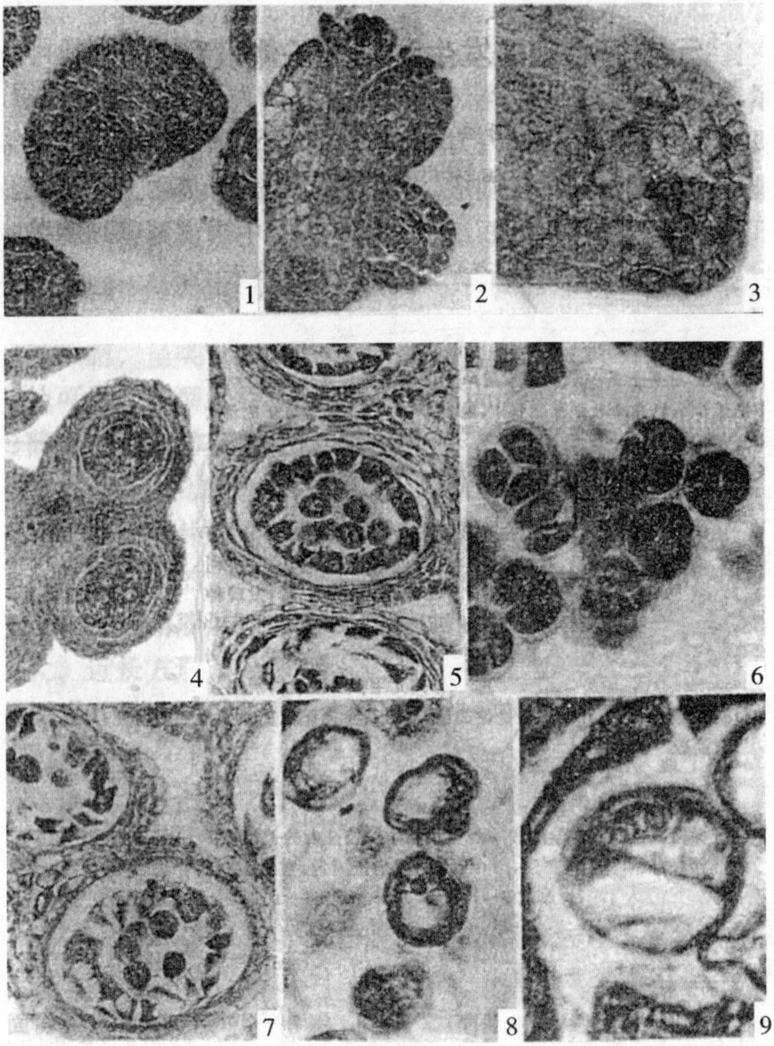

图2－7　元宝枫小孢子发生和雄配子体发育

(二)小孢子发生及雄配子体的形成

1. 小孢子发生

排列紧密的次生造孢细胞彼此分开形成圆球状的小孢子母细胞,小孢子母细胞经减数分裂形成小孢子四分体排列呈四面体形(图2－7,6)。元宝枫小孢子母细胞减数分裂过程中的胞质分裂为同时型。在小孢子母细胞发生减数分裂前，花药的表皮、药室内壁细胞横向伸展，细胞多呈扁平形，2层中层细胞已处于退化状态；绒毡层细胞逐步开始液泡化：排列变得疏松，多核现象普遍，至小孢子四分体形成时，绒毡层细胞出现萎缩、退化迹象（图2-7,7）。

2. 雄配子体的形成

小孢子四分体形成后，包在其外部的胼胝质壁消失，小孢子相互分离，成为单核花粉粒，此时，单核花粉粒细胞质浓，核位于细胞中部，逐渐地细胞体积增大，形成明显的细胞壁，细胞中出现大液泡，细胞核移至细胞的一侧（图2-7,8）；随后，细胞核进行不均等的有丝分裂，形成一个大的营养细胞和一个小的生殖细胞，生殖细胞位于细胞壁附近，它再进行一次有丝分裂，形成两个近球形的精子（图2-7,9），这时的花粉粒内大液泡仍然存在，细胞质较少而淡。至此，中层细胞已完全消失，绒毡层细胞进一步退化，细胞内出现一些液泡，但并没有完全解体消失。同一花药孢子囊中小孢子的发育过程是不同步的。元宝枫的成熟花粉粒具3条萌发沟。

（三）元宝枫花粉粒中生殖细胞的分裂

元宝枫花粉粒中的生殖细胞是在花药中完成分裂活动的，分裂过程显示出不同步，在同一花药中可见呈各自不同发展阶段的花粉粒，一般认为这种现象的发生可能与同一药室中小孢子之间没有细胞质的联系有关。关于生殖细胞游离在营养细胞质中二者之间是否存在细胞壁以及壁的性质问题，存在着多种意见，据我们的初步观察，元宝枫生殖细胞与营养细胞之间可能存在着细胞壁，给出定论和确定壁的性质尚需进一步的进行研究。

五、果实和种子

（一）果皮横切面

果皮即外种皮，果皮表层为一列排列紧密的棕黄色方形细胞，壁增厚，外壁尤厚，外被角质层，具腺毛。其内为1～3列的石细胞层带，石细胞类圆形、椭圆形及不规则形。壁极厚，木化，具明显的纹孔及孔沟，且近外界皮的石细胞排列整齐。中果皮薄壁细胞壁略增厚，含草酸钙方晶，其中散在着成环排列的外韧型维管束，韧皮部具单个或 2 ~ 5 个相随存在的分泌腔，直径 31 ~ 63 ~ 72 μm。内果皮为数列横向排列的纤维组成，壁增厚、木质化。果皮横切面见图 2 - 8。

（二）种皮横切面

种皮的表皮层为狭长的淡黄棕色栅状细胞，外被角质层，壁增厚，木质化，具纹孔及孔沟；细胞长 309 ~ 412 ~ 463 μm，宽 103 ~ 132 ~ 140 μm。其下为 4 ~ 12 列薄壁细胞，呈类圆形及长方形。壁略增厚，呈黄棕色。在种脊处可见外韧型维管束。内种皮为 1 ~ 2 列排列紧密的类方形薄壁细胞。种皮横切面见图 2 - 9。

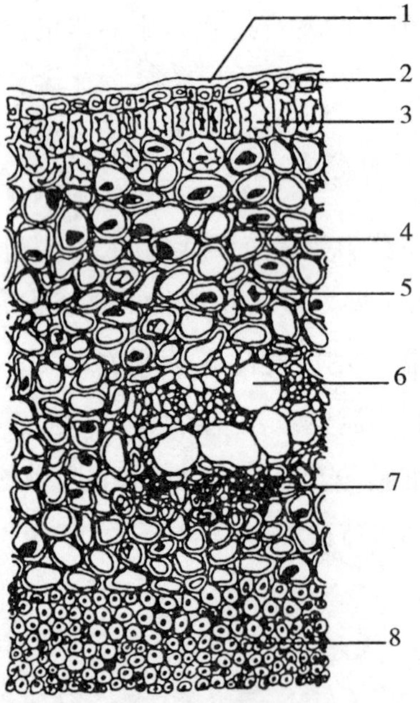

图 2 - 8　元宝枫果皮横切面（×130）
1. 角质层　2. 外果皮　3. 石细胞　4. 中果皮
5. 草酸钙方晶　6. 分泌细胞　7. 维管束　8. 内果皮

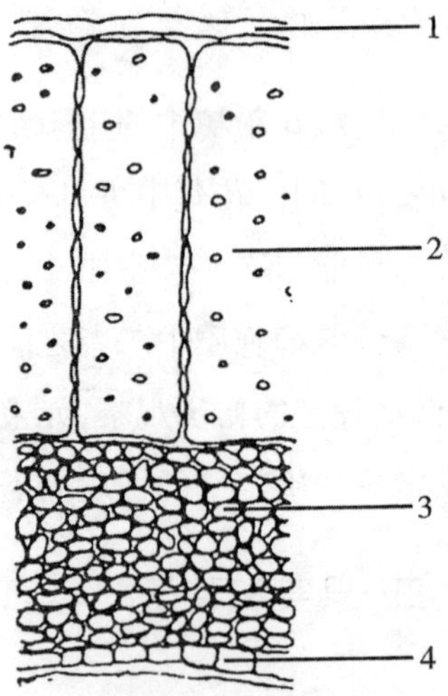

图 2 - 9　元宝枫种皮横切面简图（×100）
1. 角质层　2. 栅状细胞
3. 薄壁细胞　4. 内种皮

（三）种仁横切面

元宝枫种子为无胚乳种子，在种皮内是胚，胚由两片肥厚的子叶和夹在两片子叶一侧的胚芽、胚轴和胚根组成。子叶的上下表皮各为一列细胞，壁皆均匀增厚，外被角质层；上表皮细胞略小，类圆形；下表皮细胞略大，近长方形，薄壁细胞广泛存在，近上表皮处较狭长，近下表皮处圆钝，细胞壁皆呈念珠状增厚，具纹孔及孔沟；细胞内充满了颗粒状的糊粉粒及大量油滴，维管束外韧型，散于薄壁组织中；木质部导管未木化，直径 3～7～10 μm；韧皮部具大型分泌腔，由 1～3 个相聚而成，直径 20～57～72 μm。子叶横切面见图 2－10。

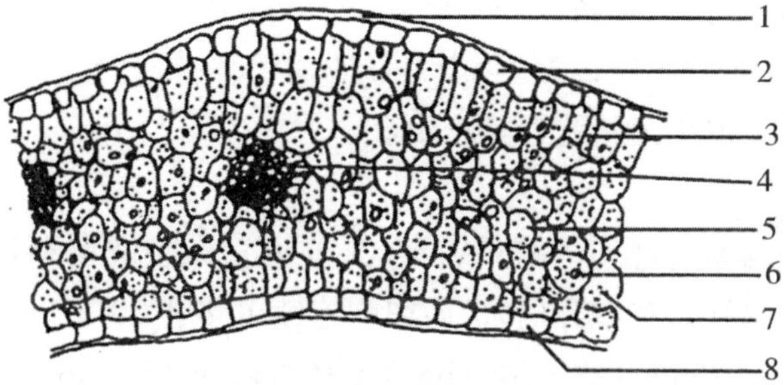

图 2－10　元宝枫子叶横切面详图（×130）

1. 角质　2. 上表皮　3. 栅状细胞　4. 维管束　5. 薄壁细胞　6. 油滴　7. 糊粉粒　8. 下表皮

六、木材

（一）木材宏观构造

边材与心材区别不是很明显，木材淡红褐色至红褐色带灰色，有时心材部分比边材部分颜色较深，偶见红褐带紫色。生长轮明显或略明显，轮间界以浅色细线区分，宽度在 1～5 mm 间，不均匀，多在 3 mm 左右。早材与晚材区别不明晰，过渡缓变；管孔小至极小，数量较少，肉眼下不可见，呈白色小点，放大镜下明晰；大小颇相近，均匀分布在生长轮内，为比较典型的散孔材。轴向薄壁组织不可见。木射线细，肉眼下可见，放大镜下明显，数量较多，在径切面上木射线形成美丽的花纹，在弦切面可见许多参差不齐的深色短线。木材纹理直或微斜，肌构细致均匀。无特殊的气味和滋味。无波痕。无树胶道。木材刨削面有光泽。木材较重和硬，髓心圆形，直径1～2 mm，实心，浅褐色。常具髓斑。材身多圆满。材表具细条纹,有时具有明显的突棱。

(二)木材微观构造

对木材异管、轴向薄壁组织、木射线和木纤维的构造观察结果如下:

1. 导管

导管的横切面为卵圆形、椭圆形或圆形;每平方毫米 10~30 个。管孔组合,多为单管孔及 2~4 及以上组成短径列复管孔,稀见管孔团,散生。最大弦径 90 μm,多数 65~80 μm;壁厚 2~3 μm;导管分子长度在 250~600 μm 间,多数长在 400 μm。心材偶见侵填体。管间纹孔式互列,多边形,纹孔只内函,透镜形。穿孔板略倾斜至倾斜,单穿孔,卵圆形或椭圆形。导管与射线薄壁细胞间纹孔似管间纹孔。导管内壁具螺纹加厚,螺纹在较大导管壁上水平或略倾斜,在小导管壁上螺纹倾斜较大且较明显。

2. 轴向薄壁组织

数量较少,既具傍管类稀疏傍管型,又具离管类星散型和轮界型。轴向薄壁细胞常有菱形晶体,多室分隔,含晶细胞连续可多达 30 个以上。在早材与晚材交界处的弦切面上可见单一的纺锤形薄壁细胞,内壁具有明显的节状加厚即简单纹孔。

3. 木射线

非叠生,每毫米 4~6 根。多列射线为主,单列射线高 1~8 个细胞,多列射线宽 2~4个细胞,高 15~40 个细胞。射线组织为同形单列及多列,多列射线偶见异形Ⅲ型。部分射线细胞含有树胶,晶体未见。端壁节状加厚及水平壁纹孔均明显。

4. 木纤维

以纤维管胞为主,有时亦见具有裂隙状单纹孔的韧型纤维。木纤维长度在 580~1100 μm,一般长度至 800 μm 左右;胞壁厚度在 1.5~2.5 μm间,弦向直径在 10~20 μm 间。纤维管胞侧壁具缘纹孔清晰,纹孔口函或外层,透镜形或裂隙状。木材显微构造特征见图 2-11。

(三)木材物理力学性质

元宝枫木材常规的物理力学性质测定的结果见表 2-1。其各项指标的变异系数除弦向干缩系数和冲击韧性较大外,都在 20% 以下,符合国家标准木材物理力学试验方法所规定的要求。参照《中国主要树种的木材物理力学性质》一书中关于木材物理力学性质分级表的规定：元宝枫木材的气干密度0.738 g/cm^2，属于中等；顺纹抗压强度56.68 MPa/cm^2，属于中等；抗弯强度130.33 MPa/cm^2，属于高等；冲击韧性8.47 $N \cdot m/cm^2$，属于高等；端面硬度92.87 MPa/cm^2，属于硬。综合以上五项指标，元宝枫木材力学性质属于中高等。

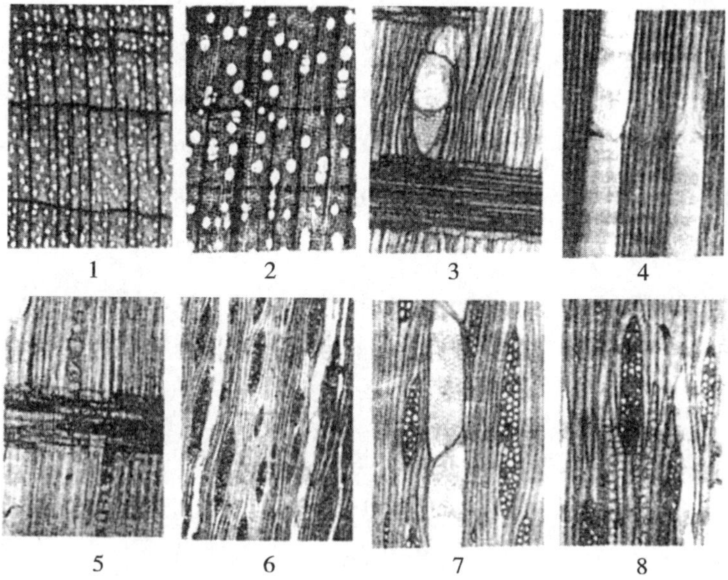

图2－11　元宝枫木材微观构造

1. 端面示散孔材，生长轮不均匀；
2. 端面示单管孔及短径列复管孔；
3. 径面示单穿孔，同形木射形；
4. 径面示导管螺纹加厚；
5. 径面示离管类星散型轴向薄壁组织并具多室分隔含晶细胞；
6. 弦面示以多列木射线为主亦具有单列木射线；
7. 弦面示导管壁具多边形互列纹孔；
8. 弦面示具轮界型轴向薄壁组织且为多室分隔含晶细胞。

（四）木材的加工性质

元宝枫木材虽然硬度高，但机械加工并不困难，除湿原木锯剖中常有夹锯现象外，刨、铣、车、钻的切削面都很平滑，木材车削效果优良是上乘的车工材。木材握钉力良好，但薄板钉钉易于劈裂。木材的其他工艺性，例如砂光、胶接、油漆、染色等性能均良好。物理力学性质见表2－1。

表 2－1　元宝枫木材物理力学性质

测 试 项 目	平均值 ($\overline{X}$)	变异系数 ($\overline{V}$%)	准确指数 (P%)
生长轮宽度(mm)	1.7		
基本密度(g/cm^3)	0.593	8.1	1.4
气干密度(g/cm^3)	0.738	8.2	1.3
径向干缩系数(%)	0.169	26.0	4.1
弦向干缩系数(%)	0.279	18.6	2.9
体积干缩系数(%)	0.454	17.4	2.8
顺纹抗压强度(MPa/cm^2)	56.68	11.2	1.6
抗弯强度(MPa/cm^2)	130.33	13.5	2.1
抗弯弹性模量(MPa/cm^2)	14121.58	7.1	1.3
径面顺纹抗剪强度(MPa/cm^2)	16.77	10.0	1.4
弦面顺纹抗剪强度(MPa/cm^2)	18.34	9.0	1.5
径向局部横纹抗压强度(MPa/cm^2)	18.63	14.2	2.1
弦向局部横纹抗压强度(MPa/cm^2)	12.36	22.1	3.4
径向全部横纹抗压强度(MPa/cm^2)	12.85	19.1	2.8
弦向全部横纹抗压强度(MPa/cm^2)	9.02	16.0	2.2
顺纹抗拉强度(MPa/cm^2)	150.63	15.8	2.3
冲击韧性($N \cdot m/cm^2$)	8.47	28.2	3.7
端面硬度(MPa/cm^2)	92.87	15.2	2.0
径面硬度(MPa/cm^2)	74.82	19.8	2.6
弦面硬度(MPa/cm^2)	79.24	18.9	2.5
径面劈开强度(MPa/cm^2)	2.07	15.2	1.8
弦面劈开强度(MPa/cm^2)	2.43	18.5	2.5

试验材料产地:陕西省宝鸡市凤县。

第三节　元宝枫的生理特性

一、光合作用

光合作用是绿色植物吸收太阳光能，同化二氧化碳，制造有机物质，并释放出氧的过程。其主要产物是糖，其产物可进一步转化形成蛋白质、核酸、脂类以及其他有机物质，是植物生命活动的基础。

（一）光合作用速度是光合作用的指标

采用光合作用干物质增加量和 CO_2 吸收量分别测试，其结果表明，不同生育期，特别是不同叶龄的元宝枫光合速率不同，而且因环境条件各异。光合速率见表 2－2。同时利用 ADC_3 便携式光合仪在田间对三年生元宝枫苗木，分别在 6 月和 7 月份进行光合作用测定。结果表明，元宝枫在光强 76～1350 $\mu molm^{-2}s^{-1}$范围内，光合速率随光照强度的增加而升高。根据测试显示，元宝枫光合作用光补偿点约为 3000～4000 Lx，光饱和点约为 6 万～7 万 Lx，随着环境条件的变化（如水分、光照等），生长状况有所差异。

元宝枫属喜光植物，但由于叶片较薄，光照过强，叶温升高，叶片失水，气孔阻力增大，影响叶肉细胞间隙中 CO_2 扩散，光合速率下降。元宝枫叶的光合速率适宜温度：一般气温为 25～29 ℃之间；在 7 月上旬晴天，上午 10 h 至 11 h 气温为 34～35 ℃，空气相对湿度 60%，叶温可达到 36～37 ℃，光通量密度为 2027 $\mu molm^{-2}s^{-1}$，在这样高温天气情况下，元宝枫叶净光合速率为 3.4～4.7 $CO_2\mu molm^{-2}s^{-1}$之间，其叶片仍能维持一定的光合速率。

表 2－2　元宝枫光合速率的测定（改良半叶法）

编组号	光合速率（$mg\ cm^{-2}h^{-1}$）		备注
	5 月份	6 月份	
1	0.167	0.233	光照强度 5 万～8 万 Lx，大气温度 26～32℃
2	0.145	0.245	
3	0.154	0.264	
4	0.158	0.252	
5	0.155	0.240	
∑X	0.779	1.234	
X	0.1558	0.2468	

元宝枫光合速率在生长季节日变化总趋势为双峰型。一般在上午 10 ~ 11 h光合速率最高,中午 13 ~ 14 h 气温最高时光合速率最低,下午 16 ~ 17 h 光合速率回升,但仍低于上午的光合速率。光合速率日变化及其环境因子见表 2 - 3。由于环境因素的变化,有时测定出现光合速率日变化量单峰曲线,中午 11 ~12 h最高,下午回升较小或不回升。

表 2 - 3　元宝枫光合速率日变化及其环境因子

时间(h)	Pn	PPFD	T_A	T_L	RH
8	3.32	968	26	26	85
9	4.85	1020	27	27	80
10	6.83	1423	28	29	70
11	7.35	1650	29	30	65
12	6.50	1756	30	32	60
13	5.16	1773	32	34	45
14	4.25	1632	33	34	45
15	4.36	1450	31	32	45
16	5.25	1152	30	31	50
17	4.13	1025	29	30	55

注:Pn,净光合速率($\mu molm^{-2}s^{-1}$);T_A,大气温度(℃);PPFD,光通量密度($\mu molm^{-2}s^{-1}$);T_L,叶温(℃);RH,空气相对湿度(%)。

(二)气孔传导率(Cs)的日变化

Cs 的变化清晨最高为0.8 cm/s,随后明显降低,12:00 时降至一天的最低值 0.22 cm/s,此后一直保持在较低水平。Cs 的变化与 Rs(气孔阻力)呈明显的负相关。中午时蒸腾强烈,Cs 降低和 Rs 增高可减少水分的丢失,反映了元宝枫对水分亏缺的适应能力。气孔传导率的日变化见图 2 - 12。

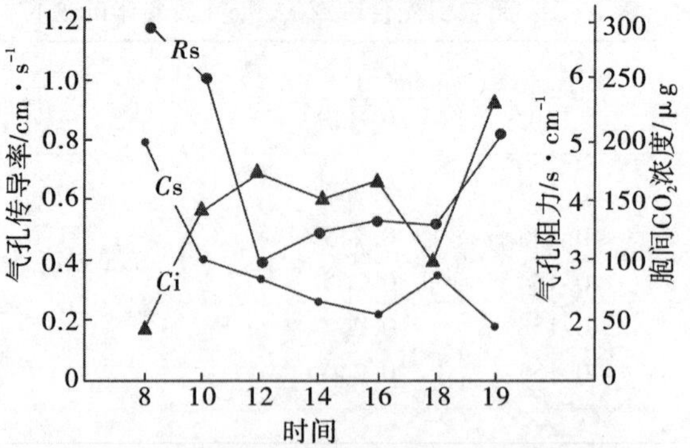

图 2 - 12　元宝枫叶片气孔传导率的日变化

Rs:气孔阻力　Ci:胞间 CO_2 浓度(μg)　Cs:气孔传导率

(三)叶绿素含量

叶片中叶绿体的光合色素是吸收光能并将光能转化为化学能的重要物质，其中叶绿素是光合作用过程中最重要和最有效的色素，其含量的大小能反映出植物碳同化物质能力的大小。而叶绿素 a 和叶绿素 b 含量的差异又可反映出叶片在吸收光谱和溶解度方面的差别。

从测定结果看出(见表 2-4,2-5)，元宝枫叶片中叶绿素总量在 3.9 ~ 8.4 mg/L之间，其中叶绿素 a 在 2.5 ~ 4.2 mg/L 之间，叶绿素 b 在 1.7 ~ 2.03 mg/L 之间，叶绿素 a 的含量大于叶绿素 b 的含量，说明元宝枫叶片对红光具有较大的吸收量，叶绿素的含量之所以有波动，是因为元宝枫叶片颜色的不一致所造成的，如：有的叶片为纯绿色；有的是绿色中带有红色；有的叶片是紫红色。另外，叶龄、生长部位、营养水平对叶绿素的含量也有影响。同时，测定了 7 年生树功能叶片在不同含水量状况下，叶绿素总量的变化。采用自然失水的方法，未处理叶片叶绿素含量为 7.56 mg/L，叶失水 20% 时，叶绿素含量为 7.48 mg/L，失水 40% 时为 7.34 mg/L，失水 60% 为 6.23 mg/L。自然风干叶片叶绿素虽然已失去活性，但其含量为 5.57 mg/L，叶片仍保持绿色。

表 2-4　元宝枫叶片中叶绿素的定量测量(一年生苗)

编号	D_{652}平均值	叶绿素总量(mg/L)
1	0.1375	3.985
2	0.230	6.670
3	0.290	8.400
4	0.230	6.670
5	0.240	6.960
6	0.1375	3.985
7	0.2225	6.450
8	0.216	6.232
9	0.160	4.638
10	0.222	6.435
11	0.2275	6.600
平均		6.093

注：D_{652}，是波长在 652 nm 叶绿素溶液的光密度值。

表 2-5　元宝枫叶片中叶绿素 a 和叶绿素 b 的含量(二年生苗)

叶片鲜重(mg)	叶绿素 a 的含量(mg/L)	叶绿素 b 的含量(mg/L)	a/b 值	叶绿素总量(mg/L)
93.70	1.9622	0.9465	2.073	2.9087
97.60	2.1625	1.0045	2.153	3.1670
100.0	2.5314	1.7248	1.468	4.2562
100.0	4.1523	2.0290	2.047	6.1794

二、水分生理特点

(一)蒸腾强度和蒸腾速率日变化

蒸腾作用与植物体内各种生理活动有密切关系,特别是蒸腾失水所造成的水势梯度是植物吸收和运输水分的主要驱动力,尤其是木本植物的吸水。蒸腾强度还可作为确定植物需水程度的重要指标,其测定结果是,元宝枫一、二年生苗随植株的生长,叶蒸腾强度在 14.15 ~24.30 $g/m^2 \cdot h$ 之间,平均为18.9 $g/m^2 \cdot h$。叶蒸腾强度见表 2-6。

表 2-6　元宝枫叶蒸腾强度($H_2O\ g/m^2 \cdot h$)

苗　龄	测定时期		
	5 月中旬	6 月中旬	7 月中旬
一年出苗	14.2	18.4	24.5
二年出苗	14.1	17.6	24.1

*10 株树均值

元宝枫叶蒸腾速率的日变化,随光强度,大气温度的日变化有一定变化,表现出双峰曲线见图 2-13。由于受气温、光强、湿度等因素的影响,元宝枫蒸腾速率的日变化有时也表现出一个单峰曲线,8:00 ~ 14:00 h 逐渐升高,此后渐降低。苗木蒸腾速率日变化与水分利用率见图 2-13 及见图 2-14。

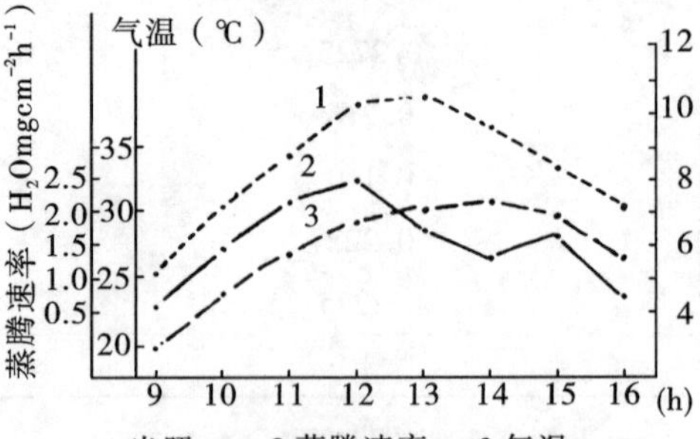

1.光照　2.蒸腾速率　3.气温

图 2-13　元宝枫苗木蒸腾速率日变化

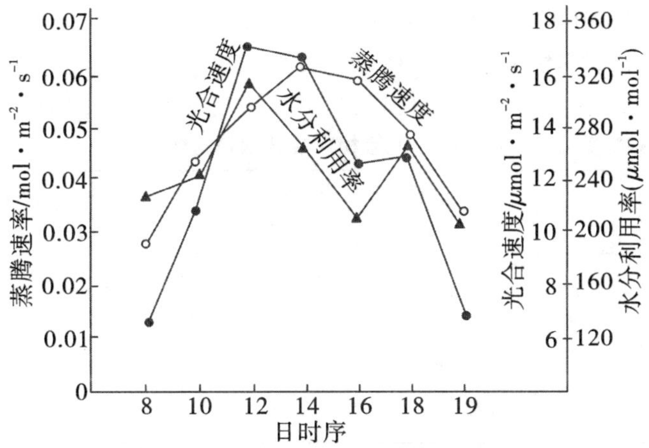

图 2-14　光合速度和蒸腾速率的日变化与水分利用率

（二）叶组织保水力和细胞膜透性

叶组织保水力常用来表示叶组织抗脱水性能的大小，与植物的抗旱性有一定关系。我们根据生长量大小不同的叶片，分三组在不同时间测定叶组织失水量。其结果表明，正在扩大生长的叶片失水量最多，随着叶面积不再扩大生长时，叶片失水量减少。在不同时间里叶水分损失除在最初 1～2 h 失水速率快，以后时间内叶失水较慢。同时，在 7 h 后成熟叶失水不超过 20%，说明元宝枫保水力较强。不同叶龄叶组织保水力见图 2-15。

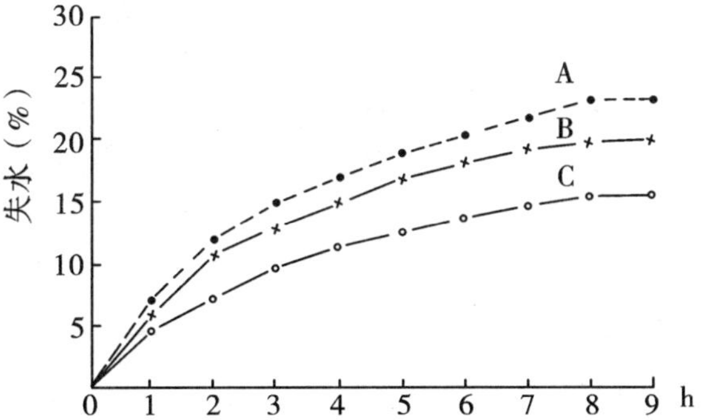

A. 幼叶　B. 生长叶　C. 成熟叶

图 2-15　元宝枫不同叶龄叶组织保水力

植物组织在受到各种不利环境条件危害时，细胞膜的结构和功能首先受到伤害，使膜透性增大，组织受伤害越严重，电解质外渗增多。我们将元宝枫枝叶经过 2 h 失水处理，用电导仪测定其叶片细胞膜透性。结果表明，处理叶片细胞膜透性大于对照,正常生长的叶片细胞膜相对透性为28.16,处理过的相对透性为33.9,叶片的平均伤害率为7.85%。第3组叶组织比第1、第2组幼嫩,处理后细胞膜的伤害率为15.54%,比成熟叶片高。叶片细胞膜的透性见表2-7。

表2-7　元宝枫叶片细胞膜的透性

组　号	细胞膜相对透性(%)		胞膜的伤害率(%)
	处理	对照	
1组	27.52	26.67	1.23
2组	38.70	34.2	6.8
3组	34.48	23.61	15.54
平均	33.9	28.16	7.85

(三)叶水势日变化

元宝枫叶水势的变化受光照强度、大气温度、湿度、土壤水分等因素的影响,而叶水势的变化又影响叶的生理生化功能,直接影响光合作用过程。测试在土壤含水量为23%,晴天条件下,元宝枫水势的日变化,见图2-16。反映出其水势和相关环境因子的关系。

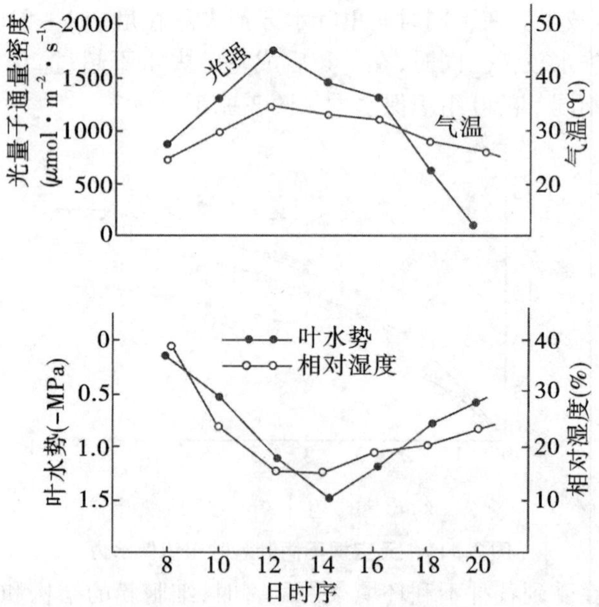

图2-16　元宝枫叶水势日变化

(四)枝条木质部栓塞及水势的变化

木质部栓塞是木本植物受水分胁迫时普遍存在的一种生理现象。木质部栓塞化可直接引起木质部导水率的下降,从而影响植物正常的生理活动,甚至存活。植物体的含水量和水势一样,存在着日变化和季节的变化,认识其变化规律,对苗圃和林分经营管理有实际指导价值。根据张硕新等对陕西关中10种阔、针叶树的研究,结果表明,元宝枫与其他9种树木一样,枝条木质栓塞均具有日变化和季节变化特征,各树种不同。其变化特征见图2-17,2-18。

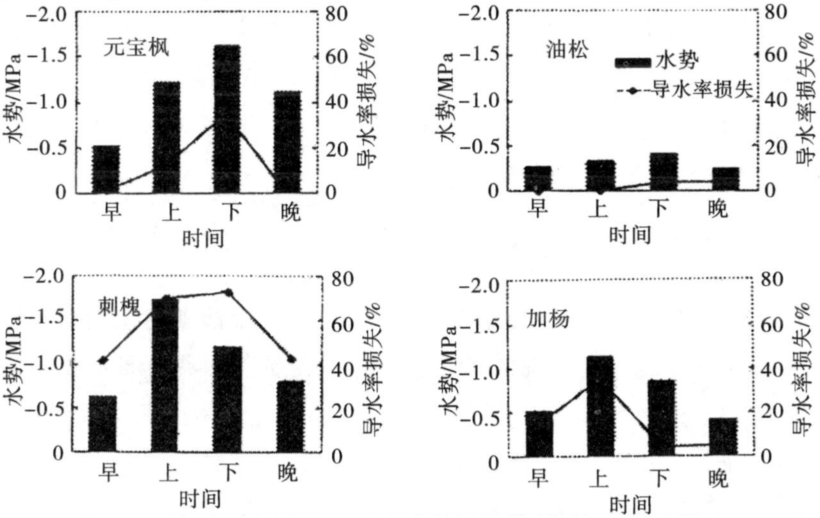

图2-17　生长季节中元宝枫树一年生枝木质部栓塞及水势日变化

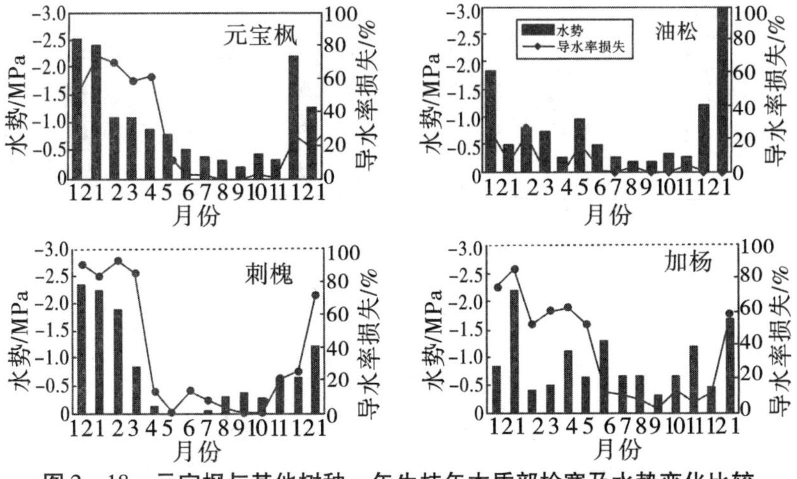

图2-18　元宝枫与其他树种一年生枝年木质部栓塞及水势变化比较

木质部栓塞程度的大小与树种有关,针叶树和阔叶树明显不同,针叶树木质部栓塞的日变化幅度较小,不明显,导水率损失的百分数比阔叶树也小。木质部栓塞程度上的差异反映出树木输水结构上的差异,一般来说,导管直径及长度大于管胞,大管道往往易栓塞。树木木质部栓塞的季节变化也受气候因子的影响,冬季树体受寒和干旱的双重胁迫,相应的木质部栓塞程度也大,秋季降水量多,树体水势较高,相应的木质部栓塞程度就小,因此水分和温度因子决定木质部栓塞程度大小起重要作用。

元宝枫树在生长季节中一年生枝条木质部水势日变化,在早、晚水势较高,上下午较低,特别是下午水势更低,导水率损失多。在一年四季中6月至11月枝条中水势高导水率损失少,在冬季12月、1月枝条水势低,如果土壤严重缺水,空气干燥,经常伴有大风天气可能发生干梢。

(五)应用P－V技术分析元宝枫水分生理特点

P－V技术即压力—容积分析技术,是通过压力室法测定绘制出植物试样的P－V曲线,求得多种水分状况参数。由P－V曲线可得到被测试植物体或某一器官的许多水分状况指标,这些指标可以阐明植物体在不同环境中的体内水分生理特征。应用P－V技术对元宝枫进行测试研究参数,见表2－8。

表2－8 不同土壤水分对元宝枫苗木有关水分参数影响

SWC (%)	胁迫时间 (周)	φ_{π}^{100} (－MPa)	φ_0 (－MPa)	$M_{ro\pi p}$ (%)	$M_{r\pi p}$ (%)	m_a (%)	φw (－MPa)
20	3	1.37	2.40	86.90	91.40	37.96	0.27
	6	1.39	2.42	86.43	90.65	38.15	0.32
15	3	1.45	2.58	73.36	83.56	40.17	0.78
	6	1.56	2.67	70.29	79.90	41.92	1.60
10	3	1.66	2.70	69.32	76.83	42.66	1.60
	6	1.84	3.30	60.15	73.25	44.78	2.22
5	3	1.82	3.35	63.26	71.73	45.92	2.47
	6	1.90	3.63	61.15	68.45	53.97	3.40

1.不同土壤水分对元宝枫一年生苗水分状况影响

(1)叶水势(φ_w)和束缚水含量(m_a)的变化　从表2－8可见,随土壤含水量的降低和胁迫时间的延长,叶水势显著降低,m_s为5%处理6周后,叶水势降

至 -3.40 MPa，与 m_s 为 20% 的（-0.32 MPa）相比降低了 9.63 倍。组织束缚水含量对植物的抗旱性具有重要意义，在含水量不变的情况下，m_a 越大，组织的渗透势越低，吸水和保水能力越强，植物的抗旱性越强。由表 2-8可见元宝枫幼苗随干旱程度加深和时间延长，m_a 逐渐增高，在 m_s 为 5%处理6 周时，m_a 高达53.97%，与 m_s 为 20% 相比增加了 41.47%。m_a 的显著增加和 φ_n 的大幅度降低，除与叶子含水量的降低有关外，更主要的是由于溶质（可溶性糖、Pro 等）增加引起的，这表明元宝枫具有很强的渗透调节能力和低水势耐旱性能。

（2）初始质壁分离时的相对含水量（$M_{r\pi p}$）和渗透水含量（$M_{ro\pi p}$）　$M_{r\pi p}$ 和 $M_{ro\pi p}$也被认为是鉴定植物抗旱性的指标，两者的值越低，表明植物耐水分胁迫能力越强，是耐旱植物的生理特征。元宝枫幼苗经干旱处理后，$M_{r\pi p}$和 $M_{ro\pi p}$ 均明显降低，m_s 为 5%，处理 6 周时两者分别降低至 68.45% 和 61.15%，与 m_s 为 20% 相比，分别降低了 24.49% 和 29.25%。元宝枫受到水分胁迫时，表明其具有较强的渗透调节能力和保水能力。

（3）初始质壁分离时的渗透势（φ_0）　φ_0 是衡量植物抗旱能力的最佳指标，它表示组织细胞内部忍耐高渗透压（低渗透势）的能力，φ_0 值越低，意味着植物的抗旱能力越强。经干旱处理后元宝枫苗木随干旱程度加深和胁迫时间延长，φ_0 值显著降低，m_s 为 5%，处理 6 周时降至 -3.63 MPa，与 m_s20% 时相比降低了 50%。φ_0 值的大幅度降低与细胞内渗透物质的增加有关。此时叶水势为 -3.4 MPa，这表明在较长时间的严重干旱条件（m_s 为 5% 持续 6 周）下元宝枫叶细胞仍能维持一定的膨压，具有极强的抗脱水能力。

（4）饱和含水时的最大渗透势（φ_π^{100}）　φ_π^{100} 表示了植物在生长过程中细胞内可溶性物质所能达到的浓度，（φ_π^{100}）值越低，细胞浓度越大，抗旱性越强。由表 2-8 可见，元宝枫苗木受干旱胁迫后，φ_π^{100} 逐渐降低，抗旱性增强，进一步表明元宝枫具有明显的渗透调节能力。

2. 元宝枫幼树 P-V 曲线主要水分参数的季节变化

为进一步了解元宝枫水分生理特点，于 1997 年 4 月 ~10 月对自然状况下生长的 7 年生元宝枫树进行 7 次 P-V 曲线测定（见表 2-9）。

表2-9　元宝枫7年生幼树P-V曲线主要水分参数的季节变化

测定日期	φ_{π}^{100} (-MPa)	φ_0 (-MPa)	$M_{r\pi\rho}$ (%)	$M_{ro\pi\rho}$ (%)	m_a (%)	m_s (%)
4月20日	1.617	1.933	74.62	65.94	55.99	25
5月20日	1.515	1.852	90.51	80.95	50.73	15
6月15日	0.940	1.380	93.39	84.41	40.77	14
7月15日	1.695	2.060	90.55	80.72	29.44	17
8月15日	1.782	2.120	84.34	70.47	41.56	14
9月20日	2.207	2.524	82.26	65.02	56.21	20
10月15日	2.308	2.716	72.56	63.13	68.25	21

由表2-9可见,元宝枫饱和含水时的最大渗透势 φ_{π}^{100} 和初时质壁分离时的渗透势 φ_0 在4月20日第一次测定时分别为-1.617 MPa和-1.933 MPa,此后一直升高,到6月15日升到最高值,此时正是其旺盛生长期。随后 φ_{π}^{100} 和 φ_0 逐渐降低,到10月15日生长停止时至一年中的最低值。φ_{π}^{100} 和 φ_0 的季节变化与元宝枫的年生长节律和气候变化规律表现出了很好的一致性。在旺盛生长期,φ_{π}^{100} 和 φ_0 最高,细胞液浓度最低,以保证各种代谢过程顺利进行。在干旱和不适于生长的季节,φ_{π}^{100} 和 φ_0 大幅度降低,使细胞具有低的渗透势,以增强细胞吸水和保水能力,提高其抗旱性。细胞液浓度的增高也增强了元宝枫的抗寒能力,使其安全越冬。

$M_{ra\pi p}$ 和 $M_{r\pi p}$ 的季节变化规律与 φ_{π}^{100} 和 φ_0 的趋势一致。表2-8,4月中旬较低,6月中旬旺盛生长期达到一年中的最高值,此时抗性最弱。此后逐渐降低,到生长停止期降至最低值,此时抗性最强。$M_{ra\pi p}$ 和 $M_{r\pi p}$ 的季节变化规律从一个侧面反映了树体抗旱性随环境和生长节律的变化而变化。

束缚水含量 m_a 的变化与前述指标相反,春季较高为55.99%,在6~7月的旺盛生长期 m_a 保持较低的水平,为29.44%~40.77%,此后逐渐增高,到10月中旬升至68.25%,此时原生质水合度高,抗性增强。

用来表示植物水分状况的指标有含水量、相对含水量、水分饱和亏和水势等,但这些指标反映的都是植物的现实水分状况,而植物组织内部的水分组成,潜在的组织最大渗透势和对水分胁迫的反馈调节及忍耐能力,只有通过P-V曲线求得的水分参数加以说明。用P-V技术研究元宝枫苗在不同程度的干旱胁迫下有关水分参数的变化表明，受干旱胁迫时元宝枫 φ_w、φ_π^{100}、φ_0、$M_{ra\pi p}$ 和 $M_{r\pi p}$ 均显著降低，这些指标的降低除与叶含水量的降低有关外，主要是由于组织内溶质的大幅度增加引起的，这表明元宝枫有很强的渗透调节能力和低水势的耐旱特性。叶水势的大幅度降低和 m_a 的明显增加（表2－9），既增强了细胞吸水能力，同时也提高了原生质保水和抗脱水能力。

三、抗旱性生理、生化特征

（一）抗旱性生理特征

1. 水分胁迫对元宝枫叶含水量和叶水势的影响

元宝枫苗木经不同程度的水分胁迫后，间隔10天测定了叶含水量和叶水势，其数据见表2－10。7年生幼树离体枝经不同水势处理后，间隔6 h，测定叶含水量和叶水势数据，见表2－11。

表2－10　土壤干旱对元宝枫苗木叶含水量和叶水势的影响

土壤含水	叶水势（－MPa）（叶含水量）/%					
量（%）	10天	20天	30天	40天	50天	60天
20	0.25(72.17)	0.27(71.86)	0.32(70.40)	0.33(69.52)	0.36(67.38)	0.40(66.27)
15	0.40(66.49)	0.52(65.63)	0.63(63.75)	0.78(62.03)	0.92(60.83)	1.14(57.32)
10	1.00(63.37)	1.60(61.52)	1.72(60.11)	1.88(58.74)	2.22(54.55)	2.41(53.14)
5	1.80(58.82)	2.18(55.58)	2.92(53.37)	3.11(52.38)	3.90(46.53)	4.10(42.16)

表2－11　水分胁迫对元宝枫离体枝条叶含水量和叶水势的影响

胁迫强度	叶水势（－MPa）（叶含水量/%）			
（－MPa）	6h	12h	18h	24h
0	0.33(54.53)	0.34(53.92)	0.37(52.16)	0.36(52.93)
0.5	0.69(49.27)	0.96(47.96)	1.34(43.98)	1.52(41.06)
1.0	1.12(47.14)	1.52(43.16)	2.38(39.01)	2.70(37.62)
1.5	2.07(41.36)	2.81(38.62)	3.71(36.62)	4.40(33.83)

由表中数据可以看出，元宝枫受水分胁迫后叶水势和叶含水量均明显降低。苗木在土壤含水量为5%处理60天时，与20%相比叶水势由最初的－0.40 MPa降至－4.10 MPa，含水量也由66.27%降至42.16（见表2－10）。离

体枝条经胁迫 24 h 后 -1.5 MPa 与 0 MPa 相比其叶水势由 -0.36 MPa 降至 -4.40 MPa，见表 2-10。叶水势的降低一方面是由于含水量降低引起的，但从两者在胁迫中降低的幅度来看，水势的降低还与叶片中溶质（如脯氨酸、可溶性糖等）的增加有关。叶水势的大幅度降低增强了其吸水能力，同时由表 2-8，表 2-9 可以看出，元宝枫幼苗在叶水势降低至 -2.41 MPa 时其生长未受到显著抑制。因此可知具低水势的抗旱能力。

2. 水分胁迫对元宝枫光合、蒸腾作用的影响

元宝枫苗木经 60 天不同程度的干旱胁迫后测定其光合、蒸腾作用的有关指标，见表 2-12；7 年生幼树离体枝条经不同水势的处理 12 h，测定光合和蒸腾作用结果见表 2-13。由表 2-12 可见，随土壤含水量的降低，元宝枫幼苗水分利用效率、光合速率、蒸腾速率、气孔导度（C_S）均降低，胞间 CO_2 浓度（C_i）和气孔阻力（Rs）增加。但土壤含水量在 10% 以上各处理间上述指标的变化不显著，土壤含水量降至 10% 时，光合速率、蒸腾速率和水分利用效率分别仅降低了 17.9%、9.8% 和 20.9%；Rs 和 Cs 未发生明显变化。这表明元宝枫幼苗在轻度和中度水分胁迫下（叶水势由 -0.45 MPa 降至 -2.41 MPa，见表 2-10）光合作用降低的幅度较小，只有在严重干旱时（土壤含水量降至 5%，叶水势降至 -4.1 MPa）光合速度才明显降低（降低了 66.5%）。由 C_i、R_S、C_S 的变化可知，在轻度和中度水分胁迫时光合作用的降低既有气孔因素（R_S 增大、C_S 变小）影响，也有非气孔因素（C_i 积累）的影响。严重干旱时 C_i 明显积累，而 R_S 和 C_S 变化不明显，说明此时光合作用的降低主要是非气孔因素的限制。

表 2-12　水分胁迫对元宝枫苗生长、蒸腾作用的影响*

渗透势（-MPa）	水分利用效率（μmol·mol）$^{-1}$	光合速率（μmul·m^{-2}·s^{-1}）	C_i（μL·L^{-1}）	R_S（s·cm^{-1}）	C_S（cm·s^{-1}）	蒸腾速率（mol·m^{-2}·s^{-1}）
20	349.50	3.795	276.03	1.382	0.753	0.015 2
15	299.80	3.562	290.42	1.395	0.727	0.014 4
10	276.23	3.112	304.70	1.633	0.684	0.013 7
5	98.63	1.270	353.20	1.785	0.628	0.010 8

* 采用美国 Li—COR 公司 Li-6200 光合仪测定

离体枝条经不同程度水分胁迫后，光合和蒸腾的有关指标表现出了与一年生苗相同的变化趋势，见表 2－13。元宝枫在受到干旱胁迫时 R_S 和 C_S 能够保持相对稳定（即气孔关闭的程度很小），使得光合作用维持在一定的水平上，表现出耐旱植物典型的生理特点。

表 2－13　水分胁迫对元宝枫幼树离体枝条光合、蒸腾作用的影响

土壤含水量（%）	水分利用效率（μmol·mol^{-1}）	光合速率（μmul·m^{-2}·s^{-1}）	C_i （μL·L^{-1}）	R_S （s·cm^{-1}）	C_S （cm·s^{-1}）	蒸腾速率（mol·m^{-2}·s^{-1}）
0	351.45	4.073	286.70	0.863	1.152	0.016 2
0.5	322.10	3.885	300.20	0.877	1.141	0.015 9
1.0	300.53	3.508	304.86	0.889	1.124	0.015 3
1.5	209.10	2.218	347.20	0.968	1.050	0.011 6

3. 干旱胁迫对元宝枫叶片叶绿素含量的影响

叶绿素是光合作用中最重要和最有效的色素，其含量在一定程度能反映植物同化物质的能力。元宝枫幼苗叶绿素含量随土壤含水量的降低表现出了先升后降的变化趋势，见表 2－14，但从总体变化水平来看，无论是随干旱程度的加深，还是随干旱时间的延长，叶绿素的含量都没有发生显著的变化，而是保持相对稳定。这表明元宝枫在受到干旱胁迫时叶绿素的代谢没有受到明显的影响，使得叶绿素含量维持在一个较高的水平上。这也是耐旱植物的生理特点之一。

表 2－14　干旱胁迫对元宝枫叶片叶绿素含量（干重）的影响　　mg/g

土壤含水量（%）	10 天	20 天	30 天	40 天	50 天	60 天
20	3.680	3.641	3.632	3.650	3.596	3.684
15	3.788	3.853	3.831	3.836	3.742	3.753
10	3.480	3.338	3.397	3.746	3.637	3.274
5	3.227	3.152	3.096	3.247	3.212	3.123

4. 干旱对元宝枫叶片脯氨酸（Pro）含量的影响

Pro 是植物理想的有机渗透调节物质，同时它也可以作为无毒氮源、呼吸底物、参与叶绿素形成等。因此除参与渗透调节外，Pro 在适应干旱中尚有多种作用。元宝枫幼苗Pro含量随干旱程度的加深和时间的延长表现出持续、迅速的增加趋势,且不同处理间差异显著,见表2-15。与土壤含水量为20%相比,土壤含水量为5%的元宝枫苗在胁迫10~60 d时,叶中的Pro增加了50.6~112.2倍,最高含量达41.3 mg/g。水分胁迫条件下离体枝条的Pro含量变化与幼苗的相似,与对照(渗透势为0 MPa)相比,在-1.5 MPa溶液中处理24 h后,叶中的Pro含量增加了101.5倍,高达45.0 mg/g,见表2-16。Pro迅速且持续积累表明了元宝枫具有较强的渗透调节能力。同时Pro在细胞质中大量积累不仅保持了蛋白质的水合度,防止原生质脱水,而且还起到了平衡细胞质与液泡间的渗透势等多种作用,增强了元宝枫对干旱的适应能力。

表2-15　干旱对元宝枫幼苗Pro含量(干重)的影响　mg/g

土壤含水量(%)	10天	20天	30天	40天	50天	60天
20	0.323	0.330	0.339	0.338	0.352	0.365
15	2.771	8.192	11.230	14.940	18.160	24.360
10	7.267	14.230	20.010	24.330	30.730	37.110
5	16.660	21.510	26.510	32.750	36.480	41.320

表2-16　水分胁迫对元宝枫幼树离体枝条Pro含量(干重)的影响　mg/g

渗透势/-MPa	6天	12天	18天	24天
0	0.4134	0.4246	0.4372	0.4394
0.5	2.434	7.823	15.158	21.430
1.0	6.331	14.015	29.826	37.292
1.5	15.067	26.352	35.395	45.018

5. 干旱对元宝枫叶片可溶性糖含量的影响

随干旱程度的加深和时间的延长,元宝枫幼苗可溶性糖含量持续增加,严重干旱(土壤含水量为5%)时增量尤为显著,见表2-17。与土壤含水量为20%相比,土壤含水量为5%、胁迫10~60天,可溶性糖含量增加了0.84~2.32倍。方差分析及多重比较表明,不同土壤含水量间及不同胁迫天数之间,可溶性糖含量均差异显著。幼树离体枝条受水分胁迫时可溶性糖含量变化与幼苗的变化相似,见表2-18。可溶性糖也是植物体内一种重要的渗透调节物质,因此,元宝枫在受旱时可溶性糖持续积累增强了其对干旱的适应和抵抗能力。

表 2－17　干旱对元宝枫幼苗叶片可溶性糖含量(鲜重)的影响　mg/g

土壤含水量(%)	10 天	20 天	30 天	40 天	50 天	60 天
20	12.60	12.90	12.94	13.05	13.12	13.24
15	14.12	16.61	19.96	21.37	23.36	24.85
10	17.00	20.50	24.68	26.26	29.32	32.26
5	23.23	27.83	30.97	36.44	39.66	43.90

表 2－18　水分胁迫对元宝枫幼树离体枝条可溶性糖含量(鲜重)的影响　mg/g

渗透势(－MPa)	6h	12h	18h	24h
0	12.78	12.56	13.01	13.01
0.5	13.73	16.83	18.86	19.96
1.0	15.36	18.96	22.31	24.59
1.5	18.29	22.27	25.93	29.66

上述元宝枫苗木在严重干旱条件(土壤含水量为 5%，叶水势降至 －4.1 MPa)下，没有出现萎蔫现象，表现出很强的耐旱性。在中度干旱条件下(土壤含水量为 10%，叶水势为 －2.4 MPa)，幼苗的生长未受到显著的抑制，表明在叶水势降至 －2.4 MPa时，仍能维持较为正常的膨压。

元宝枫在干旱条件下，是通过大幅度降低叶水势以增强其吸水能力来维持生长所需的膨压。叶水势的降低，一方面与叶含水量降低有关，但主要可能是由于 Pro、可溶性糖等渗透调节物质的大量积累所致。因此，可以认为元宝枫具有较强的渗透调节和低水势的抗旱能力。

耐旱植物的基本生理特点，一是受旱时气孔关闭程度小，因而能维持一定水平的光合作用；其次是受旱时叶绿素、蛋白质等物质的代谢受到的影响小。元宝枫幼苗受到干旱胁迫时(土壤含水量由 20% 降至 5%，叶水势由 －0.4 MPa 降至 －4.1 MPa)，R_S 和 C_S 没有发生明显变化，表明受旱时气孔关闭的程度很小。在中度干旱条件下，叶水势由 －0.4 MPa 降至 －2.4 MPa，幼苗的光合速率降低了 17.9%；7 年生幼树在受到水分胁迫时，C_S 和 R_S 也未发生明显变化，叶水势由 －0.36 MPa 降至 －2.7 MPa 时，光合速率由 CO_2 4.073 μmol/m^2 · s 降至 3.508 μmol/m^2 · s，仅降低了 13.8%，表现出了耐旱植物典型的生理特点。只有在重度水分胁迫下(叶水势降至 －4.0 MPa 以下)，元宝枫的光合作用才明显降低，但此时光合作用的降低主要是由非气孔因素引起的。

在干旱条件下，元宝枫叶绿素含量保持相对稳定，表明叶绿素的代谢未受到明显影响。

6. 水分胁迫对元宝枫细胞质膜透性的影响

元宝枫幼苗受干旱胁迫后，无论是随胁迫程度的加深还是随胁迫时间的延长，叶细胞质膜的相对透性均表现出递增的趋势，见表2－19，但与叶水势的变化相比，其增幅不显著。与SWC为20%相比，SWC为5%、胁迫60天时，叶水势由－0.40 MPa降至－4.1 MPa，而质膜相对透性则由16.95%增至51.15%，仅增加了2倍，特别是在SWC为10%以上的各处理间增幅更小。这表明元宝枫在中度水分胁迫下体内的保护系统乃能有效运行，从而避免了细胞质膜受到明显的伤害。

表2－19 干旱胁迫对元宝枫幼苗叶水势(φw)和质膜相对透性(RP)的影响

SWC(%)	10天		20天		30天		40天		50天		60天	
	φw (MPa)	RP (%)	φw (MPa)	RP (%)	φw (MPa)	RP (%)	φw (MPa)	RP (%)	φw (MPa)	RP (%)	φw (MPa)	RP (%)
20	0.25	15.33	0.27	15.58	0.32	15.83	0.33	16.13	0.36	16.59	0.40	16.59
15	0.40	18.37	0.52	21.37	0.63	25.80	0.78	26.72	0.92	28.63	1.14	28.72
10	1.00	21.73	1.60	26.00	1.72	31.12	1.88	33.39	2.22	37.39	2.41	38.93
5	1.80	32.64	2.18	37.85	2.92	42.24	3.11	46.30	3.90	50.23	4.10	51.15

7年生幼树枝条经不同程度的水分胁迫后，质膜透性的变化(见表2－20)与一年生苗的相似，与MPa相比，在－1.5 MPa、胁迫24 h，叶水势降低到－4.40 MPa倍，而质膜相对透性仅增加了1.3倍。

表2－20 干旱胁迫对元宝枫离体枝条叶水势(φw)和质膜相对透性(RP)的影响

胁迫程度 (－MPa)	6h		12h		18h		24h	
	φw (－MPa)	RP (%)	φw (－MPa)	RP (%)	φw (－MPa)	RP (%)	φw (－MPa)	RP (%)
0	0.33	20.90	0.34	22.52	0.37	22.88	0.36	23.56
0.5	0.69	27.37	0.96	30.91	1.34	34.67	1.52	38.65
1.0	1.12	32.56	1.52	40.25	2.38	45.05	2.70	48.12
1.5	2.07	40.34	2.81	46.53	3.71	51.39	4.40	53.26

(二)水分胁迫对元宝枫膜脂过氧化作用影响

在好氧性生物代谢过程中,不可避免地要产生含氧自由基(OH、HO_2^- 或 O_2^-)、单线态氧($^1O_2$)以及 H_2O_2 等性质活泼、氧化能力强的活性氧物质。这些强氧化剂的产生和积累能引起生活组织受伤害和衰老。正常情况下,植物体内存在着有效的保护系统可清除这些潜在的有害物质,抗逆性强的植物在逆境下(如干旱、低温、盐渍病害等),超氧物歧化酶(SOD)、过氧化氢酶(CAT)和过氧化物酶(POD)等保护酶仍能维持较高的活性水平,防止活性氧的积累,减轻膜脂过氧化所引起的膜伤害。

通过多方面的研究已证实元宝枫具有较强的抗旱性,对其干旱的适应能力表现在不同的生理、生化过程中,在缺水条件下,体内的保护酶系统仍能维持较高的活性水平,减轻了由膜脂过氧化引起的膜伤害。其抗旱性分别见表 2－21 至表 2－26。

1. 水分胁迫对元宝枫 SOD 活性的影响

元宝枫幼苗受旱时叶片 SOD 活性随干旱程度的加深(即 SWC 降低)而缓慢降低,但在同等胁迫程度下,随时间的延长而增高,并逐步接近正常水平,见表 2－21。水分胁迫对 7 年生幼树叶片 SOD 活性的影响与对幼苗的影响相似(见表 2－22)随胁迫加重 SOD 活性缓慢下降。

表 2－21　干旱胁迫对元宝枫幼苗 SOD 活性的影响　　U/g

SWC(%)	10 天	20 天	30 天	40 天	50 天	60 天
20	6460	6562	6310	6474	6373	6572
15	5304	5425	5467	5608	5791	5873
10	4836	5233	5350	5588	5662	5694
5	3925	4126	4206	4732	4675	4837

表 2－22　水分胁迫对元宝枫幼树叶片 SOD 活性的影响　U/g

胁迫程度（－MPa）	6 天	12 天	18 天	24 天
0	5930	6104	6119	6161
0.5	5544	5613	5661	5762
1.0	5340	5440	5491	5623
1.5	4806	5032	5115	5215

元宝枫幼苗和幼树在水分胁迫下，SOD 活性能够维持在一个较高的水平，因而防止了活性氧的大量积累，降低膜脂过氧化程度，减轻了膜的伤害。这与膜透性的变化表现出较好的一致性。特别是随胁迫时间的延长，SOD 活性呈上升趋势，这表明元宝枫对干旱有较好的适应能力。

2. 水分胁迫对元宝枫 CAT 活性的影响

在水分胁迫条件下，元宝枫幼苗 CAT 活性随胁迫时间延长缓慢升高（见表 2－23），随 SWC 的降低而减小。但在 SWC 为 10% 以上各处理间降低不明显，且在胁迫 50 天后表现出升高的趋势。7 年生幼树枝条受水分胁迫时，随时间延长和程度加深，叶片 CNT、活性均表现出降低的趋势，见表 2－24。这可能与胁迫时间较短，树体没有完成适应有关。

表 2－23　干旱胁迫对元宝枫幼苗 CAT 活性的影响　mg/（g · min）

SWC（%）	10h	20h	30h	40h	50h	60h
20	18.36	17.71	18.40	18.90	17.96	18.81
15	16.32	16.38	18.10	18.36	20.18	22.15
10	14.26	15.18	17.28	17.59	18.42	20.17
5	6.12	6.99	7.28	9.36	10.67	13.59

表 2－24　水分胁迫对元宝枫幼树叶片 CAT、活性的影响　mg/（g · min）

胁迫程度（－MPa）	6 天	12 天	18 天	24 天
0	7.16	7.09	7.12	7.15
0.5	11.25	7.23	6.45	5.99
1.0	10.95	6.70	5.85	5.46
1.5	6.83	5.40	4.35	3.57

3. 水分胁迫对元宝枫叶片丙二醛(MDA)含量的影响

元宝枫幼苗受干旱胁迫后,MDA 含量表现出和质膜透性相同的变化趋势(见表 2-25),即随胁迫时间延长和程度加重 MDA 含量递增,但在 SWC 为 10% 以上各处理间变化幅度很小。这进一步表明质膜透性的增大与膜脂过氧化引起的膜伤害直接相关,因而二者均可作为植物抗逆性的鉴定指标。

表 2-25 干旱胁迫对元宝枫幼苗叶片 MDA 含量的影响 μmol/g

SWC/%	10h	20h	30h	40h	50h	60h
20	1.183	1.192	1.235	1.224	1.212	1.223
15	1.256	1.412	1.643	1.712	2.032	2.093
10	1.518	1.707	1.872	2.018	2.283	2.331
5	2.136	2.245	2.565	3.474	4.151	4.257

水分胁迫对 7 年生幼树 MDA 含量的影响(见表 2-26),从整体变化水平来看与幼苗的变化相似,但其 MDA、的含量却明显低于幼苗中的含量,这可能与幼树叶片中谷胱甘肽(GSH)、V_C、V_E 以及类胡萝卜素(car)等抗氧化剂的含量有关。

表 2-26 水分胁迫对元宝枫幼树叶片 MDA 含量的影响 μmol/g

胁迫程度(-MPa)	6h	12h	18h	24h
0	0.576	0.574	0.592	0.585
0.5	0.598	0.654	0.698	0.747
1.0	0.634	0.746	0.756	0.864
1.5	0.755	0.826	0.896	0.964

植物体内活性氧的清除剂包括保护酶系统(如 SOD、CAT、POD)和抗氧化剂(如 GSH、Vc、Ve、Car 等)两类物质,其中 SOD 是存在于植物细胞内最重要的清除自由基的酶类。逆境对植物的影响境下活性氧产生加快、清除系统活性降低或破坏直接有关,导致活性氧积累,诱发膜脂过氧化所引起的膜伤害。与逆在水分胁迫条件下保护酶活性的变化已有较多的报道,一般认为抗旱品种在水分胁迫时,保护酶活性的变化有些表现为先升后降,有些则表现为维持恒定或略有增高的趋势。而不耐旱品种其保护酶活性表

现为一直降低的趋势。

元宝枫在干旱胁迫后，SOD 和 CAT 活性表现出了随胁迫程度的加深而降低，但在同一胁迫程度下随时间的延长表现出逐渐增高的趋势，特别是在轻度和中度水分胁迫（叶水势由 -0.4 MPa 降至 -2.4 MPa）条件下，经一段时间的适应后，两种酶活性逐渐接近或超过正常水平。MDA 含量和质膜相对透性均表现出了随胁迫时间延长和程度加深逐渐增高的趋势，但在轻度和中度水分胁迫条件下二者的增幅很小，表明元宝枫受旱时，体内的保护酶仍能维持较高的水平，因而避免了活性氧的大量积累，减轻了由活性氧激发的膜脂过氧化所引起的膜伤害。因此，可以认为元宝枫对干旱具有较强的适应能力。

1 年生苗木的盆栽控水试验和 7 年生幼树枝条的控水处理试验，在上述几种测定指标中均得出了极为相似的结果，因为这两种方法均可作为检验植物抗旱性强弱的方法。

（三）干旱对元宝枫苗生长的影响

1 年生元宝枫苗经 60 天不同程度干旱胁迫后，测定其生长状况由表2 -27 可知，随土壤含水量降低，幼苗株高、根长、茎叶重、根重、茎粗均随之降低，但土壤含水量由 20% 降至 10% 时，代表生长量的两个基本指标茎叶重和根重分别仅降低了 18.3% 和 16.4%；土壤含水量降至 5% 时，上述各指标显著降低，其中茎叶重降低了 69.7%，根重降低了 65.8%。这表明元宝枫具有较强的抗旱性，在土壤含水量达到 10% 时就可维持基本的生长，但要达到最大生长量，土壤含水量应在 20% 以上。

表 2 -27　干旱胁迫对元宝枫幼苗生长的影响

土壤含水量（%）	株高（cm）	根长（cm）	茎叶重（g）	根重（g）	茎粗（cm）
20	50.2	14.3	4.2082	5.3180	0.421
15	40.3	12.7	3.8543	8.8602	0.398
10	34.8	11.4	3.4387	4.4481	0.332
5	11.2	8.2	1.2743	1.8175	0.126

四、种子油脂含量及累积规律

经研究表明，元宝枫种仁含油率平均为48.0%，一般最低含量为40.1%，最高可达52.5%。在陕西关中地区翅果油脂形成的快速时期在8月中下旬至10月上旬，油脂最大总产量出现在10月底。同时元宝枫树个体间油脂积累量也有显著差异。

（一）元宝枫翅果出仁率及种仁含油率变化

在种子发育解剖和树种物候观察的基础上，从种仁雏形形成开始，适度跨越种子生长成熟期（在杨陵地区元宝枫种子10月底前后成熟），6次分株取样，分株测定不同时期翅果的出仁率和种仁含油率，见表2－28，并计算出其日平均变化速度，见图2－19、图2－20。结果表明，进入8月份以后，种仁增重加快，翅果出仁率不断提高，至10月上旬结束，出仁率以日平均增加0.44%的速度增长，该阶段为种仁和出仁率快速增长期。种仁含油率快速增长期相对集中在8月下旬至9月下旬的月余时间，该期形成了种仁油脂的52%。

表2－28　不同时期翅果出仁率和种仁含油率（%）

株号	30/7		23/8		21/9		12/10		30/10		10/11	
	出仁率	含油率	出仁率	含油率	出仁率	含油率	出仁率	含油率	出仁率	含油率	出仁率	含油率
1	0.24	0.00	8.04	13.58	17.87	36.13	40.12	37.97	44.30	40.90	46.02	43.07
2	0.26	0.00	10.66	13.75	27.61	36.48	32.80	37.84	40.50	42.50	39.76	41.19
3	0.58	0.41	13.82	14.81	16.94	36.24	25.81	43.88	26.14	50.99	26.07	46.59
4	0.39	0.45	10.94	18.11	25.90	42.72	36.65	43.90	37.45	48.59	38.11	49.06
5	0.51	0.53	12.87	17.37	30.89	38.09	37.57	43.51	38.93	46.62	38.60	44.81
6	0.43	0.40	9.90	14.48	16.76	40.40	34.06	50.13	39.57	52.20	39.51	50.37
7	0.67	0.30	15.41	11.11	28.48	46.34	39.27	50.87	42.40	52.51	39.28	50.12
8	0.61	0.39	13.56	12.96	26.19	44.59	33.98	46.66	37.21	52.20	36.55	48.13
9	0.48	0.45	12.84	14.23	20.23	36.75	25.71	44.08	29.25	51.10	29.23	47.54
10	0.39	0.49	11.58	16.77	22.77	40.11	23.14	41.84	23.30	42.42	25.81	45.66
平均	0.46	0.34	11.96	14.72	23.36	39.79	32.91	44.07	35.91	48.00	35.89	46.65

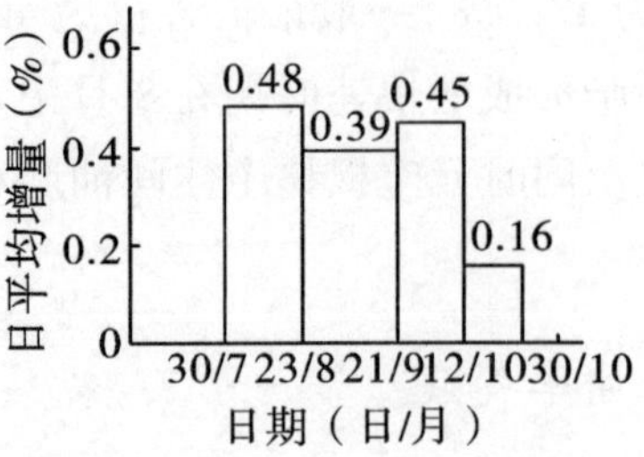

图 2－19　翅果出仁率变化

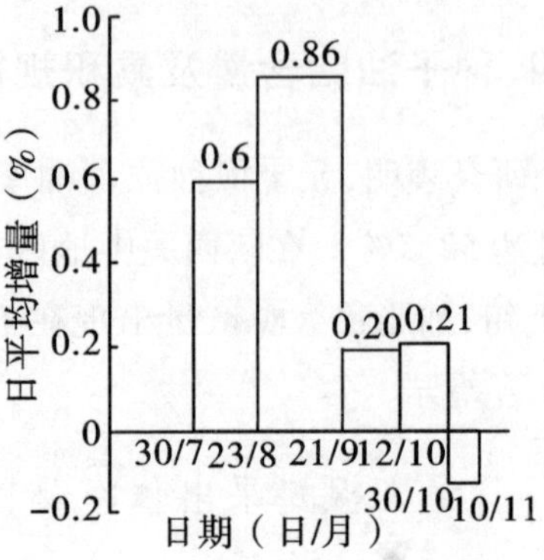

图 2－20　种仁含油率变化

从种仁、油脂形成积累量看，翅果平均出仁率在 10 月 30 日达最大，为 35.91%。从 10 月底到 11 月上旬末，有 70% 的测定株的出仁率有所降低。综合分析认为，元宝枫翅果出仁率最高值出现在 10 月底。元宝枫种仁含油率的变化与翅果出仁率的变化大致相同，种仁含油率高峰值也出现在 10 月底，达 48%。

（二）元宝枫翅果含油率变化

将翅果出仁率乘以种仁含油率即得翅果含油率，见表 2－29。

表 2－29　不同时期翅果含油率

样　株	含　油　率（%）					
	30/7	23/8	21/9	12/10	30/10	10/11
1	0.000 0	1.09	6.46	15.23	18.12	19.82
2	0.000 0	1.47	10.07	12.41	17.21	16.38
3	0.002 3	2.05	6.14	11.33	13.33	12.15
4	0.001 8	1.98	11.06	16.09	18.20	18.70
5	0.002 7	2.24	11.77	16.35	18.15	17.30
6	0.001 7	1.43	6.77	17.07	20.65	19.90
7	0.002 0	1.71	13.20	19.98	22.26	19.69
8	0.002 4	1.76	11.68	15.86	19.42	17.59
9	0.002 2	1.83	7.43	11.33	14.95	13.90
10	0.001 9	1.94	9.13	9.68	9.88	11.78
平均	0.001 6	1.76	9.29	14.50	17.23	16.74

分析表明,8 月下旬至 10 月上旬末是翅果含油率快速增加期,平均每天增加 0.26%;翅果含油率的最大值出现在 10 月底。而种仁含油率快速增长期集中在 8 月下旬至 9 月下旬,在一个多月形成了种仁油脂的 52%。因此,从 7 月至 9 月下旬应加强水肥等管理,以获得最高的油脂产量。陕西杨陵地区乃至关中地区的元宝枫种子应在 10 月底采收,以获得最高的种子产量。

第三章 元宝枫的生长发育特性及对环境条件的要求

第一节 元宝枫种子休眠与萌发

一、种子的休眠生理

成熟的元宝枫种子具有休眠特性。根据研究,影响种子休眠的主要因素是元宝枫种子的果皮、种皮对种胚的吸氧量起阻滞作用。果皮、种皮的透气性测试说明,去掉种皮的种子吸氧量最高,去果皮的次之,完整种子最低。由此可知:去掉种皮可以提高种子的有氧呼吸能力,有利于种子内脂肪的转化,促进种子的萌发。因而果皮、种皮限制氧气的透入是影响种子萌发的原因之一,见表3-1。

表 3-1 不同处理元宝枫种子吸氧量 (μl/g·h)

处理	吸氧量
完整种子	35.7
去果皮	56.4
去种皮	102.5

同时,发现元宝枫种皮的厚角组织细胞有大量的果胶质和大石细胞,细胞壁上的微团在轴面上的方向呈有规律的鱼鳞坑状,这种结构阻碍气体交换,降

低氧的透过率，机械地阻碍胚的生长和抑制物质的向外扩散，而影响萌发。

元宝枫种子休眠的另一个原因是种子果皮和种皮的单宁含量较高所致（见表3－2）。单宁含有丰富的酚羟基，它通过酚氧化酶作用固定氧，阻碍胚的有氧呼吸，单宁与蛋白质结合可抑制酶活性，从而影响种子养分的分解、转化和利用及相关代谢过程。

表3－2　元宝枫果皮、种皮内单宁含量

层积时间（天）	试　样	单宁含量（mg/100ml·粒）	层积/对照（%）
对照	果皮	1.71	100
	种皮	7.80	100
30	果皮	0.99	58
	种皮	7.29	93
50	果皮	0.97	57
	种皮	6.44	83

据孙秀琴、田树霞研究元宝枫种子采用层积处理可降低单宁的含量，同时可软化种皮，增强透气性。另外采取浸种处理使单宁浸出，缩短萌发时间。

应用高压液相色谱分析元宝枫种子果皮、种皮表明，果皮内含有促进萌发的玉米素（Z）和赤霉素（GA_3），不含抑制物脱落酸（ABA）。种皮内未检测出激素类物质，说明元宝枫种子不是因果皮和种皮内含有抑制萌发的脱落酸而引起的生理休眠。

二、影响种子的萌发因素

种子萌发的主要过程是胚进行生长和形成一株生活的幼苗，所有具有生命力的种子，当它完成后熟，脱离休眠状态之后，在适宜的萌发条件下萌发、生长。种子萌发的必需条件是适宜的水分、温度、氧气和光照等。由于种子的种类和化学组成不同，需要条件有所差别。

（一）水分

所有种子萌发时必须吸水膨胀，种胚的水分不足是种子不能萌发的主要因素。元宝枫种子在水分条件适宜时，完整种子吸水量直线上升，48 h 趋于平稳，72 h 达到饱和状态；而去果皮种子在吸水的 24 h 内，吸水速度较快，到 72 h 达到饱和。完整种子与去果皮种子在72 h均能达到饱和,说明元宝枫的果皮虽然对种子的吸胀速度有影响,但不影响达到饱和吸胀状态(见图3-1)。

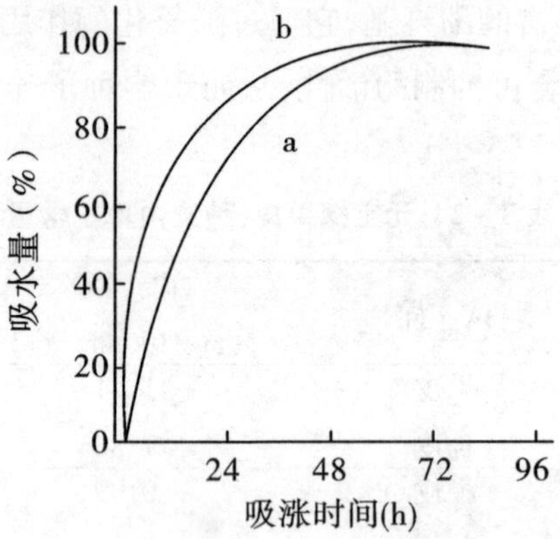

图3-1　元宝枫果(种)皮吸水曲线

a. 完整种子　b. 去果皮种子

在生产上为了早萌发早出土,采用清水浸种使种子吸胀并除去一部分种皮单宁。根据试验,将翅果用自来水浸12 h、24 h、48 h、72 h这4个处理中,种子的发芽势、发芽率以及平均发芽日期都没有显著变化,说明浸种时间对元宝枫种子萌发没有显著影响(见表3-3)。如果浸种时间过长,换水次数少,反而影响种子的正常呼吸作用,使萌发受阻碍,严重时可造成烂种。

表3-3　浸种时间对元宝枫种子萌发的影响

浸种时间(h)	去果皮种子			完整种子		
	发芽势(%)	发芽率(%)	平均发芽时期(天)	发芽势(%)	发芽率(%)	平均发芽时期(天)
12	51.7	84.2	10.6	33.3	72.2	12.6
24	56.7	85.0	10.0	32.5	74.1	12.1
48	60.8	86.7	9.7	35.1	76.2	12.0
72	55.0	75.0	10.8	28.2	66.7	13.2

(二)温度

适宜的温度能够促进种子的吸水速率,并使种子内酶促过程和呼吸作用加强,使贮藏的养分很快转变成胚能利用可溶性状态。不同温度对元宝枫种子萌发的影响,由表3-4可以看出,25℃恒温处理较20℃、30℃萌发率高。同时,变温处理对种子萌发有明显的促进作用，在30℃/20℃变温条件下种子的萌发率显著高于其他温度下的萌发率，平均发芽日期缩短；同时，经方差分析去果皮后的萌发率无论是恒温还是变温均达到显著差异水平。据有关资料认为：①变温促进种子胀缩有利于水分和氧气的进入；②变温促进酶的活动；③种子置于变温条件下，内部温度和外界温度不同，可以促进种子内外气体交换，使呼吸旺盛，发芽良好。

表3－4　不同温度处理对元宝枫种子萌发的影响

温度处理	去果皮种子			完整种子		
	发芽势（%）	发芽率（%）	平均发芽时期（天）	发芽势（%）	发芽率（%）	平均发芽时期（天）
20℃	41.7	72.5	10.9	35.2	50.4	12.7
25℃	60.8	86.7	10.0	35.1	76.2	12.1
30℃	40.8	65.8	11.2	28.9	60.4	13.2
25℃/15℃	58.3	94.2	9.5	45.5	82.6	11.5
30℃/20℃	62.8	97.5	9.1	51.3	88.5	11.0

（三）光照

光照对元宝枫种子萌发的影响，表3－5表明，光照有助于种子发芽率和发芽势的提高，同时可使平均发芽日期缩短。特别是对完整种子的影响更为明显。

表3－5　光照对元宝枫种子萌发的影响

光照处理	去果皮种子			完整种子		
	发芽势（%）	发芽率（%）	平均发芽时期（天）	发芽势（%）	发芽率（%）	平均发芽时期（天）
光照8h	50.1	80.9	9.4	38.3	69.5	11.7
黑暗	35.7	57.9	10.8	19.9	31.1	13.2

光对需光种子的作用可改变其种子种皮的透性，提高种子中某些酶和生理活性物质光敏素的含量，促进种子的新陈代谢。一般需光性种子对光的要求其他因素也可代替，如通过几个月的干藏需光性可消失，用昼夜变温处理也可代替需光性。

(四)氧气

氧气是所有植物种子的萌发条件,种子类型不同差异很大。氧气主要影响种子的呼吸代谢、贮藏物质转化和能量供给。此外,氧供应充分时,又能相对降低种子萌发时细胞旺盛呼吸释放出的 CO_2,通气不良 CO_2 浓度增高抑制萌发,元宝枫种子是油料型种子,贮藏物质中含碳氢较多,含氧较少,呼吸时须吸收较多的氧,因此在浸种、播种后都要注意通气良好。

(五)果皮、种皮内抑制物质对元宝枫种子萌发的影响

采用小白菜种子萌发检验法表明,元宝枫种皮浸出液的抑制效应大于果皮浸出液的抑制效应(见表3-6)。

表3-6　果(种)皮水浸出液对小白菜种子萌发和生长的影响

试材浸出液	发芽率(%)	根茎平均长度(cm)	生长状况
果皮液	90.0	1.05	胚根、胚轴生长缓慢,根长短且少,部分变褐。
种皮液	86.7	0.83	胚根、胚轴均受抑制,无根毛,部分胚根变褐。
蒸馏水	94.7	2.61	胚根、胚轴生长健壮,根毛多而白嫩。

用果皮和种皮浸出液对已萌发的元宝枫胚根生长的抑制效应结果见表3-7,从表中同样可以看出,元宝枫果皮和种皮水浸出液对已萌发的元宝枫胚根生长有抑制效应,且种皮浸出液的抑制效应大于果皮浸出液的抑制效应。

表3-7　果(种)皮水浸出液对已萌发的元宝枫胚根生长的影响

试材浸出液	根和下胚轴平均长(cm)	与对照比(%)	生长状况
果皮液	1.27	56.7	胚根受抑制,胚轴生长缓慢,根毛少
种皮液	0.51	22.8	胚根、胚轴均受抑制,无根毛,胚根褪色
蒸馏水	2.24	100	胚根、胚轴生长健壮,根毛多而白嫩

元宝枫的果(种)皮中提取的单宁对已萌发的元宝枫胚根和下胚轴生长有抑制效应,且随浓度的提高抑制作用越来越明显。因为单宁是酚类化合物,含有酚羟基,它通过酚氧化酶消耗氧,阻碍胚的有氧呼吸(见表3-8)。将种子用

不同浓度的过氧化氢处理能明显地提高种子的发芽势、发芽率,缩短发芽日期。在6个不同浓度的处理中,以浓度为1.5%的处理效果最佳,且发芽率达99.2%。这表明元宝枫种子的休眠特性可以通过过氧化氢处理的方法来解除(见表3-9)。

表3-8　果(种)皮中提取的单宁对元宝枫胚根生长的抑制状况

单宁浓度(mg/mL)	根、下胚轴平均长度(cm)	与对照比(%)	生长状况
蒸馏水	5.51	100	根生长迅速,侧根5~8条,子叶绿,真叶展开
0.5	5.36	97.3	根生长迅速,侧根5~8条,子叶绿,真叶展开
1.0	4.82	87.5	根生长轻微抑制,侧根3~6条,子叶绿,多数真叶展开
1.5	4.31	78.2	根生长受抑制,侧根2~4条,子叶展开但为黄色
2.0	2.90	52.6	根生长被抑制,子叶展开,小而黄色,个别长出真叶
5.0	1.95	35.4	胚根全部抑制,且为褪色,子叶未展,无真叶

表3-9　不同浓度的 H_2O_2 对元宝枫种子萌发的影响

H_2O_2 浓度(%)	发芽势(%)	发芽率(%)	平均发芽日期(天)
0.5	56.7	84.2	10.0
1.0	60.8	88.3	10.0
1.5	68.5	99.2	7.1
2.0	61.2	90.0	8.9
2.5	50.1	80.8	10.4
3.0	35.1	79.2	13.2
CK	28.2	65.8	13.4

(六)pH

元宝枫种子萌发的过程和其他树木种子类同,大致可分为五个阶段:①吸胀吸水;②细胞恢复活跃的生理活动并持续吸水;③细胞分裂和延长;④胚根从种皮伸出;⑤子叶出土发育成幼小个体。我们选择第④⑤阶段进行试验研究。在土壤营养研究中,土壤pH值是一个重要的方面,它影响到土壤的结构、风化和腐殖质化过程,特别是影响到养分的活化和离子交换,对于树木根系的生活力也有一定的影响。为了研究元宝枫土壤 pH 值的要求和适应性，特别是不同的 pH 值对根系和植株生长的直接影响，我们选择刚露白的种子，用溶液培养的方法，比较它们在不同 pH 值营养液中的生长情况。

1. 在不同 pH 值的营养液中，胚根的生长量测定

测定结果见表 3－10。由统计数字可以看出，在不同 pH 值的培养液中，胚根的生长量明显不同。在开始的 3 天中，胚根的生长量都迅速增加，但是随着时间的加长，四者的生长量有了差异。pH 7.0 和 pH 6.2 的培养液中，胚根持续增长，到最后一次测量时，胚根达到 5.16 cm 和 5.10 cm，在所测定的种子中，有个别的甚至达到 12.5 cm，胚芽也达到 4 cm 多。pH 4.0 的处理中，胚根的生长非常缓慢，在生长过程中，有的种子发霉、软烂，进而停止生长。pH 8.0 的处理中，种子同样有腐烂现象，导致大批种子停止生长，总的生长量增加不多，甚至有的种子在整个处理过程中都没有生长。

表 3－10　元宝枫种子萌发阶段在不同 pH 值培养液中的生长量(cm)

生长日数	4.0	6.2	7.0	8.0
0	0.10	0.10	0.59	0.10
3	0.88	1.15	1.85	0.603
6	0.90	2.85	3.15	0.597
9	0.897	3.70	4.07	0.582
12	0.908	4.25	4.51	0.652
15	0.908	4.25	4.51	0.652
18	0.931	5.06	5.15	0.63
21	0.945	5.10	5.16	0.648

表 3－11　胚根生长量方差分析表

变异来源	DF	SS	MS	F	Fa
处　理	3	17.119	5.706		$F_{0.05}(28^3)=2.95$
误　差	28	44.881	1.603	3.560*	$F^{0.01}(28^3)=4.57$
总变异	31	62			

表 3-12 不同处理胚根生长量的多重比较(LSD)法

处理	$\overline{X}_1$	$\overline{X}_1—\overline{X}_4$	$\overline{X}_1—\overline{X}_3$	$\overline{X}_1—\overline{X}_2$	比较参数
pH7.0	3.6	3.045**	2.791**	0.220	$LSD_{0.05}=1.296$
pH6.2	3.38	2.825**	2.571**		
pH4.2	0.809	0.254			$LSD_{0.01}=1.749$
pH8.0	0.555				

对所测定的数据进行统计分析和多重比较,由表3-11、表3-12可以看出,在不同pH值的培养液中,胚根的生长差异极显著,4种处理中,pH 7.0和pH 6.2的处理与pH 4.0、pH 8.0的处理生长量有极显著差异,而pH 7.0和pH 6.2的处理之间,pH 4.0和pH 8.0的处理之间胚根的生长无显著差异。说明元宝枫种子在胚根生长阶段对于中性或微酸和微碱性的营养液比较适宜,而在过酸性或过碱性营养液中,生长极其微弱,表现为不适宜。

种子在萌发过程中,要形成新的细胞,必须合成核酸和蛋白质,同时,元宝枫种子脂肪和蛋白质的转化都受不同酶类的影响,在不同pH值条件下,酶活性不同,可导致脂肪和蛋白质的转化受到影响。从实验结果看,在过酸性和过碱性条件下,根芽的生长不良,这与油菜种子在不同pH值条件下萌发情况是相似的。

2. 在不同pH值的营养液中,根系的生长量测定

植物根系是肥水的主要吸收器官,又是很多物质同化、转化或合成的器官,因此,根的生长情况和活动能力直接影响植物个体的生长情况、营养和产量水平。元宝枫的胚根生长发育到一定阶段,逐渐具有根系的特有功能,我们测定在不同pH值营养液中培养的幼根的吸收面积,以进一步认识不同pH营养液对根活力的影响。

从测定结果可看出不同pH值营养液培养的根系其吸收面积(以比表面进行比较)不相同,并且随着处理时间的延长,同一pH值营养根中根系的吸收面积也在发生变化(见图3-2)。在pH 4.0的营养液中,根系的吸收面积在最初的2天中,有所增加,但是48 h后,很快减小,并低于24 h的水平,以后一直没有增大的趋势。在pH 8.0的营养液中,根系的吸收面积在最初的2天中减小,48 h后有所增加,其总的比表面和活跃的比表面增加的幅度不同,总的比表面增加快,而活跃的比表面增加慢。尽管有增加的趋势,但直至96 h测定时,其吸收面积还是小于24 h测定的吸收面积。在pH 6.2和pH 7.0的营养液中,最初2天根系吸收面积稍微有所减小,

48 h以后一直呈增加趋势，96 h 测定的吸收面积远大于以前测定的吸收面积，这说明根系的吸收面积增加很快。从以上处理的结果看，pH 6.2 和 pH 7.0 的环境有利于根系的生长发育，而在pH 4.0和 pH 8.0 的条件下则不利于根系的生长。

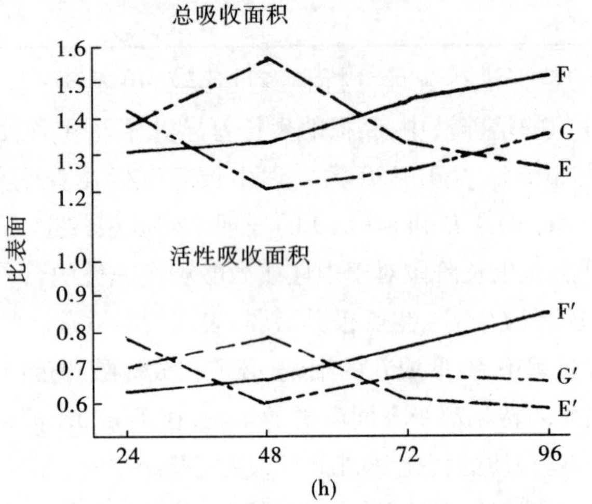

图 3－2　根系在不同 pH 值营养液中的变化曲线

E 组，pH 4.0；F 组，pH 6.2；G 组，pH 8.0

3. 在不同 pH 值营养液中，幼苗的生长量测定

在不同 pH 值营养液中培养 24 h 的幼苗，其根系吸收面积（以比表面＝根的总吸收面积/根的体积比值进行比较）各不相同（见图 3－3）。

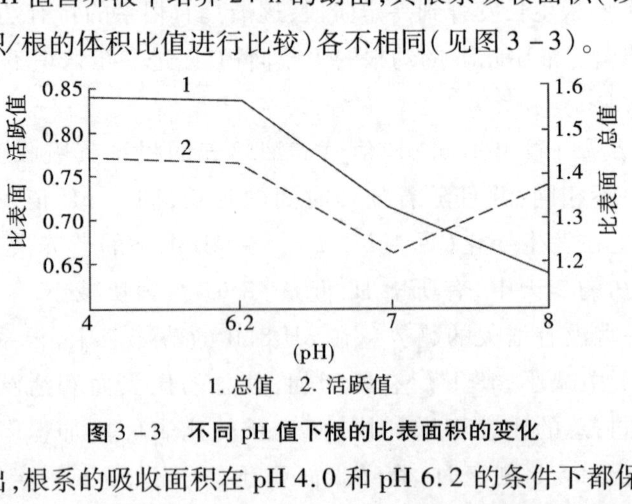

图 3－3　不同 pH 值下根的比表面积的变化

可以看出，根系的吸收面积在 pH 4.0 和 pH 6.2 的条件下都保持较高的水平，但在 pH 7.0 和 pH 8.0 的条件下则远低于前者。这说明，在偏酸性的环境

中有利于根系活力的保持。

4. 在不同 pH 值营养液中，种子的生长量测定

根据不同 pH 值营养液中元宝枫种子萌芽阶段的生长反应试验结果，小结如下：

（1）元宝枫种子萌发时，胚根在微酸和微碱性条件下均能生长，在偏酸性条件下比碱性较好。对过酸和过碱性的培养液表现为不适宜。

（2）元宝枫幼根（具有 4～6 片叶子），对偏酸性条件比较适应，在碱性条件下虽能生长，但表现出不适宜。

（3）在试验中我们观察到，随幼根生长量增加，用不同 pH 值营养液培养时，对酸性和碱性条件的生长反应没有胚根生长期反应过敏。

以上研究确定了元宝枫种子萌发和植物形态建成初期对 pH 值生长反应的大致范围。

第二节　元宝枫生长结果特性

一、物候期

在温暖地区，元宝枫全年生长期为 200～230 天。在一年生长过程中，树木从萌芽、展叶、开花、结实、新梢生长到落叶休眠等物候变化，依树龄、栽植地区的气候和栽植管理措施等的不同而有差异。在陕西关中地区，各物候期时间大体为：

（一）芽萌动期

2 月底至 3 月初为芽萌动期。特征是树液流动，芽稍微膨大。

（二）芽膨大期

3 月上旬至 3 月底为芽迅速膨大期，到 3 月底花芽已膨胀得很大，外面包被的鳞片，有四片随着芽的膨大而长大，在四片毛茸茸的大鳞片里面，隐约能看见黄绿色的花序，叶芽膨大后外形较细长。

（三）芽展开期

4 月初为芽展开期，花芽露出其黄绿色的花序，叶芽抽生出尚未展开而成束的枝叶。

（四）开花期

4月上旬至4月下旬为开花期。

（五）果实生长期

4月下旬到10月下旬为果实生长和充实期。初期主要为果皮、种皮速长期，中后期为种仁快速增长期。

（六）果实成熟期

10月下旬至11月初，为果实成熟期。

（七）叶变色期及落叶期

自10月中旬开始，树梢部分叶片开始变黄或变红，此时已开始落叶，到了10月下旬，进入大量落叶期，至11月中旬，树上叶片基本落完。

（八）休眠期

11月下旬至来年2月下旬。

宝鸡市林科所经过两年观测，生长在宝鸡市地区，树龄在15～25年的元宝枫庭院绿化树，其萌芽期在3月下旬；开花期盛在4月上旬；果实成熟期在11月上旬；1月底进入休眠期。元宝枫主要物候期见表3－13。

表3－13　元宝枫主要物候期（陕西关中地区）

物候	日期	物候	日期	物候	日期
芽开始膨大	15/3～20/3	开花盛期	8/4～10/4	果实成熟	25/10～15/11
芽开始绽放	18/3～27/3	开花末期	20/2～24/4	叶始变色	16/10～30/10
开始展叶	25/3～1/4	幼果出现	18/4～25/4	叶全变色	5/11～20/11
展叶盛期	28/3～11/4	春梢停长	10/6～18/6	叶始脱落	28/10～5/11
现蕾期	27/3～1/4	秋梢始长	23/7～3/8	叶全脱落	14/11～30/11
开花始期	1/4～3/4	枝条停长	30/9～12/10	进入休眠	25/11～10/12

二、生长特性

（一）萌芽特性

元宝枫具有很强的萌芽力，植株的枝干一旦受损，如平茬、采伐、修剪及人为碰伤等,潜伏芽很快萌动,迅速长出新梢。由于元宝枫主芽周围有许多潜伏芽,受刺激后往往多个潜伏芽同时萌发,一株2年生的伐桩,一般可萌生10个左右的萌条。对萌条需人工抹芽,根据要求,可留生长旺盛的萌条1~3个。元宝枫还具有顶端优势较明显和直立生长能力强的特点,一棵幼苗或树木,一旦主干弯曲,从背上迅速萌生出直立向上生长的萌条,生长旺盛。

元宝枫1年生枝的萌芽率可达80%~100%,成枝率高达80%以上。元宝枫萌芽力较强的特性,对于采叶林的经营十分有利。

(二)枝干生长规律

元宝枫树木的高生长在幼龄期比较迅速,在栽培条件下,1~8年生苗木生长速度较快,高生长量以每年0.6~1.5 m的速度递增,地径以每年6~10 mm的速度递增,表3-14。8年以后,树高生长减缓,如20年生树,每年高生长量约为20~40 cm,40年后,树高年生长量高者仅有10 cm左右,低者高生长基本处于停滞状态。

在一年中的不同月份,苗木的生长速度不同。据观测,在陕西关中地区,一年生实生苗年生长量变化规律基本符合S型生长曲线。在5月底以前,苗木高生长缓慢,6~8月份,为苗高速生期,该期中,苗高生长量占全年总生长量的80%左右;从9月初至10月中旬,随着气温的降低,苗高生长又趋于缓慢,该期苗高生长量仅占全年高生长量的5%左右;10月中旬以后,苗高生长停止。在一年中,苗木粗生长高峰期出现在6月中旬至9月下旬,该期间苗木地径增加值约占全年地径生长量的70%,至11月初,地径生长停止。元宝枫苗木生长情况见表3-14及表3-15。

表3-14　元宝枫苗木累积生长量

树龄(年)	生长量			
	树高(m)		地(胸)径*(cm)	
	平均	最高	平均	最高
1	0.69	1.78	0.67	1.59
2	1.69	2.80	1.57	2.49
3	2.62	3.80	2.42	3.81
4	3.52	4.70	3.48	5.80
8	5.53	6.10	4.52	6.81
20	12.58	13.82	23.1	30.52
40	16.27	18.31	42.2	49.51

*8年生以上幼树指胸径

表 3－15　一年生实生苗月生长量比较

月份(月)	4	5	6	7	8	9	10	11
地径(mm)	1.02	1.24	2.06	4.30	5.82	6.35	6.77	6.78
高度(cm)	6.21	10.20	21.79	48.15	65.52	69.02	69.16	69.16

元宝枫播种苗在第1年生长中,一般只有一个主干直立向上生长,无分枝或极少有分枝。到第二年,顶芽继续向上生长,同时腋芽萌发成枝,向周围伸展,以后的几十年,树体继续增高,并不断分枝,逐渐形成树冠。

元宝枫枝条一年有两次生长,形成了春梢和秋梢。但一些弱枝和短枝一般在一次生长结束后,形成顶芽而无秋梢。根据枝条的功能,可将元宝枫枝条划分为发育枝和结果枝。发育枝又称生长枝或营养枝,年生长量大,最长可达1.5 m左右,起扩大树冠和增加结果部位的作用。幼龄树发育枝数量多,进入结果期后,随着树龄的增加,发育枝相对减少,结果枝不断增加,对于20年生以上的元宝枫树木,结果枝一般可占到80%以上。随着树龄的增加,结果枝的长度逐渐变短,例如8年生的树,其结果枝一般长约20～70 cm,而对于35龄树的结果枝,一般长度在1～30 cm。

(三)根系的分布和生长

元宝枫为深根性树种,主根明显,侧根发达。元宝枫根系垂直分布情况受树龄、土壤质地和土层深浅等的影响较大。1年生实生苗根系十分发达,在其生长初期,根系生长快于地上部分。据观测,当实生苗主根伸入土壤达14～30 cm,并且已经长出许多须根时,地上部分的茎高仅有7～10 cm左右,当1年生实生苗生长停止时,其主根长度一般为60～100 cm,最长可达150 cm以上。在主根上错落着生着1～20根不等的侧根。生长在土质疏松的沙壤土或壤土上的8年生以上的大树,根系垂直分布可达5 m以上,但侧根主要分布在120 cm以内的土壤中,而生长在土质黏重或土层较薄、石砾较多土壤上的元宝枫,主侧根一般较浅,根系深度随土层厚度有所变化,主要分布于在50～100 cm以内。

在一年中,元宝枫根系的生长,较地上部分开始早,停止晚。在关中地区,元宝枫根系开始生活时间约在2月上旬,比地上部分的生长提早半个月左右,停止活动时间一般在12月上旬。冬季,元宝枫根系休眠时间约为两个月。

（四）叶片生长动态

1 年生元宝枫实生苗一般着生 40～70 枚叶片，最多可达 146 枚，留床平茬苗或 1 年生嫁接苗着生叶片数一般为 70～90 枚，单叶面积一般为 20～50 cm^2，单叶鲜重一般为 0.5～1.3 g。

元宝枫树从芽开始放叶到叶片大小定型，所需要的时间较短。在陕西关中地区，4 月上旬开始展叶，伴随着树梢的生长叶片迅速长大，叶片膨大生长高峰期一般在 4 月中、下旬，到 5 月上旬，叶片大小定型。此时的元宝枫树看上去一片葱绿。叶片厚度在刚定型时比较薄，5 月上旬叶厚仅 0.24 mm，5 月下旬达 0.38 mm，至 8 月上旬叶片厚度基本稳定，单叶厚 0.56 mm。

元宝枫在一年生长过程中，叶片中的水分在不同的月份含量不同。通过对 35 龄元宝枫树的叶片测定分析得知，在 6～8 月份，树叶的水分含量最高（见表 3－16）。

表 3－16　不同月份叶片水分含量

月份（月）	4	5	6	7	8	9	10	11
水分含量（%）	47.8	60.0	63.1	60.7	61.0	59.0	55.1	49.2

元宝枫在生长季节中，新抽生出的嫩叶、叶柄均为粉红色（极个别株为嫩绿色），随着叶片的生长发育，叶片上表面渐变为深绿色，叶片背面变为淡绿色。入秋后，叶片经霜打后，又变为深红色或黄色，景色宜人。

三、开花结实特性

（一）花芽分化

元宝枫树属于当年花芽分化，翌年开花结实类型。花芽为混合芽，着生于当年生枝顶端及叶腋部位，其分化过程依时间先后可分为七个时期，即分化始期、花序原形形成期、花萼原基形成期、花瓣原基形成期、雄蕊原基形成期、雌蕊原基形成期和分化完成期，整个分化过程约需 5 个月才能完成。

1. 花芽分化时期的特征

（1）分化初期　生长点逐渐变宽，增大并突起，呈半球形，这一时期比较集中，一般出现在 6 月中旬（见图 3－4，2）。

（2）花序原基形成期　6 月下旬，半球体状的生长点逐渐伸长，在其四周产生一些小突起，为花序原基，将来每一突起形成一朵花（见图 3－4，3）。

以下为顶生花各部分原基的形成：

（3）花萼原基形成期　7 月上旬，生长点顶部变宽，渐趋平坦的即为顶花原基，在其周围产生 5 个萼片原基（在纵切面上只能看到两个，见图 3－4，4）。

（4）花瓣原基形成期　7 月下旬，随着萼片原基的伸长，在其内侧基部产生新的突起，即为花瓣原基（见图 3－4，5）。

（5）雄蕊原基形成期　8 月中旬，随着萼片和花瓣原基的伸展，在花瓣原基内侧出现突起，形成雄蕊原基（见图 3－4，6）。

（6）雌蕊原基形成期　8 月下旬至 9 月上旬，由于萼片、花瓣、雄蕊原基的不断伸长，在花原基中心又产生突起，此突起即为雌蕊原基（见图 3－4，7）。

（7）分化完成期　9 月下旬至 10 月初，萼片原基伸长形成长圆形，先端圆的 5 个萼片，花瓣原基形成 5 个倒卵形的花瓣，雄蕊原基伸长，顶端膨大形成具有 4 个花粉囊的花粉，雌蕊原基膨大形成子房，且有子房室 2，至此，顶花形态分化全部完成（见图 3－4，8）。

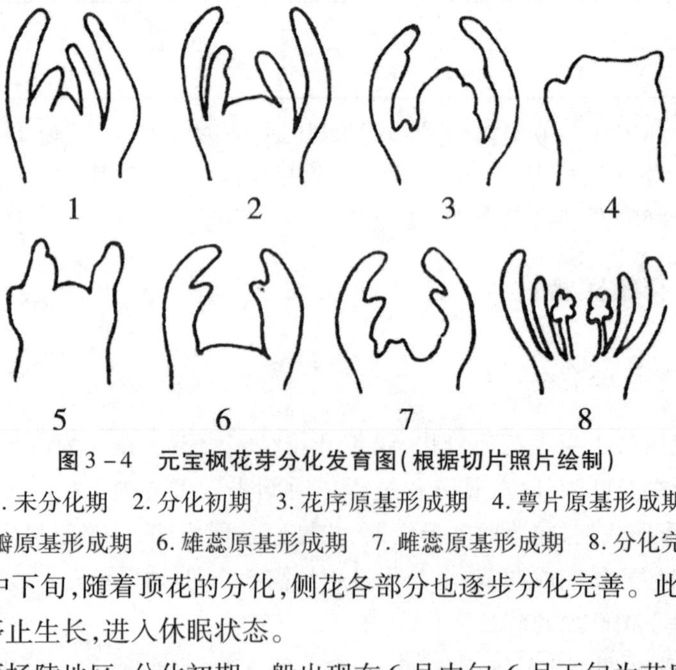

图 3－4　元宝枫花芽分化发育图（根据切片照片绘制）

1. 未分化期　2. 分化初期　3. 花序原基形成期　4. 萼片原基形成期

5. 花瓣原基形成期　6. 雄蕊原基形成期　7. 雌蕊原基形成期　8. 分化完成期

10 月中下旬，随着顶花的分化，侧花各部分也逐步分化完善。此时，树体的各部分也停止生长，进入休眠状态。

在陕西杨陵地区，分化初期一般出现在 6 月中旬，6 月下旬为花序原基形成期，7 月上旬为花萼原基形成期，7 月下旬为花瓣原基形成期，8 月中旬为雄蕊原基形成期，8 月下旬至 9 月上旬为雄蕊原基形成期，10 月底花芽形态分化完成。

一般元宝枫的顶花芽分化早且集中,腋花芽分化相对晚些。花芽形态分化完成后,进入休眠停止期,翌年开花。

2. 影响花芽分化的几个因素

(1)树龄对花芽分化的影响　元宝枫树龄对花芽分化有一定的影响,树龄小,树势旺,花芽分化迟,9 年生结果初期树上的花芽分化始期在 6 月中旬至 6 月下旬,而 37 年生盛果期树的花芽分化始期在 6 月初。

(2)果枝质量对花芽分化的影响　在同一株树上,果枝质量不同,花芽分化的时间也有差异,短果枝花芽分化早,长果枝花芽分化晚些。长果枝除顶芽为花芽外,一般中上部的腋芽也形成花芽。芽位不同,分化早晚也不一致,通常顶芽分化早,侧芽分化晚。

(3)果实发育与花芽分化的关系　据观察,元宝枫翅果形态迅速生长期在5 月下旬至 6 月初,花芽分化初期在 6 月中旬,所以,元宝枫花芽分化出现于果实速生期后,营养分配矛盾较小。之后,主要是果皮增厚,种壳硬化,种仁充实,此时,花芽分化与果实发育同步进行,果实采收时,花芽分化已经完成,进入越冬状态。

(二)开花特性

根据元宝枫树芽的功能和构造,可将芽分为混合芽和叶芽两种类型。混合芽萌发时,首先抽生出花序,然后在花序基部抽生出叶片和枝条(见图 3－5)。

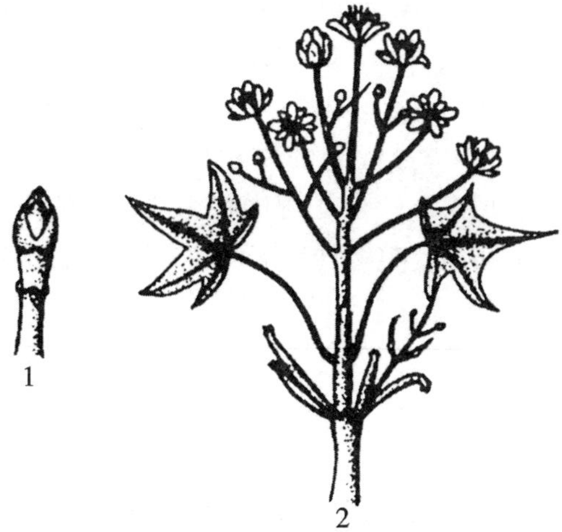

图 3－5　元宝枫混合芽萌发开花状态

1. 混合芽　2. 混合芽抽生的花序及叶片

已进入结果期的元宝枫树木,其树体上的混合芽所占比例在逐年增加,如

20 年生树，其混合芽所占比例可达 80% 以上，而到 30 龄时，混合芽比例提高到 90% 以上。叶芽萌发时，直接抽生出枝叶（见图 3－6）。幼龄期树体上的芽子全为叶芽，进入结果期后，叶芽所占的比例逐年下降。

图 3－6　元宝枫叶芽萌发抽枝状态

1. 叶芽　2. 叶芽萌生的枝叶

元宝枫属于先花后叶或叶、花同时伸展开放树种。在陕西西安地区，每年 4 月初混合芽展开，抽生出伞房花序，每个花序中有 15～120 朵不等的小花，多为 18～60 朵。每个花序中既有雄花，又有两性花，按小花开放先后顺序，通常首先开放的是雄花，其次是两性花盛开期，最后又转为雄花盛开期。据观察，4 月上旬为雄花盛开期，由于个体差异，个别树在该时期为雄花始放期；雄花开放 5～7 天后，进入两性花开放期，一般 4 月中旬为两性花盛开期，4 月中旬末到 4 月下旬初又转为雄花盛开期。整个花期长约 25 天，只有个别元宝枫树首先开放的是两性花，其次为单性花。

（三）结果特性

1. 开始结果年龄

元宝枫开始结果年龄因树种繁殖方式、栽培条件及个体的不同而有差异。一般实生苗 5～8 年开始开花挂果，5 年生的实生苗，开花株数约占总株数的 2%，此后的 2～3 年，开花株数比例逐年增加，8 年生树全部进入开花结实阶段。而用嫁接繁殖的元宝枫苗木，定植 3 年即可开花结果。

2. 翅果发育

元宝枫从开花到种子成熟大致需要 210 ~ 220 天。此期间对翅果的形态结构及发育进程进行了解剖观察，结果显示，在陕西杨陵地区，每年 4 月中旬两性花授粉后，翅果的外表面积迅速增大，到 5 月上旬，果实的外形(即果翅或果皮)大小基本接近恒定大小，但这时果实比较瘪平。继之进入种皮生长阶段，5 月底在果翅内部可见种皮雏形，呈直径为 1 mm 左右的嫩绿色扁圆组织。进入 6 月份，种皮开始迅速膨大，进入速生期，至 6 月底左右，种皮大小基本定型(此时呈白色)，直径一般 4 ~ 8 mm，种皮内部充满黏液，主要是水和光合初级产物，此时尚看不见种仁。7 月中旬到 7 月下旬，可以在种皮内看见嫩绿色的种仁雏形。此后，种仁迅速增大，至 8 月中旬，种仁基本上占据种皮内所有空间。10 月底到 11 月初，种仁生长停止。此时果翅、种皮分别变为黄褐色和棕褐色，种仁变为亮黄色，此时种子成熟。由于植株个体差异，成熟后的元宝枫种子在大小、形状、千粒重、出仁率等方面均有所不同。

根据元宝枫在 1 年生长过程中翅果重量及发育程度和油脂形成累积规律，可将元宝枫翅果发育分为以下四个时期：种壳膨大期从 4 月底开花结束到 6 月底大约 60 天左右，为种壳迅速膨大期，此期间翅果的大小和重量均增加较快，到本期末果翅及种皮基本膨大至最大，翅果烘干千粒重平均达 129.35 g，该期没有油脂积累。

(1)种仁形成期　7 月初至 7 月下旬末约 30 天左右，翅果干物质累积缓慢，主要是种仁形成期。在此期间，翅果千粒重增加量仅有 13 g 左右。到了该期末，种仁雏形形成，干态种仁含油率约为 0.34%(见表 3 - 17)。

表 3 - 17　烘干翅果千粒重、出仁率及含油率变化情况

日期(月·日)	5.20	6.20	6.30	7.20	7.30	8.30	9.20	10.10	10.20	10.30	11.10
千粒重(g)	79.28	121.24	129.35	134.13	142.57	188.75	236.28	261.85	277.42	283.78	283.71
出仁率%	—	—	—	—	0.46	10.96	23.06	32.41	34.40	35.91	35.89
种仁含油率(%)	—	—	—	—	0.34	13.52	39.09	44.03	46.58	48.00	47.05

(2)油脂快速形成期　从8月上旬到10月中旬约70天左右,为种仁和油脂快速形成期。在此期间,种仁体积迅速膨大,翅果重量出现第二次快速增长,千粒重共增加了约135 g。随着种仁的生长,油脂累积不断增长,至10月中旬末,翅果出仁率达34.40%,种仁含油率由开始的0.34%增加到46.58%。尤其是8月下旬至9月中旬这段时间,是油脂积累的关键时期,种仁中50%以上的油脂在此阶段形成,应注意水肥管理,以获得油脂丰产。

(3)翅果成熟期　从10月下旬到10月底左右为元宝枫翅果成熟期。该期翅果重量及种仁油脂含量均有少量增加,但翅果含水率快速下降的过程中种子含水率由10月12日的49.1%降为10月22日的15.7%,此后水分含量继续降低,至10月30日以后,种子含水率基本处于均衡状态(见表3-18)。到了该期末,翅果重量和种仁含油率达到最大,原来彼此连在一起的两个小翅果,由中间分裂为二,成为两个各具一果翅和一种仁的种子,但它们仍与果梗相连接。充分成熟的种子,各部分变得都比较坚硬,种皮颜色呈黄褐色,种仁为亮黄色。

11月上旬末,翅果千粒重和种仁油脂含量略有降低,这可能与种子自身的呼吸及贮藏物质的转化有关。

表3-18　不同时期翅果的含水率

日期(月·日)		5.22	6.18	7.16	7.23	8.23	9.12	4.21	10.12	10.15	10.22	10.30	11.10	11.22
含水率(%)	水分/鲜重	70.9	56.6	57.1	59.9	44.5	55.1	54.1	49.1	44.9	15.7	9.9	8.2	7.9
	水分/干重	248.0	130.8	133.7	150.4	82.2	123.4	120.6	98.8	84.3	17.5	11.1	8.9	8.5

在陕西杨凌,选择生长发育正常,但生长状况不同的10株元宝枫树采种,其成熟种子的千粒重与树体的生长发育状况有关(见表3-19)。

表3-19　树体生长状况与种子千粒重

株号	树龄(a)	树高(m)	胸径(cm)	东西冠幅(m)	南北冠幅(m)	果翅开张角度(°)	成熟种子千粒重(g)
1	14	8.2	15.6	7.5	8.0	120~130	26.4
2	14	9.5	20.3	8.3	6.3	50~60	198.4
3	37	8.4	18.3	8.9	8.0	125~130	239.1

续表 3－19

株号	树龄（a）	树高（m）	胸径（cm）	东西冠幅（m）	南北冠幅（m）	果翅开张角度(°)	成熟种子千粒重(g)
4	37	11.1	24.4	8.9	10.1	85～95	251.3
5	37	8.8	26.0	8.3	10.3	90～95	310.6
6	37	10.4	26.4	10.5	9.1	95～100	295.4
7	37	13.8	30.7	10.0	8.9	55～90	338.9
8	37	9.5	32.0	11.9	10.0	60～70	364.3
9	37	14.2	33.6	10.3	12.8	80～90	285.2
10	37	14.1	38.5	9.3	10.7	40～60	293.4

（四）生命周期

元宝枫树的寿命较长，根据其一生中树体生长发育特征呈现的显著变化，可将其划分为四个年龄时期，即幼树生长期、生长结果期、盛果期和衰老更新期。生产上可根据各个生产发育时期的特点，采取相应的栽培管理技术措施，调节其生长发育状况，获得较好的经济效益。

1. 幼树生长期

从苗木定植到开花结果以前，称为幼树生长期。这一时期的长短，因元宝枫繁殖方式和个体的不同差异较大，一般实生苗需 5～8 年，嫁接苗需 3～4 年。该期的主要特征是树体营养生长旺盛，地上和地下部分迅速扩大，逐步形成树体结构。该期在栽培管理上既要从整体上加强其营养生长，增施有机肥，适时浇水，注意整形使其形成合理而均衡的骨架，扩大树冠，又要对非骨干枝加以控制，促进提早开花结实。

2. 生长结果期

从开始结实到大量结实以前，即元宝枫开始结实的头 3～5 年，称为生长结果期。这一时期的前期，树体生长旺盛，仍以营养生长为主，枝条大量生长，分枝角度逐渐开张。结果面积随着树冠的逐年扩大而随之增大，并能获得一定的产量，但产量不高。随着树木的生长，中、短果枝占的比例逐年增加，后期生长渐缓，树体基本稳定。此期栽培的主要任务是，加强肥水和枝干方面的综合管理，促进树体成形，使冠幅尽快扩大到应有的大小，夺取早期丰产，并为后期高产稳产奠定良好基础。

3. 盛果期

盛果期是树木大量结实时期，这一时期一般可持续 30～50 年。盛果期的主要特征是树冠和根系伸展都达到最大限度，骨干枝生长停止，结果枝大量增加，产量达到高峰，种子质量也最好。但随着树龄的增长，树冠内日渐出现内膛枝干枯，结果部位外移现象。这一时期是元宝枫树一生中产生最高种子产量的时期。栽培上要求高产、稳产，同时要求延续时间要长。因此，在生产技术上要提高土壤肥力，促进地下根系及地上枝叶生长健壮，保持树体良好的营养状态。同时，要做好内膛树组的更新，延缓结果部位外移，通过适宜修剪改善树体通风透光条件，保证年年有较稳定的有效结果枝组数量，达到延长盛果期的目的。

4. 衰老更新期

从结实开始衰退到植株死亡这段时间，称为衰老更新期。这一时期，种子产量明显下降，生长势逐渐衰退。初期表现为主枝末端和侧枝开始枯死，树冠体积缩小，内膛发生较多的徒长枝，出现向心更新，产量开始下降；后期出现主枝向心枯死现象，新梢生长量少而细弱，侧枝的枯死量增多，根系更新能力衰退，树体抗逆性显著减弱，产量急剧下降，种子的饱满度也降低，乃至失去经济栽培意义。元宝枫树衰老更新期开始的早晚与持续期的长短，因立地条件、管理水平和个体的不同而有差异，一般出现在 40～60 年后。这一时期栽培管理的主要任务是在加强土肥水管理和树体保护的基础上，有计划地进行枝组更新，形成新的树冠，恢复树势，以保持一定的产量并延长其经济寿命。到了衰老期的后期，在栽培上已经没有多大意义，应进行更新。

第三节　元宝枫对环境条件的要求

元宝枫是一种适应性，抗逆性很强的树种。目前，我国尚存的元宝枫天然林，主要分布在辽宁西部和内蒙古科尔沁沙地和半荒漠、半草原的低山丘陵地区。该地区气候干旱，冬季寒冷，年降雨量 370 mm，集中于 7～8 月份占年降雨量的 70%，蒸发量 2300 mm，为年降雨量的 6 倍。年日照时数为 3000 h。冬季多西北风，春季多西南风，年均风速 4.2 $m \cdot S^{-1}$，7～8 级大风年平均出现日数在 70 天以上，个别年份超过 100 天。春季降雨量少，干旱、大风天数多，松散的沙漠地表一旦失去防护性植被即出现沙漠化现象。元宝枫就是在这样恶劣的条件下顽强地生长着，结实累累，繁衍后代。现将元宝枫在我国主要分布地区对生态环境因子的要求简述如下：

一、温度

元宝枫主要分布在温带及暖温带地区，为喜温性树种，它对温度的适应幅度比较宽，在年平均气温 9～15 ℃，极端最高气温 42 ℃以下，极端最低气温不低于 -30 ℃的地区，植株均能正常生长发育。我国元宝枫主要产区一般平均气温 10～14 ℃，1 月平均气温 -7～4 ℃，7 月平均气温 19～29 ℃，极端最低气温 -4～-25 ℃。如陕西榆林地区，在极端最低温度为 -25 ℃条件下，元宝枫树木生长正常，且硕果累累。元宝枫栽培区向北移，如新疆玛纳斯地区，栽植的元宝枫树木虽能生长，但在冬季枝梢往往遭受冻害，在这些地区栽培元宝枫时应慎重。

二、水分

元宝枫耐旱能力较强，在年降雨量 250～1000 mm 条件下，均能生长。目前我国元宝枫大部分栽植在丘陵、山区，缺乏灌溉条件，因此天然降水成了元宝枫树水分供应的主要来源。1995～1997 年，陕西持续遭受三年大旱期间，宝鸡市林业局三年荒山绿化结果显示，元宝枫苗木栽植后成活率最高，高于刺槐、油松等耐旱树种。由此说明，元宝枫具有较强的耐干旱特性。但是，该树种不耐涝，在地下水位过高或土壤长期太湿地区，生长不良，而在湿润且排水良好的条件下，生长迅速，发育较好。

三、光照

元宝枫为喜光树种，幼苗可忍耐侧方荫阴。在光照比较充足的地方，元宝枫树木枝条生长充实，树势强壮。而生长在光照较差的林下或长年光照不足的地方，则生长势弱，冠幅小。如初植密度较高的元宝枫林，林木郁闭后，植株粗生长速度缓慢，林内大量侧枝枯死，仅在树梢部分保留较小的树冠，高生长速度比稀疏林快，这是为了争夺光线而造成的。而林缘树或孤立树由于接受光照相对充足，因而枝繁叶茂，生长旺盛。另外，处于半遮阴状态下的元宝枫树木，一般结实差，产量低。例如，在陕西杨陵，有一些树龄已进入盛果期的元宝枫大树，其树体上的大部分树冠，长期处在其他树种的庇荫之下，在这部分树冠的枝组上，很少能见到成熟种子。但在另外少部分能直接接受光照的树冠上，往往着生着大量成熟种子。同时,由于元宝枫树木的喜光特性,致使上述的这些元宝枫树木出现偏冠现象。

四、土壤

元宝枫对土壤有较强的适应性。在微酸性、中性、微碱性及钙质土上均能生长。但元宝枫在不同土壤上的生长发育差别较大。影响元宝枫生长的土壤条件主要有土壤质地、土层厚度、肥力以及土壤酸碱度等。土壤质地以沙壤土、壤土为最好,过于黏重、透气性差的土壤上元宝枫生长不良。土层较薄或过于贫瘠的土壤中,元宝枫生长也不良。元宝枫除种子萌发期外其幼树和成年树对土壤酸碱度的适应范围较广,pH 6.0~8.0 范围内都能正常生长。因此,在生产上为了使元宝枫树木生长健壮,丰产优质且寿命长,宜将该树种栽植于土层深厚、肥沃、疏松、排水良好的沙质壤土或壤土地上。

第四章　元宝枫苗木培育

优质壮苗是元宝枫丰产的基础。元宝枫苗木质量的好坏,直接影响着造林质量、树木生长发育及种子的产量和质量。因此,应加强壮苗的培育。

元宝枫苗木的繁育方法主要有播种育苗和嫁接育苗两种。目前,生产上主要采用的是播种育苗,该方法操作简单,短时期内能繁殖大量苗木,但培育出的苗木往往良莠不齐,且结果晚。用嫁接方法繁育元宝枫苗木,虽然操作技术相对复杂,但培育出的苗木能保持母树的优良特性,结果早,单产高,是培养元宝枫优质壮苗的主要途径。

第一节　元宝枫播种苗的培育

一、采种母树的选择和种子贮藏

(一)采种母树的选择

选择采种母树,指人为地从自然界挑选符合人们需要的群体或个体,以提高林木的遗传品质。因此,不是所有的结实树木都能作为采种母树的,元宝枫的采种母树必须是生长健壮、无病虫害、结实早、产量高、盛果期长、出油率高、油质好和抗性强的树种。

目前,我国元宝枫生产技术还处于应用起步阶段。生产上,造林以播种苗为主,各地在元宝枫育苗时,往往随意采集元宝枫种子育苗。而现有的已挂果的元宝枫树木,单株之间往往差异较大,所产种子优劣混杂,因而造成苗木质量参差不齐，直接影响元宝枫的生产力。

用于播种育苗的种子应由良种种子园或良种采种基地提供。在目前良种种子供应不足的情况下，各地可在当地选择优良单株，在此基础上初选一些采种母树，作为向良种育苗发展的过渡，同时应迅速建立良种采集基地。

（二）种子的采集

元宝枫种子是育苗、造林的物质基础，作为播种用的种子必须发育健全、饱满、品质好、无病虫，才具有发芽率高、抗逆性强的基础。元宝枫种子的成熟和成熟期，因各地气候条件不同而有差异。当元宝枫种子完成了生长发育过程，而且种实外部显示出固有的成熟特征时，称为形态成熟。形态成熟的元宝枫种子特点是，果皮呈棕黄色或褐黄色，具光泽。剥开果皮，种子呈棕红色或桃红色，种皮致密较硬，种皮内种仁饱满，种仁呈米黄色或亮黄色，内部物质已转化为难溶状态，呼吸作用微弱。翅果含水率已降至10%以下，开始进入休眠状态，易于贮藏。

元宝枫果实的形态成熟期一般在9～10月，东北大兴安岭南部、内蒙古地区，为9月中、下旬；华北地区为9月下旬；陕西、河南、甘肃南部为10月上旬，各地随气候变化略有差异。元宝枫进入休眠期树叶先脱落，也有少量种子脱落，落叶后，翅果挂满枝头，正是种子采收的最佳时期。此时得到的种子不仅净度高，树叶夹杂物少，而且自然风干好，收种率也高。如果采收过晚，饱满种子相继脱落，收种率降低，种子质量也降低。另外，在元宝枫种子成熟季节长期刮大风的地区，宜在种子成熟后立即采集，以免造成损失。如果采种过早，种胚发育不健全或养分积累不充分，种子生活力差，发芽率低，培育的苗木生长不良。因此，应防止采青掠青。

种子采收最好选择无风或微风的晴天进行。采种时先将树下杂物清理干净，并铺上一层塑料薄膜或编织布，用竹竿轻轻敲打树枝，种子便会飘落而下。尽量不要碰伤枝条，以免影响下年结果。

（三）种子的贮藏

新采收的元宝枫果实往往混杂有各种夹杂物，如果枝、果柄、树叶和沙石粒等，可采用风选或筛选净种。净种后，必须及时进行适当干燥，在阴凉通风处晾干，使其含水量达到一定标准方能安全贮运。相对地说，干燥的种子是一种处在静止状态的有机体，新陈代谢作用很微弱。全国各地新收获的元宝枫翅果，由于成熟度不一致，所含水分是有差异的，当水分较高的种子和水分较低的种子混合在一起时，就能发生水分的转移，因此，在不同时间收获的种子应该分别进行处理。

种子的干燥程度一般以能维持其生命活动所必需的水分为准，这时的含水量称为种子的安全含水量（临界含水量或标准含水量）。高于安全含水量的种子，由于新陈代谢作用旺盛，不利于长期保存种子的生命力；低于安全含水量时，则由于生命活动无法维持而引起种子死亡。元宝枫翅果的安全含水量在8%左右，接近于气干时的含水量。

新采收的元宝枫翅果，经过去杂净种和阴干达到安全含水量后，装入袋、箱、缸等容器内，贮放在干燥的环境中。短期贮藏的翅果，如秋天采集的供春天播种用，可采用普通干藏法，即用一般容器盛装，放在阴凉干燥的室内。需要保存的翅果，可采用密封干藏法。元宝枫翅果富含脂肪和蛋白质具有香味，易遭鼠害，宜放入缸中，加盖密闭。

贮藏期间要经常注意检查，防虫、防鼠、防潮，如果出现发热、霉变等问题，应立即将种子摊开晾晒。

二、播种育苗方法

（一）苗床准备

1. 苗圃地的选择

苗圃地应尽量安排在交通方便，有灌溉条件，地势平坦的地方。同时应选择土层深厚、排水良好、肥沃疏松的沙质壤土作苗圃地。黏重的土壤通气排水性能差，苗木出土困难，并且生长不良，不宜作苗圃地。长期种植烟草、棉花、玉米、蔬菜等地块，培育苗木易发生病虫危害，如果必须选用，育苗前要做好灭菌杀虫工作。

2. 播种前的整地

选定的苗圃地在做床前应进行平整、碎土和保墒等工作。这对苗圃发芽率、成苗率、苗木产量和质量影响很大，要认真做细。为消灭土壤中的病原菌和地下害虫，现在国内外多采用高温处理与药剂处理。

（1）高温处理土壤　国内多用烧土法。在柴草方便之处，可在苗圃地上堆放柴草焚烧，使土壤耕作层提高温度，达到灭菌的目的，且有提高土壤肥力的作用。日本用特制的火焰土壤消毒机，用汽油作燃料加温，使土壤耕作层温度达到80℃左右，消灭土中病原菌、有害昆虫和杂草种子等。

（2）药剂处理　对金龟子幼虫、蝼蛄等地下害虫，用50%辛硫磷颗粒剂，每公顷用30～37.5 kg（每亩2～2.5 kg）。以五氯硝基苯加入代森锌

(或苏化 911、敌克松等)的混合剂,比例一般为:五氯硝基苯 75%,代森锌(或苏化 911、敌克松)25%。施用量为 4 ~ 6 g/m^2。将药配好后与细沙土混匀做成药土,播种前把药土撒于播种沟底、厚度约 1 cm,把种子撒在药土上,并用药土覆盖种子。

3. 做床

苗床育苗的历史最久。苗床的种类分为高床和低床。

(1)高床　床面高出步道的苗床。床面的高度高出步道 15 ~ 25 cm(一般为 17 ~ 20 cm,利于灌溉),床面宽度 90 ~ 100 cm(如用喷灌,床面宽度可达 1 m 以上),步道宽度为 45 ~ 60 cm,一般多用 50 cm(见图 4 - 1)。苗床的长度依地形而定,在灌溉和土壤管理方便的前提下,苗床越长土地利用率越高。一般地面灌溉,苗床长度多为 10 m,如用喷灌和其他生产环节机械化经营时,长度可达数十米甚至数百米。

优点:排水良好,增加肥土层厚度,通透性较好,土温较高,便于应用侧方灌溉,床面不易板结,步道可以用于灌溉和排水。

缺点:做床和以后的灌溉费水,管理费工。

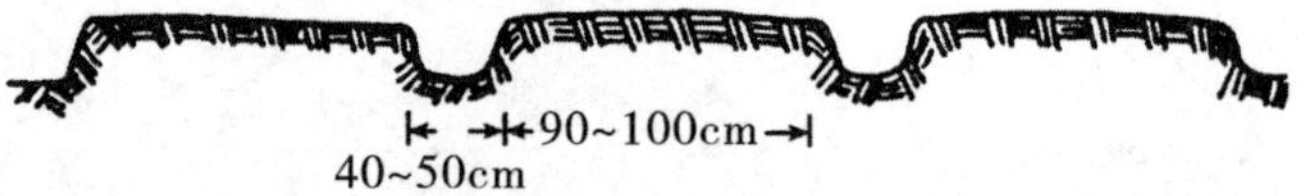

图 4 - 1　高床示意图

(2)低床　床面低于步道的苗床。低床的床面一般低于步道 15 ~ 20 cm,步道宽度为 40 ~ 50 cm,床面宽度一般为 1 ~ 1.5 m(见图 4 - 2),苗床长度的确定原则同高床。一般在降水量少、较干旱、雨季无积水的地区多用低床。

优点:做床比高床省工,灌溉省水。

缺点:灌溉后床面板结,妨碍土壤的通透性,要及时松土。不利于排水,起苗比高床费工。

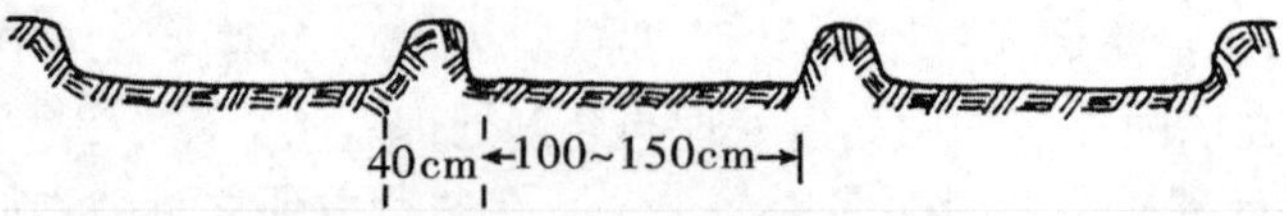

图 4 - 2　低床示意图

(二)种子处理

为了提高种子的生活力,使种子发芽整齐而迅速,幼苗生长健壮,加快其发育,经过干藏的元宝枫翅果,在播种前,需要进行催芽处理。实践证明,运用合理的催芽技术可提高田间发芽率，幼苗出土早，出苗整齐，长势均匀。元宝枫种子催芽方法，主要有沙藏催芽和水浸种催芽。

1. 沙藏催芽

元宝枫种子一般在播前 8 天左右沙藏。沙藏前 1 天，先用清水浸泡 24 h，捞出后与准备好的细湿沙拌种、用种沙体积比为 1∶3 的比例充分混匀，堆放于阴凉通风的地面，或放于筐篓、木箱中，也可在室外挖坑沙藏催芽。沙的湿度以手握成团而不滴水，松手散团为度。贮藏种子的厚度以 30 ~ 40 cm 为宜，上覆一层细沙，并盖上湿布或稻草，经常洒水保持湿润。沙藏后，每天翻动 2 ~ 3 次，待种子有 10% ~20%“裂嘴露白”时即可播种。

2. 水浸种催芽

浸种能加速种子萌发前的代谢过程，对加快出苗成苗有显著作用。播种前 7 天左右对种子进行催芽处理。具体操作为，先将种子用 30 ~ 40 ℃的温水浸泡 1 天或用冷水浸泡 2 天，每天换 1 ~ 2 次水，然后，捞出种子装入木箱或筐篓中，放在温暖适宜的地方，盖上湿麻袋片或草帘，每天用水淘洗一次，翻倒一次，当 10% ~20% 的种子幼根开始露白时，可播入土中。

另外，也可将种子置于 20 ~ 30 ℃温水中或冷水中浸泡 2 天，每天换 1 ~ 2次水，然后直接播入土中。这种处理方法比较简单，目前在生产上也常被采用。

浸种的效果主要决定于水温、水的相对量、浸种时间、种子密度及通气情况等。浸种方法掌握不当，对种子萌发有不良影响。元宝枫翅果浸种时，水温不宜高，浸种时间不宜太长，否则水中缺乏氧气，妨碍种子正常呼吸，使胚部细胞遭受损害，降低其生活力，不能长成壮苗。

（三）播种

1. 播种期

播种期的早晚，直接影响苗木生长期的长短和幼苗抵抗恶劣环境的能力，对苗木的产量和质量关系很大。元宝枫种子含油量很高，秋播易遭鼠害，故宜于春季播种。具体播种时间因各地气候的不同而有差异，如陕西关中地区适宜的播种期在 3 月中、下旬，北京地区在 4 月上旬，而辽宁地区则在 4 月中旬播种较好。春播宜早，早春播种发芽早，扎根深，苗木生长健壮，抗病、抗旱、抗日灼的能力增强。而播种时间过晚，如陕西关中地区 5 月份播种，苗木生长量小，且遇高温干旱时，幼苗难以忍耐地表高温，受到灼伤易枯萎（见表 4－1）。

表 4－1　不同播种时间幼苗出土生长情况*

播种日期（月/日）	3/3	3/9	3/15	3/23	3/28	4/7	4/20	4/28	5/6
出苗天数（天）	28	23	18	16	14	13	11	11	11
苗高（cm）	40.0	39.8	39.6	39.0	37.1	35.2	23.3	18.8	12.5

* 苗高生长量调查日期为 1992 年 7 月 25 日

2. *播种方法与播种量*

元宝枫播种一般采用条播法，行距 30 ~ 40 cm，开沟深度 3 cm 左右，在土壤墒情较好的情况下进行播种。其优点是比撒播能节约种子，苗木有一定的行间距离，便于土壤管理、施肥，苗木的行距较大，苗木受光均匀，有良好的通风条件，苗木生长健壮质量好，起苗工作比撒播方便。条播时播种的方向，为了使苗木受光均匀，一般用南北向。

经过风选、筛选纯度在 95% 以上，发芽率在 90% 以上的元宝枫翅果，每亩播种量为 8 ~ 10 kg。播种量太大，不仅费种子，而且出苗过密间苗费工；播种量过小，则常造成缺苗断条，苗木产量低，达不到丰产的目的。元宝枫合格苗产量在 1.5 ~ 2 万株/667 平方米为宜。

3. *播种技术要点*

播种在播种育苗的全过程中，是一个很重要的环节，它对场圃发芽率、出苗快慢和整齐与否，都有直接影响，同时也影响到苗木的产量和质量。

（1）开沟　为使播种行通直，人工播种要先画线，然后照线开沟。沟的深度对场圃发芽率的影响很大，过浅水分不足，不利于种子发芽；太深因覆土过厚，幼苗出土困难，也会降低场圃发芽率。元宝枫播种沟的深度在 3 cm 左右，开沟深度要均匀。

（2）播种　播种时要边开沟，边播种，边覆土，以防播种沟土壤风干失去水分。要控制好播种量，下种要均匀。

(3)覆土　覆土厚度对种子发芽和幼苗出土影响很大,同时对场圃发芽率、出苗的早晚和整齐与否都有密切关系。覆土过薄,种子因水分不足不能发芽,且易遭受鸟、兽、虫的危害。覆土过厚,通气不良,不利于种子发芽,发芽后幼苗出土困难。元宝枫翅果播种的覆土厚度以 2 ~ 3 cm 为宜。沙土疏松地幼苗容易出土,覆土宜稍厚些;质地较黏重的土壤覆土宜薄。

(4)镇压　为使土壤和种子紧密结合,种子能充分利用毛细管水,在干旱、土壤湿度较低的情况下,覆土后要进行镇压。但在黏重的土壤上不要镇压,以免土壤板结,不利于幼芽出土。在土壤过湿的情况下进行镇压也会形成结皮,应当等土壤湿度降低后再进行镇压。

(5)覆盖　为使播种后的幼苗顺利出土,苗床土壤的保温保湿显得十分重要。在没有喷灌条件的地方,元宝枫播种之后最好能覆盖麦草或地膜,以防止土壤水分蒸发和增加地温,给种子创造一个适宜发芽的条件。当有 1/3 以上的种子破土出苗时,即可将麦草逐渐撤除。盖膜的苗圃,要认真观察苗木出土情况,当幼苗基本出齐之后,应适当通风降温,逐步除去地膜。在此期间应注意高温天气,以防止由于高温使地膜灼伤苗尖嫩芽。

另外,经试验得知,苗床覆膜可促使幼苗提早出土 5 天左右。同时,幼苗生长量较未覆膜高。

4. 播种苗的年生长发育特点及苗期管理

播种苗从种子播种开始,到当年停止生长进入休眠为止,在整个生长期中,苗木在不同阶段的生长发育特点不同。按照播种苗在一年中的生长量变化规律,可将其生长进程划分为四个时期,即出苗期、生长初期、速生期和生长后期。各时期相应的管理措施不同。

(1)出苗期　从种子播种入土开始,至幼苗大部分出土,这一时期称为出苗期。时间大致 20 ~ 30 天。出苗期的生长特点是:种子在土壤中萌发后,首先生长出的是白色锤状物,这是主根的初生体,自此渐向土层深处垂直伸长,形成主根。当主根伸长至 5 ~ 8 cm 时,胚芽才开始出土,形成幼苗的地上部分。子叶留在土中,见图 4 - 3。元宝枫幼苗最初展开的两片真叶外形呈椭圆形,以后相继展开的叶片呈掌状五裂。此期应注意防治鼠害,在苗床四周施放鼠药,待幼苗出土后,揭掉覆盖物。苗木出齐后喷灌 1 次水,及时清除杂草。

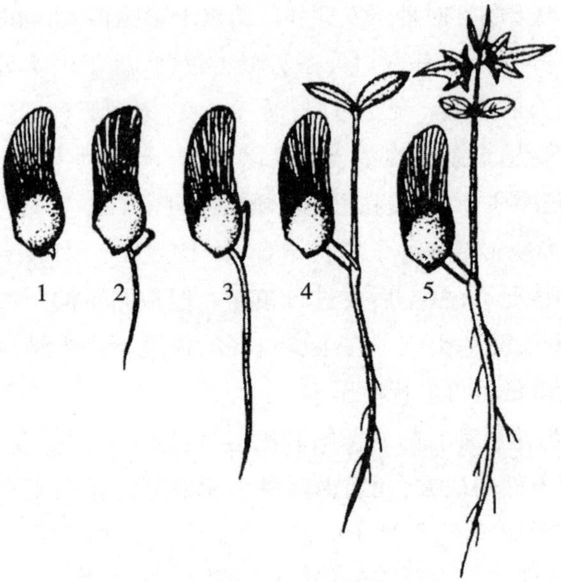

图 4－3　元宝枫种子萌发过程

1. 胚根长出　2. 3. 胚根延伸　4. 胚芽生长　5. 幼苗形成

(2)生长初期　从幼苗大部分出土能独立进行营养生长开始,到幼苗高生长快速增长以前,称为生长初期。在陕西关中地区,此期多出现在 4 月中旬至 5 月底之间。这一时期苗木的生长特点是:地下部分幼根生长较快,主根伸长可达 30 cm 左右,同时在主根上长出较多的侧根和须根,开始形成根系,能够进行独立营养生长;而地上部分生长缓慢,到该期末,幼苗共展开 4 ~ 8 片小叶,平均苗高仅有 10 cm 左右。

这一时期,育苗的中心任务是促进根系生长发育,给下一阶段的速生长打好基础。主要管理措施有:合理灌溉,及时中耕除草,疏松土壤,减少蒸发,提高地温,促进根系生长。北方地区气候干旱,一般可在 2 周左右浇水 1 次。结合浇水,每亩每次追施化肥(尿素)5 ~ 8 kg。同时注意防治虫害。如果苗木密度过大,在幼苗展开 2 ~ 4 片小叶时,应进行间苗,疏除过密的苗木。间苗一般进行 2 ~ 3 次。每次间苗以后,要及时补缝浇水,防止漏气晾根。缺苗的地方,要选阴天进行幼苗带土移补,移栽后及时灌水。定苗时保留的幼苗数要略大于预计产苗量。

(3)速生期　从苗木高生长量快速增加起,到苗木高生长速率又趋于缓慢时为止，称为速生期。这一时期苗木生长的速度最快，生长量最大。地上部分和根系的生长都非常旺盛，增长速度十分明显。在陕西关中地区，此期约出现在6 月上旬到 8 月底，高生长量占全年生长量的 80% 左右，地径增长量占全年生长量的 68% 左右（见图 4 －4、表 4 －2），根系多分布于 70 cm深度以内的土层中。

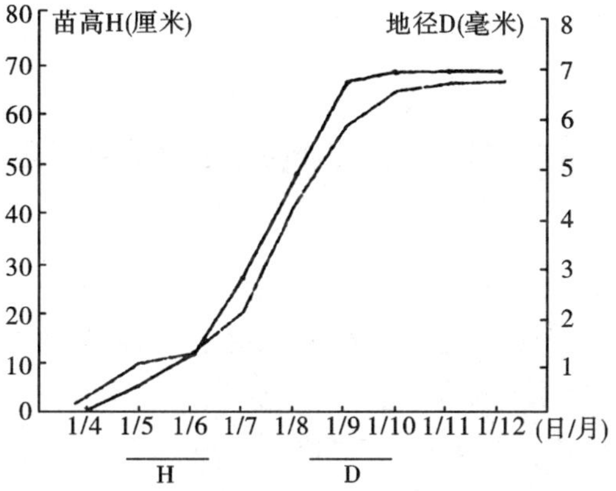

图 4 －4　元宝枫 1 年生播种苗逐月生长进程

表 4 －2　元宝枫 1 年生播种苗月生长量

月份	4	5	6	7	8	9	10	11	总生长量
地径（mm）	0.15	0.22	0.95	2.10	1.53	0.55	0.41	0	6.78
苗高（cm）	3.50	4.78	15.58	22.37	16.52	3.56	0.08	0	69.16

这一时期苗木的生长发育状况基本上决定了苗木的质量。因此，该时期的主要任务是加强肥、水管理，满足苗木生长所需要的水、肥等条件。一般 20 天左右追肥一次，每 1/15 公顷每次施尿素 10 kg 左右。每次施肥后应及时浇透水，锄草一次，使苗木“吃饱喝足”，促使其迅速生长。在速生阶段的后期，应停止追肥和灌溉，防止苗木徒长，促进苗木充分木质化，有利越冬。

（4）生长后期　从苗木高生长速率大幅度下降时开始，到苗木根系生长停止进入落叶休眠为止，称为生长后期。这一时期随着气温逐渐下降，苗木生长逐渐减慢，最后停止生长而进入休眠。在这一时期的前期，苗木高生长已不明显,但地径和根系仍在继续生长。当地上部分停止生长时,根系生长还要继续一段时间,这一时期苗木在形态上也发生了较大变化,叶子由绿变黄或红而脱落,苗木逐渐木质化并形成健壮的顶芽。

此时期在管理上,应停止一切促使苗木生长的育苗措施,尽量促进苗木充分木质化,保证苗木安全越冬。对于一些冬季不起苗的苗圃,越冬前要灌冬水一次。

第二节　元宝枫嫁接苗的培育

采用嫁接繁殖优良苗木,在我国已有2000多年的历史。但是用于培育元宝枫苗木,1992年我们首次进行试验,近年来已大面积推广应用。随着对元宝枫化学成分研究的不断深入,产品开发产业化步伐的加快,元宝枫作为一个新兴产业悄然兴起,加工企业迫切要求加速优质元宝枫原料基地建设。通过近年来我们对元宝枫无性繁殖苗培育的实践证明,元宝枫嫁接育苗是快速繁育元宝枫良种的有效途径。它具有以下几方面的优点:

(1)保持优良性状　元宝枫实生苗是用种子繁殖出来的,其后代变异性较大,嫁接苗能保持优良品种的特性。

(2)提早开花结果　种子繁殖的苗木要经历幼年期一段漫长的历程,需要6~8年的时间才能开花结果,嫁接苗木是由结果大树上采集的枝芽经过嫁接生长起来的,发育阶段是原母树的继续,已进入了开花结果的年龄,所以开花结果早。

(3)增强抗逆性,扩大适应范围　元宝枫嫁接用的砧木,大多数是野生或半野生种,它们对不良环境条件具有较强的适应性,用作砧木会明显增强对冻害、干旱、或病虫害等的抵抗能力和对土壤的适应性。

一、砧木的选择与培育

嫁接时要选择生长健壮,根系发达的1~2年生实生苗作砧木。培育元宝枫砧木有两种方式。

(一)直播育苗

将种子直接播入苗床,管理措施参照播种育苗一节。当苗木长至8月初时最好能进行摘心，以利于加粗生长。待砧木地径粗度在0.4 cm以上时，可进行嫁接。

（二）平茬育苗

选用一年生实生苗，于春季叶芽未萌动时（2～3月份），从苗木基部平茬（剪断），待平茬桩上的芽子萌动时，保留一个饱满芽，使其抽生成枝，在其抽生的当年枝上进行嫁接。

1. 砧木类型对成活率的影响

用1年生实生苗及1年生平茬苗分别作砧木进行芽接，结果表明（见表4－3），在同一时间进行嫁接，用平茬苗作砧木嫁接成活率高于实生苗作砧木。其原因可能有两个：其一，平茬苗生长迅速，形成层细胞生长旺盛，树体组织幼嫩，芽片与砧木较易愈合；其二，实生苗由于有一个较长的出苗期，因而在同一时间（8月26日）嫁接时，实生苗生长量明显地低于平茬苗，表现在地径方面约低2 mm。鉴于上述原因，对生长纤弱的1年生苗木，可在翌年春季平茬，并在当年的6～7月份进行芽接，该嫁接苗不仅成活率高，且生长势强。

表4－3　实生苗与平茬苗对嫁接成活率的影响

砧木类型	嫁接日期	嫁接株数（株）	成活株数（株）	成活率（%）
1年生实生苗	1993/8/26	117	78	66.7
1年生平茬苗	1993/8/26	94	70	74.5

2. 砧木龄级对成活率及生长量的影响

用1年生及2年生实生苗分别作砧木，进行芽接，观察其对嫁接苗成活率的影响。试验结果表明（见表4－4）：选用1年生实生苗作砧木嫁接成活率较高。这主要是由于1年生苗形成层较2年生苗活跃，因而接后组织愈合较快。

表4－4　砧木龄级与成活率的关系

砧木类型	嫁接日期	嫁接株数（株）	成活株数（株）	成活率（%）
1年生	1993/8/3	305	240	80.66
	1992/8/18	230	129	56.09
2年生	1993/8/3	2346	1313	55.17
	1992/8/18	168	54	32.14

就生长量而言，砧木龄级越高，嫁接苗生长量越大。用两年生苗作砧木，嫁

接苗当年抽枝高度最高可达 2.5 m,而用 1 年生苗作砧木,嫁接苗当年高生长量最大值仅有 1.7 m。

二、接穗的选择、采集与贮存

培育元宝枫嫁接苗的目的是为繁殖优良的品种或类型的后代。所以选择接穗或芽,必须从经过选定的优良母树(优质、高产)上剪取枝条。而且母树无病虫害,枝条必须充实,芽饱满。接穗应采用母树树冠外围生长健壮、芽饱满的营养枝,取其中段作接穗。夏秋季嫁接所用的接穗最好随采随用,以防降低成活率。

夏秋季采集的接穗,要立即剪去叶片,以减少水分蒸发,叶柄留 1 cm 长,以便芽接时操作和检查成活率。带到田间的接穗要用湿布包好或放入盛水桶中,置背阴处。接穗采集后的保存期一般不宜超过 10 天,时间太长会降低嫁接成活率。

接穗要外运时,除要附上标签外,先用湿毛巾或湿布包上一层,再用塑料薄膜包好,露出梢部。包内要加入湿润物(如湿锯末、湿稻草等)填充于枝条的中间。运到后要立即开包将接穗用湿沙埋于荫凉处或地窖中。

三、嫁接时间

(一)春季嫁接

自早春解冻至砧木发芽的这一段均可进行嫁接。我们在陕西杨陵地区,于 1992 年到 1994 年的 4 月份,连续进行了三年的枝接(劈接、切接)和芽接(带木质部芽接)试验,共枝接苗木 1030 株,芽接苗木 640 株。结果显示,枝接苗木成活率仅有 13.4%,芽接苗木的成活率几乎为零。由此得出,元宝枫嫁接不宜在春季进行。

(二)夏秋季嫁接

夏秋季为元宝枫嫁接的主要时期,时间自 7 月上旬至 9 月上旬。以芽接为主。据我们多年试验得出,在此时期内嫁接,芽接苗的成活率较高,可达 80% 以上,最高可达 90% 以上。在此时期嫁接应注意避开阴雨天气。

(三)嫁接时间与成活率的关系

元宝枫树体内单宁含量较高,不利于嫁接成活。选择春季砧木芽萌动后到展叶初期进行芽接和枝接,在苗处于速生期的 7 ~ 9 月份采用芽接,观察嫁接时间对嫁接苗成活率的影响。结果表明(见表 4 - 5),春季芽接嫁接苗几乎不能成活,枝接(劈接)成活率也较低,高者仅有 13.4%,这与春季砧木和接穗中单宁含量高及气温较低有关。夏、秋季嫁接成活率较高,尤以 7 ~8 月初及 9 月初嫁接效果最好,成活率可达 80% 以上。8 月中、下旬嫁接成活率相对较低,平均为 55% 左右,这与关中地区 8 月中、下旬阴雨连绵有关(见表 4 -6)。由表 4 -6 可知:嫁接前下雨,嫁接当天及接后天气晴朗,则嫁接成活率高;如果嫁接当天及接后阴雨不断,则成活率较低。

表 4 -5　元宝枫不同季节嫁接成活率对照表

嫁接季节	嫁接时间	嫁接方式	嫁接株数(株)	成活株数(株)	成活率(%)
春　季	1992/4/5	芽接	96	1	1.0
		枝接	157	21	13.4
	1994/4/15	芽接	80	0	0.0
		芽接	100	1	1.0
	1993/4/18	枝接	238	20	8.4
		芽接	40	0	0.0
		枝接	120	4	3.3
夏秋季	1993/7/15	芽接	216	189	87.5
	1993/7/23	芽接	80	67	83.8
	1992/8/3	芽接	305	246	80.7
	1993/8/10	芽接	2550	1140	44.7
	1992/8/18	芽接	230	129	56.1
	1993/8/26	芽接	117	78	66.7
	1993/9/8	芽接	152	130	85.5

表 4 -6　天气状况对嫁接成活率的影响

嫁接日期	天　气　条　件	嫁接当天温度(℃)	成活率(%)
1993/7/15	嫁接前一天下雨,嫁接当天晴,接后晴	25 ~25	87.5
1993/7/23	嫁接前一天下雨,嫁接当天晴,接后晴	26 ~36	83.8
1992/8/3	嫁接前后及嫁接当天均晴天,接后浇水	25 ~37	80.7
1992/8/10	嫁接前一天下雨,嫁接当天阴转小雨,接后小雨	17 ~24	56.1
1993/8/26	嫁接前一天下雨,嫁接当天晴,接后阴转小雨	19 ~31	66.5
1993/9/8	嫁接前一天雨,嫁接当天晴,接后晴	15 ~26	85.5

四、嫁接方法

元宝枫嫁接的主要方法为芽接。芽接的主要优点是节约接穗,方法简单,易于掌握,且嫁接成活率高。元宝枫芽接方法与其他果树基本相同,常用的有带木质嵌芽接和T字形芽接两种嫁接方法,现简要分述如下。

(一)带木质嵌芽接

嫁接前4~5天将苗圃地浇透1次水,嫁接时,在接芽下方2 cm处,斜向下切削深达木质部的1/3处,呈短削面,再于接芽上方2 cm处,用右手拇指压住刀背,由浅到深向下推切到第一刀口的削面处,取下盾形芽片。在砧木距地面5~10 cm处,选择比较光滑的一面,切出与芽片大小相当的切口。然后迅速将接穗芽片插入砧木切口处,使两者形成层对准、密接。用保湿性能好的塑料条进行绑扎,接芽可露,亦可不露(见图4-5)。

(二)T字形芽接

在接芽下方1~1.5 cm处,从下往上,由浅入深,削入木质部,再于接芽顶端上方1~1.5 cm处横切一刀,切透皮层,深达木质部到第一刀口底部。取下盾形芽片,用左手拇指和食指按下芽片。

在砧木上,距地面约5 cm表皮光滑处,先用芽接刀横切一刀,其深度以切断砧皮为度,再从横切口中间往下垂直纵切一刀,长约1.5 cm,形成一个T字形切口,用芽接刀骨柄把切口处皮层向两侧略微挑开,将削好的芽片迅速插入T形口内,芽片上端与T形横切口对齐,贴紧,再用塑料薄膜条绑扎(见图4-6)。

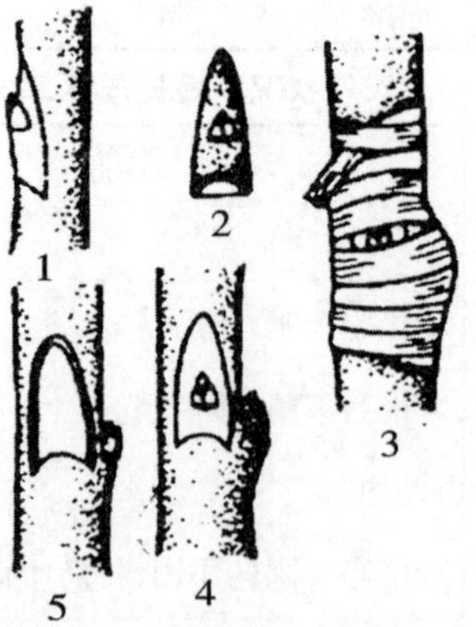

图4-5 带木质嵌芽接示意图

1. 削接芽 2. 盾形芽 3. 削砧木 4. 插芽片 5. 绑扎

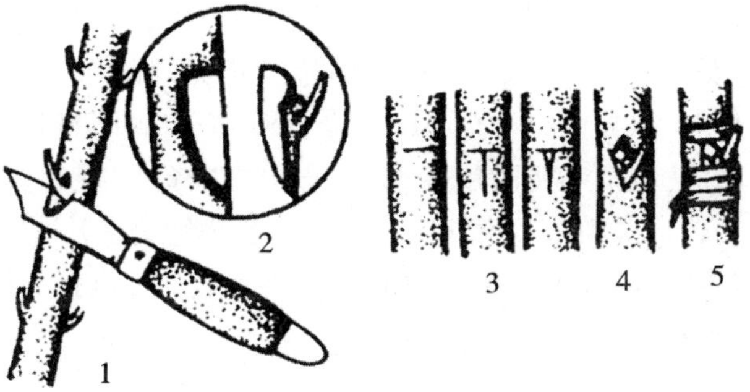

图 4－6　T 字形芽接示意图

1. 削接芽　2. 取芽片　3. 刻砧木　4. 插芽片　5. 绑扎

(三)芽接方法及芽片大小与成活率的关系

元宝枫夏秋季芽接宜采用带少量木质部嵌芽接法(见表 4－7),用该方法嫁接不仅成活率高,而且操作简单,只需在砧穗上各切两刀即可完成切砧和取穗过程;芽片切取大小对成活率也有一定的影响。将芽片削取长约 3 cm 和 4～5 cm 两种,分别进行芽接,嫁接苗成活率分别为 72% 和 81%。由此得知:芽片削取长度以 4～5 cm 为宜,过长则操作麻烦,种条利用率低。

表 4－7　芽接方法与成活率的关系

芽接方法	嫁接时间	嫁接株数(株)	成活株数(株)	成活率(%)
T 字形芽接	1993/8/3	102	76	74.5
带木质部嵌芽接	1993/8/3	305	246	80.7

五、嫁接苗的管理

实践证明,虽然元宝枫嫁接时嫁接方法十分重要,但嫁接后的管理更不应轻视,应认真做好下列管理工作。

(一)检查成活

芽接后经过 10 天即可检查成活情况,一般可根据接芽和叶柄状态检查是否成活。凡接芽新鲜,叶柄一触即落的,说明芽已成活,生成离层。如果接芽干燥变黑,叶柄不脱落,说明未接活,应及时进行补接,过迟砧木不易离皮,影响成活。

(二)剪砧、松绑

对于 7 月底以前嫁接的苗木,在接后 1 星期可剪除砧木顶梢,检查接芽成活后,可在接后 15 ~ 20 天解除塑料条,使接芽抽枝生长。解绑之后,要在接芽以上 2 cm 处再次剪砧。剪口要平滑,并向接芽背面倾斜 45°;对于 7 月底到 8 月中旬嫁接的苗木,待其接口愈合组织已老化时,应将绑缚材料解除,因苗木在此期间粗生长迅速,如果不及时解除绑扎,会出现“蜂腰”现象,影响苗木生长;对于 8 月下旬以后嫁接的苗木可在翌年春天解除绑缚物。7 月底以后嫁接的苗木,当年可以不剪砧,可等到次年春季苗木萌动前半个月进行剪砧,剪砧位置在接芽以上 2 cm 左右。

(三)培土防寒

冬季严寒或干旱地区,为防止接芽受冻、受旱害,在封冻前应培土防寒。培土高度以超过接芽 4 ~ 8 cm 为宜,春季土壤解冻后及时扒开,以免影响接芽的萌发。

(四)除萌

接芽萌动时要及时抹去砧木上的其他萌芽和萌条,同时抹去芽片上萌发的多余芽,避免养分浪费,保证接芽上有一个枝条健壮生长。抹芽一般要进行 4 ~ 5 遍,应注意有部分接芽会出现芽片成活,而主芽脱落的情况;只要加强抹芽,大部分芽片上的副芽能够萌发 1 个或 2 个芽,不影响嫁接效果。

第三节 元宝枫插条苗的培育

插条育苗是用元宝枫苗干或幼树枝条的一部分做繁殖材料,插入土壤中进行育苗的方法。经过截制的繁殖材料叫插穗,用插条法培育的苗木称为插条苗。

元宝枫历来作为观赏行道树栽植,国内一直沿用种子繁殖方法繁育苗木。元宝枫枝条中含单宁等抑制物质较多,被列为比较难生根的树种。1991 ~ 1993 年,我们对元宝枫的插条育苗进行了试验研究。

选择不同树龄(1 年生、2 年生、14 年生、37 年生)元宝枫母树上的当年生枝条(包括硬枝和嫩枝),用不同生长素(IAA、IBA、α - NAA、ABT 生根粉)、不同浓度、不同浸泡时间处理,然后分期、分批插入土壤(硬枝)或砂床(嫩枝)中进行试验,以探讨元宝枫扦插育苗的可行性及技术。

一、插穗处理

插条采回后，先用清水浸泡 2 h，然后截成一定长度的茎段（嫩枝 12 ~ 15 cm，硬枝 20 cm），下切口削成单马耳形。硬枝上切口要求平滑，距第一个芽子的距离约 1 cm。嫩枝要求摘除插穗下部的叶片，保留上部 3 ~ 4 片小叶或 2 片 1/3 ~ 1/4 的大叶。将上述处理过的插穗每 30 ~ 50 根为一组捆好，用生长素处理。硬枝插穗的处理方法为：放入清水中浸泡 24 h，每 4 h 换一次水，使插穗吸足水，溶解出一部分抑制物质，然后用 ABT 生根粉 50 mg/L、100 mg/L、200 mg/L、IAA50 mg/L、100 mg/L、200 mg/L 及IBA50 mg/L、100 mg/L、200 mg/L分别浸泡插穗基部。三种生长素处理时间依次是 0.5 h、10 h、10 h，同时设清水浸泡作对照。嫩枝插穗用生长素处理的浓度和时间分别为IBA50 mg/L、100 mg/L、200 mg/L、300 mg/L、400 mg/L、500 mg/L 浸泡 10 h、20 h，a－NAA100 mg/L、200 mg/L、400 mg/L、600 mg/L、800 mg/L 浸泡 1 h，ABT 生根粉 25、50、75、100、125、150、200 mg/L。浸泡 0.5 h、1 h，IAA50 mg/L、100 mg/L、200 mg/L、300 mg/L 浸泡 10 h，同时设清水浸泡作对照。

二、扦插方法

在硬枝扦插的前一天，用 0.2% $KMnO_4$ 溶液对土壤进行消毒。扦插时开沟将插穗埋入土中，扦插深度为 15 ~ 17 cm，插后灌足水。扦插密度为 10 cm × 15 cm，在插穗未生根前，土壤含水量始终保持在 60% ~ 70%。扦插时间为 1992 年3 月 29 日和 1992 年 4 月 11 日。嫩枝扦插：在扦插的前两天，用0.5% 的 $KMnO_4$ 溶液喷淋砂床进行消毒。插时，先用一与插穗基径粗细基本相当的小棍在砂床上戮洞，深度为 3 ~ 5 cm，插入插穗，压实，株行距为 5 cm × 6 cm，插后灌足水，盖好草帘子或塑料薄膜等，并根据光照、温度、湿度情况，进行不定期的喷水、放风、遮阴等，以保持棚内的相对湿度为 85% ~ 95%，平均温度保持在 20 ~ 28 ℃，光照控制在日平均 7000 Lx 左右。

试验地设在陕西杨陵，该处年平均气温 12.9 ℃，7 月份平均气温 26.1 ℃，大于 10 ℃积温 4184 ℃，年平均降水量 635.1 mm，主要集中于 7、8、9 三个月。土壤为塿土，pH 值 7.8。

三、硬枝扦插

从 1 年生、14 年生母树上采集插穗，用不同生长素处理扦插后，观察其生根状况。其结果见表 4－8。

表 4－8　硬枝扦插试验结果*

生长素及浓度(mg/L)		母树龄级					
		1 年生			14 年生		
		扦插株数(株)	生根株数(株)	生根率(%)	扦插株数(株)	生根株数(株)	生根率(%)
ABT 生根粉	50	140	10	7.1	150	0	0
	100	150	10	6.7	150	0	0
	200	150	10	6.7	150	0	0
IAA	50	170	35	20.5	150	0	0
	100	150	5	3.3	145	1	0.7
	2200	150	10	6.7	145	0	0
IBA	50	150	20	20.0	153	0	0
	100	150	10	6.7	162	2	1.2
	200	150	20	13.3	162	0	0
α－NAA	200	100	1	10.0			
	400	100	0	0			
对照清水浸泡		150	25	16.7	150	0	0

* 扦插日期 1992/3/29；调查日期 1992/6/10

由表 4－8 可知：从不同龄级母株上采集的插穗，其生根率差别很大。由 1 年生母株上采集的插穗，生根率较高，最高可达 20.5%，而从已进入盛果期的 14 年生母树上采集的插穗扦插后，其生根率极低，高者仅有 1.2%。

另外，1993 年 3 月 10 日，从 2 年生母树上采集插穗，对其做硬枝扦插试验。由试验结果得知：用 IAA50 mg/L 处理后，其生根率仅为 5%，其他处理生根率更低。

由此可知：硬枝扦插苗的生根率随其母株龄级的增高而迅速降低。

四、嫩枝扦插

分别从 1 年生、2 年生、14 年生及 37 年生母树上采集插穗进行嫩枝扦插，试验结果见表 4－9、4－10、4－11、4－12。

表 4－9　1 年生母树嫩枝扦插试验结果

扦插日期	生长素与浓度（mg/L）		扦插株数（株）	生根株数（株）	生根率（%）
1991.6.18	清水		70	56	80
1992.5.27	IBA	50	63	18	28.6
		100	66	15	22.7
		200	63	24	38.1
		300	66	6	9.1
		400	66	6	9.1
	α－NAA	200	63	30	47.6
		400	80	47	58.8
		600	60	25	41.7
		800	60	22	36.7
	清水	60	40	40	66.7
1992.8.14	α－NNA	200	60	4	6.7
	对照	清水	60	2	3.3
1992.9.14	清水		60	0	0

由表 4－9 得知：从 1 年生母树上采集插穗，经清水处理，在 6 月 18 日扦插，其生根率最高可达 80%；5 月 27 日扦插的插穗，生根率相对低些，高者仅有66.7%。造成这次扦插苗生根率低的原因，主要是由于插穗组织太幼嫩的缘故（1 年生母树当时苗高仅有 10 cm 左右）。对于 8 月中旬以后扦插的插穗，其生根率迅速降低，至 9 月中旬，清水浸泡处理过的插穗，其生根率降为零。由此可知：1 年生母树嫩枝扦插苗的生根率，与扦插时间关系很大，以 6 月份扦插效果较好。同时得知：对于 1 年生母树的插穗，以清水浸泡处理效果最好。

表 4 - 10　2 年生母树嫩枝扦插试验结果

扦插日期	生长素与浓度(mg/L)		扦插株数(株)	生根株数(株)	生根率(%)
1992.5.15	IAA	50	60	1	1.7
		100	60	4	6.7
		200	60	12	20
	ABT 生根粉	50	60	0	0
		100	60	4	6.7
		200	60	2	3.3
	CK	清水	60	1	1.7
1992.8.14	IAA	50	60	3	5.0
		200	60	1	1.7
		300	60	0	0
	IBA	50	60	0	0
		100	60	0	0
		200	60	0	0
	CK	清水	60	0	0

由表 4 - 10 得知:从 2 年生母树上采集插穗,经各种生长素处理扦插后,其生根率差别较大,其中,IAA200 mg/L 处理有一定效果,生根率为 20%。

对于从 14 年生及 37 年生母树上采集的插穗,无论对其采取 IAA、IBA、α - NAA 及 ABT 生根粉中的任何一种生长素处理,扦插后,虽然有 70% 左右的插穗能存活 40 天以上,而且在插穗基部长出成堆的愈伤组织,但其最终生根率极低,最高者不及 2%,见表 4 - 11、表 4 - 12。

另外,还选用 14 年生母树伐倒后由树桩萌生出的当年生枝条(以下简称伐桩萌条)为材料,进行嫩枝扦插,试验结果见表 4 - 13。

表 4－11　14 年生母树嫩枝扦插试验结果

扦插日期	生长素与浓度(mg/L)		扦插株数(株)	生根株数(株)	生根率(%)
1992.5.18	IAA	50	60	0	0
		100	60	0	0
		200	60	0	0
	ABT 生根粉	50	60	0	0
		100	60	0	0
		200	60	0	0
	IBA	50	60	0	0
		100	60	1	1.7
		200	60	0	0
	α－NAA	100	60	0	0
	CK	清水	60	0	0
1992.8.12	ABT 生根粉	25	60	0	0
		50	60	0	0
		100	60	0	0
		125	60	0	0
		150	60	0	0

表 4－12　37 年生母树嫩枝扦插试验结果

扦插日期	生长素与浓度(mg/L)		扦插株数(株)	生根株数(株)	生根率(%)
1991.6.18	IBA	50	60	0	0
		100	60	0	0
		200	60	0	0
		300	60	0	0
		400	60	0	0
		500	60	0	0
1992.7.4	α－NAA	200	60	0	0
		400	60	0	0
		600	60	0	0
		800	60	0	0
	CK	清水	60	0	0

续表 4 - 12

扦插日期	生长素与浓度(mg/L)		扦插株数(株)	生根株数(株)	生根率(%)
1992.8.12	ABT生根粉	25	60	0	0
		50	60	0	0
		75	60	0	0
		100	60	0	0
		125	60	0	0
		150	60	0	0
	CK	清水	60	0	0

表 4 - 13　14 年生伐桩萌条嫩枝扦插试验结果

扦插日期	生长素与浓度(mg/L)		扦插株数(株)	生根株数(株)	生根率(%)
1992.5.15	IAA	100	50	8	16.0
		200	50	16	32.0
	ABT生根粉	100	50	0	0
		200	50	6	12.0
	CK	清水	50	0	0
1992.8.16	IAA	100	50	0	0
		200	50	0	0
		300	50	0	0
	IBA	200	50	0	0
	α - NAA	200	50	0	0
	CK	清水	50	0	0

由表 4 - 13 可知:伐桩萌条的最大生根率为 32%,它比同龄母树树冠穗条的生根率(见表 4 - 11)至少要高出 17 倍。由此得知:伐桩萌条具有返幼性,可使多年生母树插穗生根率提高。

五、插条育苗应注意的问题

（一）母树的年龄

年幼的母树再生能力强，含抑制生根物质少，所含营养物质主要用于营养生长，所以其枝条的生根能力强，成活率高。与此相反，树龄大的含抑制物质多，生根力弱。元宝枫嫩枝中的生长素多，半木质化的枝条含氮量高，可溶性糖和氨基酸含量都较多，酶的活性旺盛，有利于形成愈伤组织和生根，故宜用嫩枝插条育苗。

（二）枝条部位

枝条中部的根原基数量和贮存营养物质含量高，插穗成活率高。最好选用枝条中部作插穗。

（三）用水浸枝条

元宝枫枝条中单宁等抑制物质含量较高，用水浸插条，不仅增加插条的水分，还能减少抑制物的抑制作用，有提高成活率的效果。在干旱地区元宝枫插条用水浸更有必要，一般浸泡 3 ~ 5 天。水浸最好用流动水，如无流动水，要每天换水。

（四）剪插穗

插穗长度一般为 10 ~ 15 cm。为了减少切面蒸发水分，上切口应剪成光滑的平面。插穗上端切口，就距第一芽 1 ~ 2 cm，在干旱地区更为重要。下切口要截成斜口呈马耳形，下切口要在叶柄或侧芽之下 1 cm，切口要平滑，防止切口劈伤。截制后用水浸泡或及时收集贮存。

（五）插壤

插穗的生根，既需要适宜的水分，又需要适宜的氧气。因此，插壤要保水和通气性都好。一般用蛭石、石英沙、河沙等做插壤效果好。

(六)扦插深度

因为扦插生根需要氧气,故越浅越好。一般,0.5 ~ 1 cm 左右,不倒即可。

第四节 元宝枫移植苗和平茬苗的培育

近年来,随着我国旅游业的快速发展,“红叶经济”的悄然兴起,北京“香山红叶”加之八达岭的红叶,使元宝枫的知名度大增。营造元宝枫景观林,选用大苗或幼树栽植,可以收到立竿见影的效果,很快满足绿化功能供人观赏;同时随着对元宝枫化学成分和药用开发研究的不断深入,群体食用元宝枫油、元宝枫保健茶获得良好效果,对元宝枫产品的保健功能信任度不断提高,元宝枫食用、药用产品的需求量与日俱增。加工企业迫切要求加速元宝枫资源基地建设,必然希望加快元宝枫大苗木的培育。因为大苗木具有发达的根系,生长健壮的苗干,苗木对自然灾害的抵抗力较强,所以造林成活率高,生长快,减少补植等投资。为了培育大苗壮苗,需要进行移植。

一、苗木移植和培育

在苗圃中将元宝枫苗木更换育苗地继续育苗称移植,凡经过移植的苗木统称移植苗。播种育苗一般密度较大,继续培育 2 ~ 3 年生以上的苗木,在原播种区继续育苗是不适宜的,因为营养面积小,光照不足,通风不良,常使苗木地上部枝叶少,苗干细弱,地下根量也少,造林成活率低,而且生长不良。移植就是把苗木从原拥挤的苗床,移到具有充分营养空间的圃地。其目的在于为苗木创造良好的生长环境和充足的发育空间,改善通风、透光条件,促进侧根和须根的生长,促进苗木生长发育,培育出造林、绿化所需要的合格壮苗。

元宝枫大苗从苗龄上来说,是指 3 ~ 5 年生以上的苗,但由于技术管理精细程度不同及个体的差异即使同一龄级的苗木,在高粗生长方面都有很大差异。所以大苗的规格标准,不仅要注意苗龄,而且要注意苗高和茎秆粗度。在生产中,可根据绿化任务的不同要求,选用不同的苗木出圃规格。元宝枫大苗培育,可采用如下几种方式。

(一)留床法

为培养3年生的大苗,可采用中低密度的播种育苗,株行距30 cm×40 cm,培育3年苗高为2.5 m左右,根际直径2 cm以上的大苗。

(二)疏苗法

为培育3年生以上的嫁接苗或实生大苗,可采用先密播后疏留的办法。播种量150 kg/hm^2 左右,播种行距30 cm。播种后于第二年春季,用隔行疏行,隔1株疏2~3株的方法进行疏苗,疏苗后行距变为60 cm。留下的苗木继续培养,因未移植,苗木没有受到损伤,加上肥水管理措施,苗木生长很快,到第3年至第4年,可根据苗木生长状况,继续进行隔行隔株的疏苗工作,使株行距变为60 cm×120 cm。根据需要,可出圃一部分苗木。苗木长到第5年需将株距继续扩大,隔1株移出1株,行距不变,株行距变为120 cm×120 cm,第6年苗木可全部出圃。

(三)栽植法

春季,选用1~2年生元宝枫壮苗,以60 cm×120 cm的株行距进行定植,培养高3 m以上,胸径3 cm以上的大苗。定植后于苗木基部离地面1~2 cm处平茬(剪断),保留一芽使其抽生成枝,当年可长成干形通直的苗木。待苗木长到第4龄或第5龄时,根据苗木生长情况,可隔行去一行,使株行距变成120 cm×120 cm。在培育期间,每年都要加强肥水管理。第5~6龄苗木即可出圃。移出的苗木可继续以120 cm×120 cm的株行距培养,也可根据需要出圃。

(四)移植苗木应注意的问题

(1)在移植前要将苗木按大小进行分级,不同等级的苗木按规定的株行距画线、定点、分区栽植,使移植后苗木生长整齐,减少苗木的分化现象,也便于管理。

(2)为提高移植成活率,力求做到随起苗,随移栽。从起苗至栽植,要始终注意防止苗木失水,特别要保持好苗根,使其保持湿润状态,防止阳光曝晒,并注意遮阴,必要时要洒水保湿。

(3)对苗木的枝条和根系进行适当修剪。为促进侧根发育和避免移植时根系卷曲，可将过长的主根适当剪短，一般根系保留长 20 cm 即可。对机械损伤的根系，为防止腐烂，也应进行修剪。

(4)栽植时必须注意苗干端直，苗木根系舒展，严防窝根或使根系卷曲造成不良后果。栽植深度一般应比原来根际土印深 1 ~ 2 cm，以防土壤下陷根系外露。填土达 8 成时，向上提苗，然后踏实，再培土再压实。

(5)移栽后要及时灌溉 1 ~ 2 次水，并适时进行中耕。

(五)元宝枫大树移植的修剪与养护

元宝枫历来是我国人民喜爱的风景园林观赏树种，自古以来在名山胜地、公园、旅游景点、庭院绿化中广为栽植。元宝枫树冠高大、枝密荫浓、叶形秀丽，多用作行道树栽培。元宝枫大树移栽，也越来越被各地所采用。特别是旅游景点，重点园林工程地段，能在较短时间内改善景观。但如果措施不当，保护不力，往往造成成活率不高的后果，事倍而功半，因此，特别要注意新植大树的修剪与养护工作。

1. 修剪

起根修剪是大树移栽的重要环节。在大树起根过程中，不论如何细心，难免会损伤一些根。尤其在起重机的帮助下，损伤会更大，如果在起吊过程中不能带上完好的土坨，应将大树的老根、烂根锯掉或剪除，将裸根沾上泥浆，再用湿草袋等物包裹。在装车运输前，较年幼的树可从根际以上 3 m 处截干；较老的树要锯掉枯黄枝和大部分大枝。起根时所留土坨直径视树木年龄和树冠直径大小而定。

2. 养护

(1)促进发新根

一是控制水量：新植的大树，因根系损伤而使吸水能力减弱，对土壤中水分的需要量较小，土壤保持湿润即可，水量过大，反而不利于大树的生根，还会影响到土壤的透气性，不利于根系的呼吸，严重的会发生沤根现象。土壤水分过多，应采取适当排水措施。

二是提高土壤的透气性：保持良好的土壤透气性，有利于大树新根系的萌发。应注意及时中耕、防止土壤板结。

三是保护树木萌发的新芽：新芽的萌发，是大树进行生理活动的标志。树木枝干部分萌发的新芽，能自然而有效地刺激地下部分的生根。在这一期间，不宜进行整形修剪,任其抽枝发叶,并加强喷水、遮阴、防治病虫害等保护管理措施,待大树完全成活后,再进行整形修剪。

(2)大树地上部分的保湿

喷水:树木的地上部分(尤其是叶片),因树木的蒸腾作用而容易散失水分,必须及时喷水保湿。有条件的地区,可安装细孔喷头进行喷雾。

包裹树干:用草绳、草袋等物包裹树木的主干和大侧枝。其好处是能让包裹处有一定的保温和保湿性,可以避免阳光直射和干风吹袭。

(3)树体的保护

①设支撑架:由于大树树体较大,头重足轻,容易倾斜,因此,新植的大树,应设立支撑架固定。支撑架桩以正三角形桩最为稳固,上支撑点应在树高的2/3处为宜,并加保护层,以防伤皮。

②施肥:新植的大树,根系吸收力差,不宜进行地面施肥。可采取叶面施肥的办法,选择晴天早晨,晚上或阴天时,施低浓度速效肥,一般每半月进行一次。待确定根系已恢复后,可进行土壤施肥,施肥时应做到薄肥少施,勤施,防止肥大烧根。

③防治病虫害:由于新植的大树,树势较弱,很难抵御病虫害的侵袭。因此,要做到以防为主,经常检查,并根据元宝枫大树易遭天牛侵袭的特点,及时对症下药,消除隐患。

④慎防冻害:由于新植的大树萌动时间较晚,年生长周期短,因而组织木质化程度相对会较低,易受到低温冻害。大树当年生长后期,要停止施用氮肥等肥料,浇水量也要进行控制,以提高树体的木质化程度,增强抗寒能力。入冬寒潮来临之前,可采用塑料膜包裹树体,做好防寒工作。

二、平茬苗的培育

平茬是利用元宝枫的萌芽能力,截去已成活苗木的主干,促使保留在地表以上的部分长出新茎的一种技术措施。平茬有多方面的作用,当苗木的地上部分由于机械损伤、冻害、旱害、病虫害或动物危害不能成活或失去培养前途时,通过平茬可以从新长出的几个萌条中选留最健壮的1个,培养成端直的主干。

元宝枫是顶端优势较强,但侧芽萌蘖力也很强的树种。当苗木顶芽受损后,常常造成苗木侧枝丛生。尤其是长势较弱的1年生苗木时常出现侧枝丛生的现象,很难将其培养成干形较好的大苗。为了培育具有一定枝下高和干形挺直的苗木,对长势较弱的1年生苗木进行平茬处理试验,其结果见表4-14。

表4-14 平茬苗生长状况

苗床类型	苗木株数(株)	生长量				干形状况
		1993/3/24(平茬前)		1993/11/20		
		平均高度(cm)	平均地径(cm)	平均高度(cm)	平均地径(cm)	
平茬床A	215	32.5	4.3	81.7	6.9	直、圆满度好
对照床A	241	34.6	4.6	90.2	7.3	不直
平茬床B	182	38.7	4.5	85.7	7.1	直、圆满度好
对照床B	170	38.5	4.4	93.0	8.0	不直

*表中数据为距地面5 cm处的测定结果

试验表明,平茬苗生长迅速,当年的生长量显著高于对照苗。平茬苗当年萌生的主枝和未平茬两年生实生苗(对照)相比,平均高度约低8 cm,地径约低0.7 mm,但平茬苗干形通直,圆满度好。

表4-15表明了平茬苗具生长势强等优点。平茬苗单株叶片总数(元宝枫为对生叶)高于对照苗,平均每株多4片叶片;就叶面积而言,平茬苗单株叶面积比对照苗高43.85%;就叶片重量而言,平茬苗也明显高于对照苗,鲜重高26.19%,干重高24.88%。由此可知,平茬苗的单株叶片数量、叶片总面积及叶片总重量均明显高于对照苗。这表明平茬苗光合能力强,光合产量高,苗木生长量大。

表4-15 平茬苗生长势分析

测定项目		平茬苗	对照苗
苗木高度(cm)		124.80	124.60
苗木地径(mm)		10.14	10.53
叶片总数(片/株)		62.00	58.00
平均单株叶面积(mm^2)		122605	85231
平均叶片重(g/10片)	鲜重	6.89	5.46
	干重	2.51	2.01

*注:表中数据为30株苗木的平均值,测定日期为1993/8/28

可见，平茬育苗不仅可以改善苗木干形，而且可以提高苗木生长势。因此，对弱苗、差苗进行抚壮改良，运用平茬育苗显得特别重要。

1997 年 9 月，雷瑞德、王性炎教授对陕西省勉县元墩乡基岩裸露石质山地元宝枫一年生平茬苗的生长状况进行了调查。

元宝枫造林地海拔 700 ~ 820 m，坡度 38° ~ 42°，坡向 S 25℃E。土壤为沉积岩残积母质，基岩物理风化明显，碎片状，岩层裸露，土壤发育不好，无层次分化，强碳酸盐反应，在 40 cm 土层内，碎石含量达 65%。

造林地元宝枫苗木保存率为 100%，无病虫害。在坡上、坡下分别抽样测定 30 株苗木，其生长状况见表 4 – 16。

表 4 – 16　不同坡位元宝枫 1 年生平茬苗生长状况比较

坡位	平均地径 cm	平均高 cm	平均冠幅 cm	枝下高 cm	平均侧枝数	侧枝平均长度 cm
坡上	1.77	144	110	0 ~ 20	11	55
坡下	2.15	160	135	0 ~ 20	17	75

从上表可见，坡上部苗木地径变幅为 0.6 ~ 2.8 cm，苗木株数随径阶变化呈正态分布。坡下部苗木地径变幅为 1.1 ~ 3.0 cm，苗木株随径阶变化也呈正态分布。

坡上和坡下苗木高度和冠幅均与地径呈正相关关系，冠幅的变化幅度较大。地径与苗高、冠幅的相关关系见图 4 – 7。

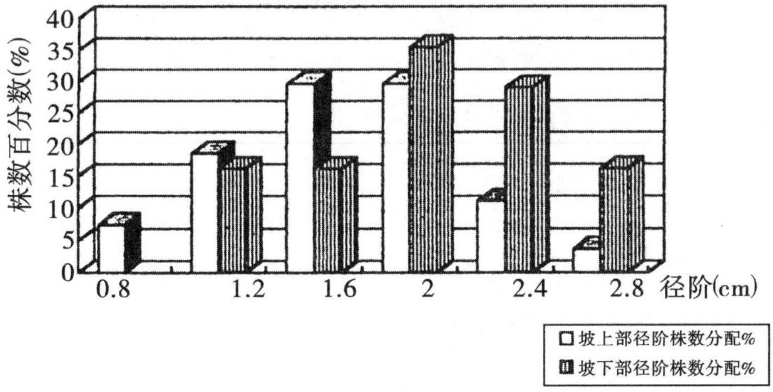

图 4 – 7　坡上、坡下造林地上元宝枫一年生平茬苗的径阶株数分配比较

在年降雨量不低于400 mm的陕西南部地区,在排水良好基岩裸露的石质山地上,元宝枫苗木根系发育很好,苗木地径和高生长较关中平原地区生长量高。该地区元宝枫平茬苗生长健壮,干形端直。

第五节　元宝枫苗木出圃和运输

苗木质量达到造林要求的标准时,即可出圃。苗木出圃是元宝枫育苗工作的最后一道工序,主要包括起苗、分级、统计、假植、贮藏、包装和运输等。这项工作做得好坏,直接影响苗木的产量和质量,同时也影响造林成活率和造林后林木生长发育状况,因此,必须十分重视苗木出圃的各项工作。

一、起苗

起苗又叫掘苗。元宝枫适宜的起苗时间是在苗木休眠期,即从秋季落叶地上生长停止时开始,到翌年春季树液开始流动以前都可以起苗。元宝枫具体的起苗时间,还要根据各地植树造林的季节来确定。

(一)秋季起苗

秋季是我国南方地区和陕西南部的重要造林季节。秋季气温逐渐降低,雨季刚过,土壤湿度比较大。这时苗木地上部分已处于休眠状态,而根系还在活动。造林后,苗木经过越冬,根系已愈合恢复,第二年春天,苗木能早发芽,早生根,当干旱来临时,苗木已有一定的抗旱能力,从而能大大提高造林成活率。秋季起苗要求苗木梢部一定要木质化,否则越冬时易受冻害。

(二)春季起苗

春季是大多数地区的主要造林季节。

春季气温较低,且逐渐回升,蒸发量不大,土壤湿润,苗根愈合快,芽未萌动,栽植后容易成活。

元宝枫起苗时期，原则上应与造林绿化时期密切配合，做到随起苗随定植，这样栽植的苗木成活率高。北方地区冬季寒冷干旱，一般以春季起苗较好，即在土壤解冻后至苗木萌芽前进行。如果苗圃地土壤过于干旱，应在起苗的前3～5天灌一次水，使土壤湿润，可减少根系损伤，同时可使苗木吸收充足水分，以利成活。

（三）起苗技术

起苗技术的优劣，直接影响苗木质量。起苗必须做到：保证苗木具有完整的根系，不损伤苗木的地上和地下部分，最大限度地减少根系失水。起苗时切忌硬拔苗根，同时还要防止碰伤枝芽。

二、苗木分级

起苗后，将苗木置于背阴处，根据苗木的规格质量指标进行分级，以保证苗木的质量。不同龄级及不同育苗方法培育的元宝枫苗木，规格要求不一。一般是根据苗龄、苗高、根际直径或胸径、主侧根的状况，将苗木分为合格苗、不合格苗和废苗三类。废苗和不合格苗不能出圃，不合格苗可集中移栽继续培养，对于顶芽受损、主干弯曲、发育不良的元宝枫苗木，可平茬令其重新萌生。合格苗是指符合出圃最低要求以上的苗木，可以出圃。合格苗的基本要求为：枝条健壮，芽体饱满，具有一定的高度和粗度，根系发达，无检疫性病虫等，嫁接苗要求接口愈合良好。

根据对合格苗高度和粗度的要求，又可将合格苗划分为几个等级。如元宝枫1年生播种苗的分级规格可以参考以下标准：

苗木等级	苗高（cm）	地径（cm）
特级	>120	>1.10
一级	90～120	0.80～1.10
二级	70～89	0.6～0.79
三级	50～69	0.40～0.59

三级苗以下不宜造林。

三、苗木的贮藏与包装运输

(一)苗木的贮藏

贮藏苗木的目的是为了保持苗木质量,尽量减少苗木失水,防止发霉等问题,最大限度地保持苗木的生命力。苗木的根系比地上部怕干,细根比粗根更易干枯。所以,保护苗木首先要保护好根系,防止风吹日晒。现用的贮藏苗木方法有假植和低温贮藏。

1. 假植

起苗后,若不能运出造林,或运到造林地不能立即栽植时,必须把苗木集中起来,将苗根埋在湿润的土中,以防干枯,这种工作称为假值。根据假植时间的长短,分长期假植和临时假植。凡须越冬的假植都属于长期假植。

较长期假植要求选择避风、排水良好、不影响来年春季作业的地方预先挖假植沟。沟深视苗木大小和苗根长短确定,一般为 35 ~45 cm,东西走向。沟的南壁挖成斜坡,顺此斜面将苗木稀疏地排放在沟内,然后填湿土将苗根和苗干基部埋好踩实,使根系与土壤充分密接,达到“疏排、深埋、踩实”的要求。土壤干燥时,可用秸秆等覆盖苗木,在风沙危害严重的地方,要在假植区的迎风面设防风障。

临时假植,通常是将苗根及苗干基部埋土即可。无论长期假植还是临时假植,都必须注意保护苗根,使苗根与土壤密接,不受旱、不受冻。假植期间要经常检查,发现苗根变干或发霉,要及时处理。

2. 低温贮藏

为了更好地保证苗木越冬,将苗木置于低温下保存,既能保证苗木质量,又能推迟苗木的萌发期,延长造林时间。元宝枫苗木可利用冷藏库进行贮藏,温度控制在零下 3℃至零上 3℃范围内,这个温度范围适于元宝枫苗木休眠。相对湿度为 85% ~100%,要有通气设备。北方地区也可以利用冰窖,能保持低温的地下室和地窖等进行贮藏。

（二）裸根苗的包装和运输

起苗分级后，若需运往外地植树造林，必须对苗木进行适当的包装和妥善的管理，目的是防止运输期间苗木失水，苗根干燥，同时也避免碰伤。苗木怕失水，根系更怕失水，经不起风吹日晒。实践证明，元宝枫苗木根部暴露于阳光下，或长途运输中被风吹，会大大降低成活率，甚至大量死亡。

运输时间较长时要进行细致包装，一般用的包装材料有：草包、蒲包、聚乙烯袋等。对于比较小的元宝枫一年生苗木，先将根蘸上黄泥浆后用塑料袋捆扎成包。对于4年生以上的元宝枫大苗必须单株用塑料布捆扎根部，在根部夹放一些湿稻草或锯末，以保证苗根不失水。

运苗应选用速度快的运输工具，尽量缩短运输时间。苗木运到目的地后，要立即将苗包打开，进行假植，或直接进入造林地尽快栽植。

第五章　元宝枫栽培与管理

元宝枫是一种集绿化观赏、经济利用和水土保持等于一身,综合利用价值很高的树种。生产中,可根据不同的栽培目的选择不同的栽培形式和管理措施。

第一节　元宝枫栽培

从生产角度看,当前元宝枫栽培主要是围绕产果、产叶和绿化为目的展开的。

一、栽培模式及技术

(一)以果为主的元宝枫栽培

以果为主的元宝枫栽培,其中心目的是使元宝枫树能提早结果、多结果、结好果、年年优质高产。但是要真正达到这一目的并不是一件容易的事情。原因在于:长期以来,元宝枫一直采用种子繁殖,加之栽培区域气候的差异,致使元宝枫变异情况复杂。优良单株、优良品种选育工作步伐缓慢,优良嫁接苗资源十分匮乏,造成了生产中栽植的元宝枫苗木良莠不齐;元宝枫为高大乔木,长时间以来,管理措施相当粗放,不少地方只种不管,降低了树木生长和种子产量。因此,要实现元宝枫种子高产稳产,就必须解决好上述两个问题。近年来,许多科技人员为适应形势的发展,对以获取种子为目的的元宝枫栽培展开了调查研究和科学试验,取得了一定的成果。

以种子为主的元宝枫栽培大体可概括为两种方式，一是矮化密植，二是乔干稀植。

1. 矮化密植栽培

利用元宝枫萌芽抽枝能力强的特点，进行合理矮化密植是元宝枫早期丰产的一种栽培形式。这种栽培方法的特点是：①主干矮，枝下高一般为 60 ~ 80 cm，由于树冠矮化，减少了养分输送的距离，管理也较方便；②密度高，可以充分利用地力，充分利用群体结构，树体结实早，产量高，收益快。但密植栽培要求管理较精细，不能粗放经营，否则，将显示不出其优越性。

元宝枫密植，即在稀植的基础上加密栽植。栽植密度可依据地势、地力等条件确定。在土层深厚、土壤肥沃、有灌溉条件的平地上栽植，密度宜稀，株行距可采用(3 ~4) m×(4 ~5) m，每667 平方米栽植 34 ~56 株；在土层浅薄的山地或浅山区栽植，密度宜密，株行距可采用(2 ~3) m×(3 ~4) m，每667 平方米栽植 56 ~ 111 株。为充分利用土地和空间，还可采用高密度栽植，随着树龄增长，树冠冠幅变大，待林地郁闭后，逐步隔行或隔株稀疏，最终达到所要求的密度。

2. 乔化移植栽培

自然状况下生长的元宝枫，一般都能长成具有独立主干的乔木。根据这一特点，可将元宝枫培育成中干或高干乔木，并进行适当稀植，即为乔干稀植栽培形式。它是我国历史上一贯采用的栽培方式，当前我国各元宝枫产区的种子，主要来源于 20 ~80 年生元宝枫乔化大树，主要是实生大树。由于树龄、管理措施和个体性状等的差异，单株种子产量悬殊极大。乔干栽培一般苗龄较长，通过嫁接后，结果年限可提前，只要管理得好，栽后 3 ~4 年可结果，8 ~10 年可获得较高的产量。乔干稀植栽培，其栽植密度可采用株行距为 5 m×6 m、6 m×7 m、7 m×8 m、8 m×9 m 等，枝下高一般为 2 m。因稀植初期可以间作，不影响前期效益，且木材也可以利用，因此乔干稀植也是一种较好的栽培形式。

造林密度或初植密度是指单位面积造林地上栽植的株数。密度是形成群体结构的最主要因素之一。密度不同的林分，首先表现在对林分树冠发育的巨大影响。不同密度的林分中林木的根系生长有很大差异，根系对林木地上部分的生长有着密切地关系，强大的根系是地上部分生长良好所必需的，若根系生长受到干扰，则会损害地上部分的生长，同样地上部分的生长也会影响根系的生长。因此，充分了解由各种密度所形成的群体以及组成该群体的个体之间的作用规律，从而在整个林分生长发育过程中能够通过人为措施，使之始终形成一个合理的群体结构。这种群体结构既能使各个林木有充分发育条件，又能最大限度利用空间，使整个林分获得最高产量，从而达到早实、丰产、优质的目的。

（二）以叶为主的元宝枫栽培

元宝枫叶中富含黄酮、绿原酸、强心甙等生物活性成分，同时还含有 SOD（超氧化物歧化酶）、维生素 E、儿茶素、硒等抗氧化、抗衰老成分及人体必需的 8 种氨基酸等，具有较高的开发利用价值。

以叶为主的元宝枫栽培，其中心目的是产叶多且质量好。目前，我国以叶为主的元宝枫栽培极少见，现有的元宝枫树木基本上都是以绿化观赏或生产种子为主要目的。为保证树体健壮发育及种子高产稳产，这些树一般不允许采摘叶片，而且用这些高冠树木采摘叶片，操作也较困难。鉴于这种情况，营建专门生产叶片的采叶园将成为必然。

元宝枫叶片按其嫩叶颜色不同可划分为两种类型。一类是从芽的鳞片到新萌生的嫩叶及叶柄均为嫩绿色，称为绿叶型；另一类则是从芽的鳞片到新萌生的嫩叶及叶柄均为嫩红色，称为红叶型。红叶型占的比例远高于绿叶型，通常可占到实生苗总株数的 95% 以上。这两种类型的嫩叶随着叶片的长大而渐变为深绿色，到秋天经霜打后又转为深红色。对于这两个类型，在营建以加工茶叶为主要目的采叶园时，应分别栽植。不同的类型可加工成不同的茶叶。至于两种类型的有效成分含量是否有差异，还有待于进一步研究。

元宝枫采叶园的栽培方式和栽培密度因栽培目的的不同而有差异，既可以是单纯的采叶园，也可以是间作式采叶园；可以是单行式的，也可以是双行式的；可以是稀植的，也可以是密植的，等等。有以下几种栽植形式可供参考。

1. 茶园式叶用元宝枫栽植园

这种栽培借鉴茶园栽培方式，以生产元宝枫叶为主。按照树体被修剪的形状又分为球形栽培和宽窄行带状栽培。球形栽培，行距 2 ~ 3 m，穴距 2 m，每穴栽植 4 ~ 6 株成丛状，留主干 0.5 ~ 0.7 m，萌条后逐步剪成球形。宽窄行带状栽培，株行距为（0.5 ~ 1.0）m × 0.5 m，两行构成一组林带，带内三角定植。间隔 2 ~ 3 m，再营建与之相平行的另一组同样的林带（见图 5 - 1）。栽植后留主干 0.5 ~ 0.8 m。在生长期内，采叶时期不受季节限制，可根据需要连续采摘嫩叶，用以生产元宝枫茶叶及元宝枫液体饮料等。落叶还可提取有效成分，满足医药生产需要。

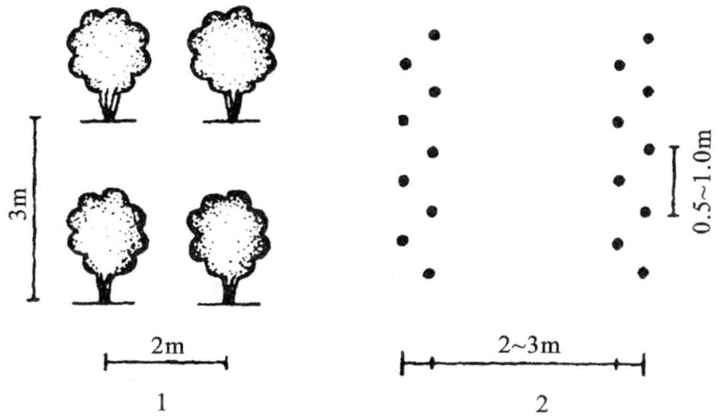

图 5－1　茶园式叶用元宝枫栽植园示意图

1. 球形栽培　2. 宽窄行带状栽培

为了保证球形或带状元宝枫栽植园的旺盛生长，提高产叶量，每年应于春季芽萌动前重剪一次。该栽培形式具有经营周期短，原料供应方便、及时，便于采摘等特点。元宝枫栽植园应高度集约经营，并和加工相配套，这样才能取得更好的效益。

2. 高密度叶用元宝枫栽植园

高密度叶用元宝枫栽植园，其栽植密度较密，栽植方式有单行式和宽窄行式，有以下几种规格可供参考。单行式，株行距 0.6 m×0.6 m，0.5 m×0.8 m 或 0.5 m×1.0 m。宽窄行式，两行一带，带距 1 m，带内行距 0.5 m，株距 0.5 m。

元宝枫栽植后，根据其萌芽力强的特性，可在定植后第 2 年春季芽未萌动时，从地上 20～30 cm 处截干。截干后，加强肥水管理，促使芽萌发抽枝，每株选留 3 个长势强的萌条形成平头型或圆头型树冠。每年冬季可短截萌条，截干部位离萌条基部 10～15 cm。同时疏除过密枝、细弱枝。凡长枝均应于夏季摘心(6 月份)，以促发新梢，调整树冠。这种栽培方式经营的周期短，早期产叶量高。但要求集约化水平较高，适宜在土质疏松、肥沃，有灌溉条件的平原区或平地应用。

(三)元宝枫园林绿化及庭院栽培

1. 风景园林栽培

元宝枫是一个风景园林观赏树种，自古以来即在名山胜地、旅游景点、公园、机关单位等广为栽培。由于其树体高大，叶形秀丽，秋天叶色优美宜人，病虫少，而得到人们的赞许。

作为风景园林栽植的元宝枫，在栽培形式上多为单株或小片状丛林，所用的苗木多为实生大苗，这些大苗在起苗时，应尽量保持根系的完整，要多保留一些毛细根,有利于大苗的成活。栽植后要加强肥水及修剪管理,放任苗木高度生长,使其快速长成高大乔木,发挥其园林绿化作用。4 年生以上的幼树最好实行带土移栽。

2. 行道树栽培

元宝枫作为行道树,有以下 6 个突出的优点。①树冠高大,枝密荫浓,叶形秀美,有观赏价值;②有改善小气候环境的作用;③萌蘖性强,极耐修剪,可以随意调整树形;④对气候和土壤适应性宽;⑤极少有病虫害;⑥元宝枫有较强的抗烟尘能力。

元宝枫行道树一般以单行形式栽植于路的两边,株距 5 ~ 6 m,枝下高一般为 2 ~ 2.5 m。

3. 庭院栽培

庭院元宝枫是农户利用房前屋后的空隙地及小面积荒地,来进行元宝枫经营的一种方式。它面积小,经营管理方便,可起到美化农村庭院,增加农户收入的作用。当前,随着农村经济体制改革的深入和发展,庭院经济已成为农村经济的重要组成部分。

庭院元宝枫栽培是一种以产种子和绿化观赏为主,种子、木材兼用的经营方式。在元宝枫苗木栽植时,可根据庭院的大小及布局,将苗木栽植成行状,株行距可采用 3 m ×(3 ~ 4) m,也可将苗木栽植成散生状,株距 4 ~ 5 m 不等。栽植用的苗木,最好能选择苗高在 1.8 m 以上的嫁接苗或平茬苗。栽植穴 80 cm 见方,每穴施入 15 ~ 20 kg 农家肥,栽后浇透水,并采取人工绑缚等保护措施,防止牲畜破坏苗干。栽植 1 年后可留主干,留干高度 1.6 ~ 1.8 m。以后可按照元宝枫大苗的管理办法,进行土、肥、水管理。

(四) 农田防护林

当前,优质高产高效生态林业已成为我国林业发展的新趋势。农用防护林在保护耕地,改善农田小气候,稳定和提高农作物产量,维护生态平衡等方面发挥着越来越重要的作用。近半个世纪以来,农田防护林多以杨树为主,杨树的优点虽然很多,但缺点也十分突出,其中最大的缺点是病虫害严重。针对这种情况,防护林树种应增加一些适宜的针叶和经济林树种,这样可以防止杨树病虫害曼延,还可以起到树冠高低相配、长短效益结合的目的。元宝枫是一种开发利用价值较高的经济林树种,又具有许多优良特性,因此在适宜元宝枫生长的地区,可选择元宝枫作为农田防护林树种,既能发挥防护效果,又可果、材兼收。

元宝枫防护林带的主林带可采取双行栽植,三角形定植。株行距可用 3 m ×

5 m或4 m×5 m。农田防护林网则多用单行栽植，株距可6～8 m。另外，元宝枫也可以组成大型的防护林带，主林带元宝枫可栽植4行，行距为3～4 m，株距为2.5～3 m，副林带元宝枫2行，根据各地栽培树种特点，两侧可配置矮干或灌丛型树种，并尽量保留下部枝条。

（五）荒山造林

元宝枫耐旱、耐瘠薄，是一种很好的荒山绿化和水土保持树种。利用荒山营造元宝枫生态经济林，既不与农田争地，又能发挥元宝枫的生态、经济、社会效益，是今后元宝枫发展的一个重要方向。

荒山造林地可因其上的植被不同可划分为草坡、灌丛、撂荒地、石质山地等。荒山草坡因植物种类及其总盖度不同而有很大差异。消灭杂草，尤其是消灭根茎性杂草（以禾本科杂草为代表）及根蘖性杂草（以菊科杂草为代表），是在荒草坡上造林的重要问题。荒草植被一般不妨碍种植点的配置，因而可以均匀配置造林。当造林地上灌木的覆盖度占总盖度的50%以上时即为灌木坡。灌木坡的立地条件一般比草坡好，但也因灌木种类及其总盖度而异。灌木对幼树的竞争作用也很强，高大茂密的灌丛的遮光及根系竞争作用更为突出，需要进行较大规模的整地。撂荒地是指停止农业利用一定时期的土地，一般土壤较为瘠薄，植被稀少，有水土流失现象，与荒山荒地的性质接近。

1993年以来，在中德合作陕西西部造林工程中，宝鸡市林业局将元宝枫作为抗旱造林的主要树种，在项目施工区的宝鸡、千阳、陇县、麟游等县广泛栽植，取得良好效果。1995年对宝鸡县八里庄林场1993年在不同立地类型上营造的元宝枫林的生长调查（见表5－1）表明，在4个不同立地条件下，树木都能正常生长，在向阳坡灌丛地，生境比较恶劣的环境下，元宝枫与和它同年栽植的油松裸根苗相比，生长要好得多。另外，从调查的4个立地类型来看，在阴向梯地、土层较厚、土壤湿度相对较大的条件下，生长最好，尤其是新梢生长量表现最为明显。

表5－1　不同立地类型元宝枫生长量调查

立地类型	调查		造林			生长状况					
	标准地（个）	株数（株）	密度（m）	树龄（年）	平均冠幅（m）	树高（m）		胸径（m）		新梢长度（cm）	
						平均	最高	平均	最高	平均	最高
阳向侵蚀沟荒坡	3	22	2×3	4	1.62×1.52	1.95	2.56	3.02	3.60	48.7	70.0
阳坡灌丛地	3	18	2×1.5	4	1.15×1.07	1.61	2.20	2.37	2.88	36.0	46.4
阴向梯坡	4	27	2×3	4	1.60×1.58	2.26	2.95	3.07	3.87	55.3	99.0
开阔平缓沟底	8	34	3×4	4	1.58×1.38	1.87	2.58	3.20	3.95	43.4	60.0

经对1994~1995年宝鸡、陇县北部山区春季造林调查,结果表明,元宝枫荒山造林成活率明显高于其他树种,尤其在1995年陇县遭受百年不遇的大旱之年,元宝枫表现出很强的抗旱能力,荒山造林成活率名列第一(详见表5-2)。

表5-2　元宝枫与其他几个树种造林成活成率比较　(单位:%)

造林时间	元宝枫	刺槐	核桃	油松	侧柏	山杏	板栗
1994/04/05	88.2	82.3	41.7	84.0	73.3	20.7	78.0
1995/04/05	34.6	27.2	13.4	29.4	18.0	5.9	21.5

1994年在陇县麻家台乡,选择不同苗龄元宝枫造林,并对4年生幼树采取截干措施。结果表明,在同一立地条件下,采用1年生小苗造林,不论成活率还是当年生长量都高于多年生幼树。对幼树采取截干措施,能显著提高造林成活率(见表5-3)。

表5-3　不同苗龄及处理措施造林成效对比

苗龄(年)	调查株数(株)	成活率(%)	平均抽新梢长(cm)	平均枝长(cm)	平均发枝量(个)
1	85	80.5	13.7	9.0	12
2	68	65.7	12.2	8.0	13
3	53	20.9	10.8	4.0	8
4	72	22.2	10.3	5.0	7
4	80	43.1	30.0	23.6	9

从上述中德合作陕西西部造林工程中,元宝枫荒山造林实践可以说明:

(1)元宝枫侧根发达并含有VA菌根和外生菌根,耐干旱气候条件,在低山较干燥的阳坡或沙丘等恶劣生境上也能生长。在阴湿山谷立地条件较好的地方,生长更好。

(2)降雨量正常的年份,元宝枫造林宜选用2年生苗,不要截干。在土壤含水率较低时,宜选用1年生生长健壮、根系发达的小苗造林,或者2年生大苗截干,以减少蒸腾,提高成活率。

(3)元宝枫侧枝多,干形差,栽植不宜过稀。株行距宜采用2 m×3 m或2 m×1.5 m。为了防止天牛危害,在旱区大面积造林可与油松、沙棘、侧柏、山杏、沙冬青、柽柳、樟子松等树种混交。

(4)元宝枫是近年开发的重要木本油料树种,集药用、保健、用材于一体,有很大的发展潜力,尤其在干旱地区,是取代刺槐的理想树种。在我国北方干旱地区栽植发展元宝枫,不仅能绿化荒山,而且对改变树种生态结构有重要意义。

二、栽植时间

元宝枫和其他落叶树一样，可在秋末冬初和春季栽植，具体时间应根据各地区气候条件和土壤水分状况而定。

黄河中下游一带一些较温暖地区，冬、春季均可栽植。在有灌溉条件的地块或土壤墒情较好的年份，最好能在秋末造林，栽植时间在霜降过后至土壤封冻前，约10月下旬至11月份，由于这段时间较短，有时易受寒流影响提前封冻，因此栽植工作应抓紧；在无灌溉条件而土壤又干燥的地区，在春季土壤解冻后至树芽萌动前进行栽植。

在北方冬季寒冷、干燥甚至多风的地区，不具备秋末造林的条件，宜在春季造林。栽植时间在土壤解冻后进行，栽植截止时间在芽萌动时，一般年份和地区在3～4月。

三、栽植方法

栽前应先挖好80～100 cm见方的定植穴或深宽为80～100 cm的定植沟，回填部分表土，然后将充分腐熟的厩肥或土杂肥与表土拌均匀后填入沟、穴内，再填入10～20 cm的好土，使根系不直接接触肥料，以免烧根。回填定植沟、穴时应尽量抓住阴雨天气和土壤表层湿润的时候进行，不要将表层干土过多地回填到沟、穴内，以免影响栽植成活率。栽植时，先将苗木过长的根系剪去一部分，剪平断伤根，以利愈合发侧根。然后将苗木放在栽植沟或栽植穴的中间，使根系舒展并均匀分布于四周，同时使苗干纵横行对直。用表土盖在根系附近，在填土的同时，用手轻提苗木，并分层踏实，使根土密接。苗木入土深度，一般和圃地相当，或比原土印深1～2 cm，不可过深。栽植后应浇一次透水，再覆盖上一层松土，并扶正苗干。

在旱地栽植，可采取随挖沟、穴，随栽植的办法，在土壤墒情较好的时候进行栽植。栽植后在苗干四周做一直径为40～50 cm的蓄水埂，尽可能用人工担水浇灌。

在多风干旱地区，可采用深挖浅埋法（穴底植苗法），即把苗木深栽15～20 cm，栽植后，定植穴内表土距地面有15～20 cm的距离。这样既不影响幼树生长，又有利于蓄积雨雪，穴壁遮阴挡风还能减少穴内土壤水分的蒸发。如同时能在距穴沿15 cm左右的西北面，修挡风埂，则可显著提高幼树生长量，减少抽条时受害。

在荒山地区造林，事先应根据山地坡度大小把地整好。整地以造林前半年为好，最少要提前一个季度，一般伏天整地秋季栽，秋季整地来年栽。山地坡度在25 ℃以上,要求修筑反坡梯田或水平沟。反坡梯田内低外高,易拦蓄雨水,避免冲刷,便于作业;35 ℃以上可开挖撩壕;地形支离破碎、坡度过陡的沟坡上,可修筑鱼鳞坑,按三角形布置,挖成半圆形的土坑,下沿修筑半圆形土埂。苗木栽植后,最好能进行截干,这样可提高苗木的成活率。

四、栽后管理

苗木栽植后,根系需要一段恢复时间。北方地区春季降雨少,气候干燥,蒸发量大,因此灌水和松土保墒是栽后的主要管理任务。水源充足的地方,只要干旱无雨,应每月灌水1~2次,直到雨季来临,旱情解除为止;没有灌溉条件的地方,应担水浇苗,保证苗木成活和生长。还应注意松土、除草。待元宝枫发芽展叶后,进行追肥,保证元宝枫树健壮生长。

栽植后的第二年春季,对个别死亡的苗木,视具体情况进行补植,补植后要及时浇水。

五、高产种植园栽培

元宝枫高产种植园是以采摘元宝枫果实用作工业原料为主要目的,通过科学的种植方法建立的,并以高度集约经营的方法进行管理的元宝枫人工林,是我国元宝枫丰产栽培和经营管理的发展趋势,也是对元宝枫进行合理经营、深度加工、综合利用、走元宝枫产业化之路的必然结果。

目前,单靠天然林和庭院零星栽植的观赏林采果,来供给元宝枫加工企业是不能满足日益增长的需要的。天然林的果实产量低而不稳、品质差、分散收集成本高,制约了元宝枫加工产业的正常生产,而且天然元宝枫资源还遭到不同程度的破坏。为了使元宝枫加工企业能有稳定的原料供应基地,并使元宝枫栽培实现优质、高产,以科学方法建立元宝枫人工种植园是实现元宝枫栽培产业化的必由之路。

元宝枫人工种植园是以科学的方法营建的高标准的元宝枫果实生产基地,要为元宝枫加工企业源源不断地提供生产原料。因此,元宝枫高产种植园,应该是元宝枫加工企业的第一车间。

在建园之前,要先编写一份元宝枫种植园的总体规划设计方案,并经专家论证之后方可实施。在设计方案中应有立地的选择、园地的规划、灌溉条件、道路网的设置、经营建筑物的配置、优良品种和类型的选配及防护林结构等,并要绘制1:5000的种植园规划设计平面图。

(一)立地选择

最好选择平坦或缓坡地来建立元宝枫种植园。土壤条件要求沙壤土、壤土或沙土均可，不能在黏重、通气不良、积水的土壤上建立元宝枫种植园；土壤的酸碱度以中性为宜，pH 值 6.5 ~7，土壤有机质含量高并应含有比较丰富的磷酸盐和钾盐；要有灌排水条件，要求有比较充足的光照条件。

（二）种植园的区划

为了经济有效的经营管理元宝枫园，园地应该集中连片，要有较大面积，并且交通要方便，便于管理和采摘运输。为了便于经营管理，对较大面积的元宝枫种植园，要划分成一定数量的小区，一般每小区为 0.6 ~2 hm^2。小区的形状可为正方形或长方形。在坡地规划小区时应考虑地形条件，防止水土流失。

（三）道路规划

为了便于管理和方便运输，元宝枫人工园要有合理的道路系统。大面积元宝枫种植园的道路设置应与栽培小区和防护林设置及排灌系统统一考虑。小区之间应设置作业道路，路面宽度为 2 ~3 m，若干个小区组合成一个大区，在大区之间应设置机动车道，路面宽度为 4 ~5 m。在坡地应根据地形地势修路，防止水土流失。

（四）防护林带的配置

虽然元宝枫耐寒且属风媒传粉，但它仍需要林带保护，所以要在种植园周界栽植 3 ~4 行防护林带。林带应与当地的主风方向垂直。所选防护林树种应是当地适生的针叶树和阔叶树并能起到保护作用。在大区之间栽上一行生长较快的针叶树作防护林或景观林。

（五）苗木的选择

用于建立元宝枫人工种植园的苗木，应该是经过选育的优良品种、优良类型的无性繁殖扦插苗或嫁接苗，这样才能保持优良品种（类型）的优良遗传品质，使元宝枫种植园稳产高产。工业用元宝枫叶种植园的品种还应选用那些生物活性物质含量高的品种。良种是建元宝枫人工种植园的首要条件，没有良种的元宝枫种植园无异于一般的元宝枫造林。

（六）植前整地

元宝枫种植园在造林之前应提前整地，以期创造良好的土壤通气、水分和营养条件，还可以消灭杂草和病虫害。元宝枫种植园的坡度在 5°以下，可以全面整地，整地深度 30 ~ 50 cm。坡度在 5° ~ 10°时，应水平沟整地，以防水土流失。在整地的同时应该施腐熟的厩肥，一般为每公顷施厩肥 22500 kg（每亩 1500 kg）。在地下害虫严重的地方应施钾拌磷等农药进行防治。

（七）造林设计与栽植

元宝枫种植园的栽培密度，一般情况下株行距为 2 m × 4 m，但也根据立地条件、栽培类型的不同做适当的调整，如树龄较小的嫁接苗，初植密度可按 1.5 m × 4 m 的株行距栽植，每亩 110 株，成林后酌情移栽。

高产种植园造林用的苗木要选用 3 年生以上的嫁接苗或胸径为 5 cm 左右的实生幼树。要生长健壮，主干端直，根系发达，无病虫害也无机械损伤的幼树或大苗。栽植穴应按设计的株行距事先挖好，穴的规格一般为直径 1 m，深度一般应比原来幼树根际土印深 5 cm。

造林时间以春季为宜，在土壤解冻到地表 20 ~ 30 cm 时进行，苗木最好随取随栽，运输距离越短越好。如要作较长距离的运输，根部要带泥浆，并用塑料布包好，塑料布应留有透气孔。嫁接苗和实生苗要分开包装，不能混淆，每包苗木上都要挂有标签，到栽植现场分开栽植。

栽植苗木时要保持主干端直，土壤要压实，使根与土接触紧密。栽植后必须及时浇水，特别是在干旱地区春季多风少雨，这次水一定要浇足灌好，否则会严重影响造林成活率。有条件的地方在栽植穴上用塑料薄膜覆盖，以减少土壤水分蒸发，提高造林成活率。

第二节　元宝枫土肥水管理

元宝枫为落叶高大乔木。长期以来，人们对元宝枫管理缺乏重视，许多地方只种不管，致使元宝枫树木长势衰弱，种子产量降低，大小年十分明显。为了改善元宝枫生长状况及提高种子产量，应加强土肥水的管理。

一、土壤管理

目前，我国元宝枫多栽植于山地、丘陵和平原地区。其中山地、丘陵栽植的株数约占总株数的 80% 以上，这些地区一般土层较薄，肥力较差，幼树生产往往不良，个别地方甚至会逐渐形成“小老树”现象。因此，必须深翻改土，中耕除草，增施有机肥，从根本上改良土壤结构和养分状况。

(一)深翻改土

元宝枫除栽植时宜挖定植穴或定植壕沟外,还应从定植后的第二年开始,每年进行一次深翻扩穴(沟)改土工作。深翻能熟化土壤,改善土壤通透性,加速土壤有机质的腐熟与分解,促进根系生长发育。

1. 深翻时间和深度

一年中除雨季、高温干旱及寒冬不宜进行扩穴(沟)改土外,其余时间均可进行,但以秋季 9 ~ 10 月份深翻较好。此时深翻后断根恢复较快,生产新根早,有利于树体养分贮存和安全越冬。

深翻深度应根据土壤土质情况而定。在土质黏重、坚实,石砾较多或纯为石质的地区,深翻深度 80 ~ 100 cm;在土质比较疏松、土壤肥沃的地块,深度 50 ~ 70 cm。深翻过程中要尽量注意不要伤及根系。

2. 深翻方法

为了使元宝枫幼树根系能正常扩展生长,在幼树定植第 2 年以后,要进行扩穴深翻改土工作。即逐年从定植穴(沟)向外挖环状深沟或平行深沟,直至挖通株行间所有隔墙,把根系由定植穴或定植沟内引向株、行间。一般 2 ~3 年内完成深翻扩穴工作。

深翻过程中,应结合深翻增施有机肥,以利于改土和促进根系生长。如只深翻,不施有机肥,则影响改土和促根效果。有灌溉条件的地块,深翻后应及时浇水,浇透全部深翻土层,特别是北方春季干旱地区尤为重要。

(二)松土除草

松土除草是一项简单易行且又有效的土壤管理办法。春季松土能提高土壤温度,以利于根系提早活动;夏、秋干旱季节松土,切断了土壤毛细管,能有效降低水分蒸发,同时改善了土壤的通气性、透水性和保水性,促进了微生物的活动,加速有机质的分解和转化,从而提高土壤的营养水平和元宝枫的抗旱能力。除草的目的一方面能减轻杂草与元宝枫树争夺养分,另一方面能清除病虫潜伏场所,减轻病虫为害,再者夏秋高温干旱季节除草覆盖,还可保持土壤湿度。松土除草一般同时进行,根据具体情况,每年可进行2 ~5次松土除草,松土深度 3 ~5 cm。

二、合理施肥

关于元宝枫树木的施肥问题,目前生产中仍处于较低的水平,施肥种类和施肥量均未达到按需施肥和合理施肥的要求。为了提高元宝枫树木的整体生产水平,应加强施肥方面的管理工作。

(一)施肥时期和施肥量

元宝枫施肥时期应以各次施肥的目的和肥料的种类为依据,要适时施肥,这样可以提高肥效。

元宝枫幼龄期施肥的主要目的是促进树体快速生长,迅速扩大树冠,为早期丰产打下良好的基础。幼树的特点是树冠小,根系分布范围小而浅,根量少,吸肥能力不强,故肥料宜采取薄肥勤施的办法,即施肥次数要多,每次用量要少。一般于每年4月下旬至8月上旬追施肥料2~3次,以速效氮肥为主,辅以磷钾肥,或每月浇施1次稀薄人粪尿。在9~10月底,结合深翻改土施1次有机肥为主的冬肥,施肥量为每株5~15 kg,加饼肥0.3~1.0 kg或施人粪尿5.0~7.5 kg。

成年结果树施肥的目的是解决元宝枫各部分器官对营养物质竞争的矛盾。提高花芽质量和种子饱满度,同时促进每年抽生一定量的营养枝,增强树势,保证种子连年丰产稳产。

元宝枫成年结果树的施肥,一般每年分休眠期的基肥与生长期的数次土壤追肥,还可根据需要进行根外追肥。

基肥:每年秋季叶子变红或变黄前施肥效果较好。此时根系还处在生长状态,仍能继续吸收养分。施肥后可以提高树叶光合效能和养分积累,提高树体营养贮藏水平,恢复树势,为翌年的抽枝、开花、展叶等提供充足的营养。基肥以早施为好,若秋季来不及施,可适当推迟,但最迟不宜超过翌年2月底。基肥以农家肥、人粪尿、饼肥为主,也可增施复合肥、过磷酸钙、磷酸二铵等。施肥数量因苗木树龄不同而有差异。幼龄期每株可施农家肥2.5~15 kg,加饼肥0.2~1.0 kg;成年结果树每株可施农家肥15~20 kg,加饼肥1.0~1.5 kg。不同地区还可以根据本地区土壤养分状况,补施一些土壤缺乏的微肥。

土壤追肥:生长季节对元宝枫追施速效肥,可以补充基肥的不足,满足苗木生长发育对养分的需要,促进枝叶生长和种子发育。

一般一年中施2~3次追肥。3月中旬、5月上旬各施一次追肥,以氮肥为主,目的在于促进发芽、开花坐果及种实膨大。一般每次株施尿素0.1~0.5 kg。幼树期间施肥量可减少至0.1~0.2 kg,结果后施肥量应逐年增加。7月上旬和8月上旬可再追施2~3次肥料,以氮、钾肥为主,目的在于促使种仁膨大,枝梢充实。一般每次株施尿素0.1~0.5 kg,钾肥0.1~0.3 kg。多年生大树可减少追肥次数，一年追一次，每株0.5～1.0 kg，离主干1.5～2.0 m以外，树冠投影以内，采用多点追肥。

根外追肥：根外追肥是不通过根系而通过叶片追肥的一种施肥方法。它具有吸收快，用量少，利用率高等特点，可作为生长期内的辅助施肥措施，增加和平衡树体营养。

在生长期内可以进行多次根外追肥，6月份以前，用0.3%～0.5%的尿素液喷施叶面，7月份再加入0.2%～0.3%的磷酸二氢钾水溶液喷施叶面，每隔半个月左右喷施1次。其他肥料施用方法可参考产品说明书。

叶面喷肥时间一般在10时以前和16时以后，避免高温引起药害，雨天也不宜喷施。一般喷后2～3小时便可被叶片吸收。

（二）施肥方法

基肥于秋冬季结合深翻土壤时施入；生长季节的土壤追肥宜湿施，切忌干施，以免产生肥害而影响树势。可将化肥兑水后浇施于树冠下，或采取沟、穴施肥后，立即灌水的办法。

三、适时灌溉

水是元宝枫生长发育所必需的。在生长旺季，元宝枫嫩叶中的水分含量一般为60%～80%，翅果水分含量在9月以前为50%～75%。除此之外，元宝枫的枝干、根系等器官均含有一定量的水分，所以水是元宝枫树体的重要组成成分，合理供水是元宝枫丰产栽培的保证。

（一）灌水

元宝枫根系深广，抗旱能力较强。但如果在生长季节持续高温干旱，则种子饱满度下降，产量会降低。因此，在夏季干旱季节，宜根据旱情提早灌水，灌水量要充足。并注意松土，减少蒸发。在生长季节，可结合追肥及时灌水。秋末在北方地区应浇一次封冻水。灌溉的方法有穴灌、沟灌，为了节约用水，还可以采用喷灌、滴灌等先进灌溉技术。

（二）排水

元宝枫根系不耐水涝。因此，对于栽植于平原地区或地下水位较高地区的元宝枫，在连阴雨季节，应疏通沟渠，注意排水，以免根系长期受涝缺氧而死亡。

第三节　元宝枫整形修剪

我国现有的元宝枫基本上处于低水平的粗放管理状态，在元宝枫栽培中，很少整形修剪，多任树木自由生长，致使元宝枫树体枝条紊乱，层次不清，结果部位外移，种子产量低而不稳。因此，为了实现元宝枫优质、丰产、稳产，除了要加强土、肥、水管理外，还应认真做好整形修剪工作。

元宝枫整形修剪的目的和其他果树一样，是为了调节树体与环境的关系，提高光能利用率，调节营养生长和生殖生长的关系，调节树体的营养状态。通过整形修剪，培养合理的树体结构，可以使元宝枫提早结实，提高种子产量，减小“大小年”差异，延长经济结实寿命。同时，可以改善树体通风透光条件，促进树势健壮，枝条充实，减少虫害，提高种子质量。

一、修剪时期

元宝枫修剪一般可分为冬季修剪和夏季修剪。冬季修剪是指从秋末落叶起至翌春发芽前所进行的修剪，由于这时树木处于休眠期，故又称休眠期修剪。但在严寒而干燥的北方，若在寒冬以前进行修剪，会造成许多伤口，易引起冻害和生理干旱，所以修剪时间以严寒过后的早春为宜。

夏季修剪是指春天发芽后至秋季落叶前所进行的修剪，这时的修剪是在生长期进行的，所以又叫生长期修剪。

二、修剪的主要方法

(一)冬季修剪方法

1. 短截

短截又叫短剪，就是剪去一年生枝条的三分之一，还保留一定长度。短截后减少了芽的数量，留下的芽能得到较多的营养而加强了生长能力，随着不同程度的短剪，会抽出不同质量的分枝，起到了调整树体结构和平衡营养的目的。该方法主要在元宝枫幼树、矮干培育、采叶林培育、树势复壮等方面应用。成年大树由于树体高大，操作不便，而且多为短枝，所以较少应用。

2. 疏枝

疏枝又叫疏剪或疏删，就是把一年生枝或多年生枝从基部剪除。疏枝可以起到使树体养分集中，枝条分布均匀，疏密适宜，通风透光等作用。

元宝枫是一种萌芽力和抽枝力较强的树种。正常情况下，元宝枫幼树萌芽成枝率在90%以上。这些萌发的枝条如任其自然生长，会造成枝叶过于密集，通风透光不良。如果内腔枝长期得不到光线，则会逐渐枯死。树体结果部位外移，种子产量降低。另外，元宝枫顶芽受损或定干后，下部的芽往往一起萌发，形成多个枝条并肩向上生长的现象，有时多个枝条密集在一起，还会形成“卡脖子”现象，影响了树木生长。为了改善树木通风透光条件，可根据经营目的，适当疏除一些过密枝、竞争枝、重叠枝、轮生枝、细弱枝、病虫枝和干枯枝等，使留下的枝条能旺盛生长。

3. 回缩

回缩是在多年生枝的适当部位短截，群众把这种方法形象的叫做“打回去”。回缩多用在枝条更新复壮和结果部位恢复生长时。回缩除去的主要是衰老的骨干枝和光秃枝，一般修剪量较重。通过回缩可以刺激基部休眠芽萌发抽枝，促使衰弱枝恢复生长势，重新开花结实。

（二）夏季修剪的主要方法

1. 抹芽与除萌

元宝枫具有较强的萌芽特性。平茬或枝干短截后，会从剪口以下萌发出多个萌芽，为了节约养分和整形上的要求，需抹掉多余的萌芽，使剩下的枝条能正常生长。此外，在平茬后，保留的单个萌条在生长过程中，其中腋内的腋芽会大量萌发，并抽出嫩条，如果任其生长，则会侧生出许多分枝，消耗大量养分和水分，影响主干生长。因此，对叶腋萌条也应及时除去。此项工作进行的越早，作用越大，效果越好。

2. 摘心

在新梢尚未木质化时，摘去顶端幼嫩部分叫做摘心。当新梢摘去生长点后，抑制了本身的生长，所以对一些由于顶芽受损而造成的双头或多头苗，可采用摘心的办法，抑制某些枝条生长。摘心抑制新梢生长的现象是暂时的，摘心后约10～15天，在近摘心处的2～4个腋芽往往受刺激而发生副梢，所以必须进行2～3次摘心。

3. 拿枝和拉枝

拿枝就是用手握住枝条，从基部向顶端分段向下弯曲，能听到枝条内部木质部破裂声，但不折断枝条，即群众所说的“伤骨（木质部）不伤皮”，破坏枝条内的输导组织。拉技是采用拉的办法，使枝条或大枝组改变原来的方向和位置或开张骨干枝角度。不论拿枝、拉枝,如一次达不到目的时,可继续进行数次,直到达到目的为止。通过拿枝和拉枝,可以改变枝条生长方向,缓和生长势,有利于形成花芽和开花结果。

三、丰产树形

元宝枫树形是根据其自然生长特性与人工栽培需要而决定的。在生产中,以结果为主的矮干、中干元宝枫可采用自然开心形;以果材两用的高干元宝枫则大多采用疏散分层形。

(一)自然开心形

自然开心形属于无中心领导主干的一种树形。矮干干高一般为 60 ~ 80 cm,中干干高一般为 80 ~ 120 cm。该树形有主枝 3 ~ 4 个,一般为 3 个,均匀着生于树干上,在每个主枝上选留斜生侧枝 2 ~ 4 个。整个树冠呈自然开心形。

本树形的特点是:

(1)无领导干,内部敞开,通风透光好;

(2)树冠较低,管理方便;

(3)单株产量虽低,但密植后,亩产较高。

(二)疏散分层形

该树形具有明显的中央领导干,全树有主枝 5 ~ 7 个,分 3 ~ 4 层均衡着生在主干上。第一层 3 个主枝,称为基部三大主枝,其平面夹角为 120°,这样可以较快占据空间,而不发生拥挤现象,层内间距即同一层中最下面的一个主枝到最上面一个主枝之间的距离为 20 ~ 40 cm;第二层 1 ~ 2 个主支,一般为 2 个,在第一层的上方插空排列,切勿重叠,层内间距为 10 ~ 15 cm;三层以上,每层一个主枝成螺旋式上长,以免上下重叠。

层间距离原则上是下大上小,第一层到第二层的层间距为 1.3 ~ 1.5 m,第二层到第三层为 1.0 ~ 1.0 m,往上可适当减小。

本树形的特点是:

(1)上下层次分明,枝条排列均匀,符合元宝枫成层特性,修剪量小;

(2)具有中心主干,能充分利用上部空间结果,单株产量高;

(3)分层着生,有利于通风透光;

(4)骨架坚固,树势强健,寿命较长,负荷量大。

应该强调的是,元宝枫整形修剪必须因地制宜,因势整形,不能强求一律。为了培养丰产树形,必须在幼树时期就注意整形修剪,正确选留骨干枝,处理好各级枝条的从属关系,避免在长成大树后再大拉大砍,影响树势。特别是对于原来放任生长的植株,更不能机械地造型。而要在全面掌握元宝枫生物学特性的基础上,从全树整体考虑去留枝条,做到因树修剪,随枝造型。

第四节　主要病虫害防治

元宝枫具有较强的抗病虫能力,在成年大树上很少见到有病虫危害,但在元宝枫苗圃及幼树上时而有虫害发生,有时甚至还较严重,影响了苗木的正常生长。因此在大力发展元宝枫的同时,还应采取有效的办法来防治害虫危害。现将已发现的几种主要害虫分述如下:

一、黄刺蛾

黄刺蛾又叫洋辣子、刺毛虫,属鳞翅目刺蛾科,是元宝枫栽培地区最常见的害虫。

(一)危害情况

黄刺蛾主要以幼虫危害叶片。初龄幼虫群聚叶背,取食叶片下表皮及叶肉,稍大后则分散为害,取食全叶,将叶片咬食成不规则缺刻,严重时将幼苗叶片吃光,仅残留叶柄和叶脉。幼虫触及人体,引起皮肤红肿和灼热剧痛。

(二)形态特征

成虫体长 15 mm 左右,橙黄色,前翅内半部黄色,外半部褐色,有两条深褐色斜纹在翅尖会合;卵扁平,椭圆形,长 1.4 mm,一端渐尖,淡黄色;初龄幼虫黄色,老熟幼虫体长 18 ~ 25 mm,体背上有一个哑铃形褐色大斑,头黄褐色,常收缩在前胸之下,体色为黄绿色,体两侧有 9 对刺突,刺突上有毒毛。腹足退化,但具有吸盘;茧呈椭圆形,长 11 ~ 14 mm,灰白色,质地坚硬,具黑褐色纵条纹,形似雀蛋。黄刺蛾的虫、茧见图 5 – 2。

(三)生活习性

陕西关中地区 1 年发生 1 代,以老熟幼虫在树枝上结茧越冬,翌年 5 ~ 6

月化蛹，成虫于6月出现；成虫羽化多在傍晚，白天静伏于树冠或杂草丛中，夜晚活动，有趋光性。成虫多夜晚交尾，次日产卵，卵散产或数粒集产在一起，幼虫6～7月为害叶片，自7月中旬开始，老熟幼虫陆续在小枝上或树枝分叉处结茧。

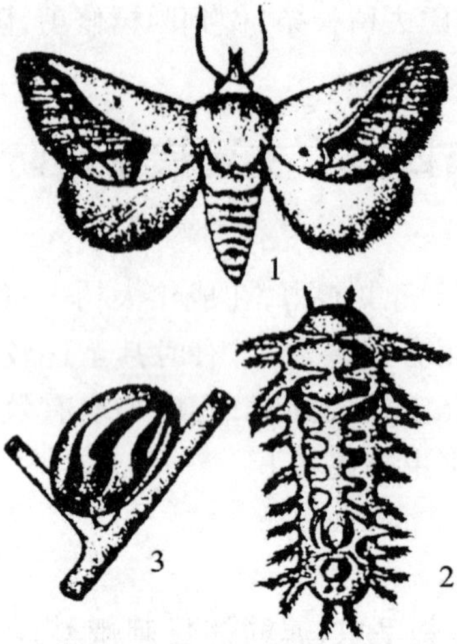

图5－2　黄刺蛾

1. 成虫　2. 幼虫　3. 茧

（四）防治方法

1. 消除越冬虫茧

黄刺蛾越冬茧期历时较长，可在冬季或早春摘除树上虫茧，并消毁，以降低翌年虫口密度。

2. 摘除虫叶

黄刺蛾初龄幼虫多群聚为害，为害后，叶片变为白膜状，易于辨认，要及时摘除虫叶并消灭幼虫。

3. 灯光诱杀

黄刺蛾成虫具有趋光性，在成虫羽化期，每晚7～9时，可设置黑光灯诱杀，效果明显。

4. 药剂防治

黄刺蛾幼虫对药剂抵抗力弱，在幼虫发生期可喷施50%辛硫磷800倍液，或90%敌百虫（美曲膦酯）500～1000倍，或20%杀灭菊酯乳油3000～4000倍液，均可收到较好效果。

5. 生物防治

用0.3亿个/mL的苏云金杆菌防治幼虫，或释放赤眼蜂来控制黄刺蛾危害。

二、天牛

天牛属鞘翅目，天牛科。危害元宝枫的天牛主要为光肩星天牛和黄斑星天牛，为蛀干害虫。

(一)危害情况

成虫啃食叶柄、枝干嫩皮；幼虫在树皮下和木质部内为害，将树干内部蛀成不规则的坑道，严重地阻碍养分和水分的输送，影响树木的正常生长，使树干干枯，甚至全株死亡。

(二)成虫形态特征

天牛成虫身体为长筒形，触角鞭状或丝状，着生于额的突起上，常超过体长。

光肩星天牛体长20～35 m，雄虫略小，体漆黑色有光泽，鞘翅上约有20个白色绒毛组成大小不等的斑点。光肩星天牛的虫、卵等见图5－3。

黄斑星天牛雄虫体长14～31 mm，雌虫体长24～40 mm，体色黑，鞘翅具古铜色光泽，鞘翅上有15个以上大小不一的黄色或淡黄色毛斑。

(三)生活习性

1. 光肩星天牛

1年1代，以卵及不同龄期的幼虫在树干内越冬，6月为化蛹盛期，蛹期18～31天。成虫发生期为5～10月，6～7月盛发，寿命20～40天，7月为产卵盛期，孵期9～15天。成虫喜在树干枝杈和萌生密集的树干上产卵，刻椭圆形槽，卵单产，每雌虫产卵约32粒，产卵后刻槽向四周腐烂呈水渍状，卵10天左右孵化。1～2龄幼虫仅取食腐烂部分和木质部边缘，3龄后蛀入木质部。幼虫蛀食的坑道不规则，呈S型或U型，常在蛀孔排出虫粪、木屑和树液等。喜为害3～6 cm粗的枝条。

2. 黄斑星天牛

在陕西为2年1代。当年以小幼虫和卵、次年以不同龄期幼虫在树皮下和木质部越冬；成虫在7月中旬开始羽化，7月下旬为盛期；初孵幼虫只在树皮下产卵处取食腐朽的韧皮部及形成层，排出褐色粪便，2龄以后，不断钻向木质部，初为横行,后斜向上方,再穿蛀成纵向坑道。

(四)防治方法

1. 捕捉成虫

在6~7月份成虫发生盛期,可组织人工捕捉。

2. 锤卵成虫

产卵盛期,检查主干,发现卵槽后可用锤敲击,杀死卵及小幼虫。

3. 塞虫孔

用铁丝将沾有2.5%溴氰菊酯乳油1000倍液或40%氧化乐果乳油10倍液的药棉塞入新排粪的虫孔,也可用毒扦插入孔口,再用粘泥堵住,杀死幼虫。

4. 药杀幼虫

对卵及尚未蛀入木质部的幼虫,可用50%杀螟松乳油150倍液、40%乐果200倍液喷树干;对已蛀入木质部的幼虫,可用50%杀螟腈乳油500倍液注射到排粪孔里,杀死幼虫。施药前必须清除排泄孔中的虫粪和木屑,施药后用泥把虫孔封闭。

5. 截干

对天牛危害严重的幼树,可从基部锯断,让伐桩重新萌生枝干,伐下的树体用火烧掉。

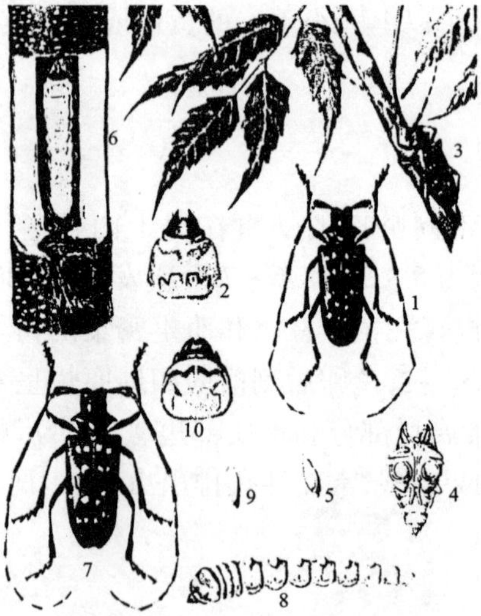

图5-3 光肩星天牛

1. 成虫 2. 放大幼虫头部 3. 成虫咬食嫩枝皮 4. 蛹 5. 卵 6. 被害状星天牛 7. 成虫 8. 幼虫 9. 卵 10. 放大幼虫头部

三、尺蠖

尺蠖属鳞翅目,尺蛾科,俗名弓腰虫。

(一)危害情况

尺蠖是危害元宝枫的食叶害虫之一,主要以幼虫为害嫩梢和叶片,严重时可吃光幼苗叶片,影响苗木生长。

(二)幼虫形态特征

幼虫具腹足和臀足各一对,爬行时身体呈“弓”形匍匐前进,故称它为弓腰虫或步曲虫。老熟幼虫体长 40 mm 以上。尺蠖的幼虫、成虫等见图 5－4。

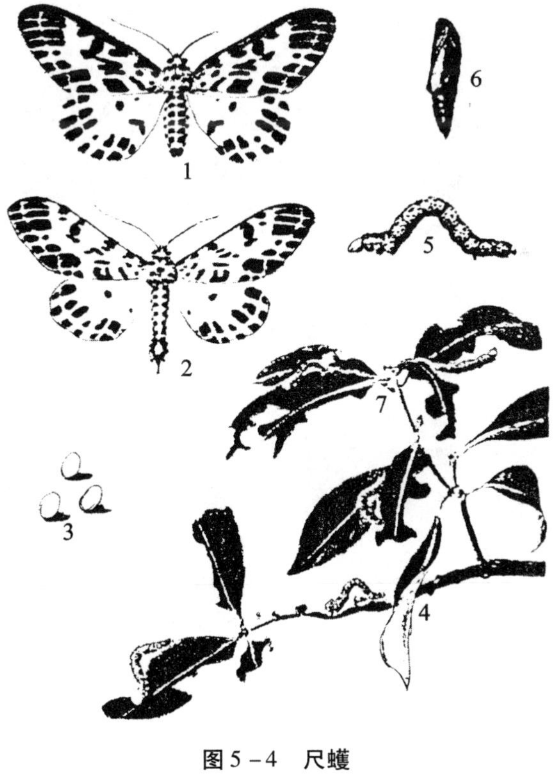

图 5－4　尺蠖

1. 雌成虫　2. 雄成虫　3. 卵粒放大

4. 叶背上的卵粒　5. 幼虫　6. 蛹　7. 被害状

(三)生活习性

该虫1年发生1代,以蛹在树干周围的土中越冬,次年3月下旬开始羽化,雌蛾产卵于树皮缝内。5~7月为幼虫主要危害期,期间幼虫食害大量元宝枫苗木嫩梢,幼虫老熟后,入土化蛹。

(四)防治方法

1. 人工防治

晚秋至早春可结合翻耕土地,把蛹挖出来,集中消灭。

2. 喷药防治

在幼虫发生初期,喷施90%敌百虫1000倍液,或50%杀螟松乳剂1000倍液,或2.5%溴氰菊酯3000倍液,均能起到较好的防治效果。

第六章　元宝枫化学成分的研究

第一节　元宝枫果实的化学成分

元宝枫翅果由果皮(果翅)、种皮和种仁3部分组成,其百分比组成如下:果皮30.6%~33.5%,种皮22.8%~23.6%,种仁42.9%~46.6%。

一、种皮中的单宁

元宝枫种皮富含单宁,是很有价值的单宁资源来源。用皮粉振荡法测定元宝枫果壳中的单宁,发现种皮中单宁含量高达60%,在一般植物鞣料中是不多见的,其单宁含量见表6-1。

表6-1　元宝枫果实的单宁含量*

项目		总固物	可溶物	非单宁	单宁	不溶物	纯度
种皮	湿基(%)	62.48	58.71	7.53	51.18	3.77	87.17
	干基(%)	73.54	69.10	8.86	60.24	4.44	
果翅皮	湿基(%)	17.82	16.47	9.40	7.07	1.35	42.91
	干基(%)	19.84	18.34	10.47	7.87	1.50	

注:* 表中元宝枫种皮,分析试液浓度为4.14 g/L单宁,果翅为4.24 g/L单宁,均符合要求。测试样品水分含量,种皮为15.04%,果翅为10.18%。

元宝枫单宁类别的鉴定采用明胶、铁矾、甲醛—盐酸、醋酸—醋酸铅等试剂,对元宝枫单宁进行定性反应,鉴定结果见表6-2。

表6－2　元宝枫单宁类别鉴定

种皮		果翅	
试验名称	现象和结果	试验名称	现象和结果
明胶试验	产生大量沉淀	明胶试验	产生大量沉淀
铁矾试验	呈绿色	铁矾试验	呈深墨绿色
甲醛—盐酸试验	产生沉淀，滤液中和后，加铁矾试剂无色。	甲醛—盐酸试验	产生大量沉淀，滤液中和后，加铁矾试剂无色。
醋酸—醋酸铅试验	加试剂后，产生大量沉淀，加醋酸后，沉淀全部溶解，滤液加铁矾试剂呈绿色。	醋酸—醋酸铅试验	加试剂后，产生大量沉淀，加醋酸后，沉淀全部溶解，滤液加铁矾试剂呈绿色。

元宝枫种皮中的单宁通过定性、定量分析表明，含有丰富的凝缩类单宁。目前，国内外主要植物鞣料多数来自树皮和根皮，生长周期长，结合采伐才能大量获得。壳斗科的壳斗单宁含量高，资源量较大，但属水解类单宁，质量不高，不能满足制革等工业的要求（详见表6－3）。元宝枫种皮凝缩类单宁，含量和纯度均高，它不仅是工业上的优质鞣料，而且在医药上有重要应用价值。

表6－3　我国主要植物鞣料

科名	树种	植物鞣料部位	单宁含量（%）	纯度（%）	类别	主要生长地
松　树	兴安落叶松	树皮	6～12	46～65	凝缩	东北、内蒙古
	云　杉	树皮	7～21	46～65	凝缩	四川、云南、甘肃
壳斗科	栓皮栎	壳斗	18～27	59～70	水解	华中、西南、华北
	麻　栎	壳斗	14～33	45～75	水解	华中、华东、西南、华北
	栲　树	树皮	19	64	凝缩	福建、广东、浙江
杨梅科	杨　梅	树皮	15～25	63～77	混合	广西、广东、福建、江西、海南、四川
大戟科	油　柑	树皮	21～33	56～80	混合	广西、广东、福建、台湾
含羞草科	相思树	树皮	22～26	63～65	凝缩	广西、广东、福建、台湾
	黑荆树	树皮	36～48	77～85	凝缩	广西、广东、福建、江西、四川
木麻黄科	木麻黄	树皮	13～18	74～86	凝缩	广东、广西、福建

续表 6－3

科名	树种	植物鞣料部位	单宁含量(%)	纯度(%)	类别	主要生长地
蔷薇科	金樱子	树皮	19～23	60～68	凝缩	湖北、湖南、浙江
	野蔷薇	根皮	21～23	70	凝缩	湖北、湖南、浙江
	山木香	根皮	13～27	65～74	凝缩	广东、广西、浙江、四川
胡桃科	化香树	果	12～31	53～79	水解	安徽、江西、浙江、山东、福建
槭树科	元宝枫	种皮	60	87	凝缩	华中、华北、东北、甘肃、陕西

二、种仁的化学成分

元宝枫种仁中主要化学成分是油脂和蛋白质，两者的总含量可达75%。种仁不含淀粉，含少量的多聚戊糖、蔗糖和粗纤维（见表6－4）。种仁中无毒性物质，民间早有炒食种仁的习惯。

表 6－4　元宝枫种仁的化学成分　（%）

组分	水分	灰分	粗纤维	淀粉	多聚戊糖	蔗糖	油	蛋白质
含量	5.23	4.40	3.68	无	4.50	6.10	47.88	27.15

（一）元宝枫油的脂肪酸组成

1998年委托日本食品分析中心对元宝枫油的脂肪酸组成检测结果见表6－5。

2004年委托中国科学院昆明植物研究所对元宝枫油的脂肪酸组成检测结果见表6－6。

表 6－5　元宝枫油的脂肪酸组成

脂肪酸组成	含量(%)	脂肪酸组成	含量(%)
$C_{16:0}$	3.9	$C_{20:2}(n-6)$	0.3
$C_{18:0}$	2.2	$C_{22:0}$	0.9
$C_{18:1}$	23.8	$C_{22:1}$	17.2
$C_{18:2}$	33.9	$C_{24:0}$	0.4
$C_{18:3(n-3)}$	2.6	$C_{24:1}$	5.8
$C_{20:0}$	0.3	未确定	0.8
$C_{20:1}$	7.9		

表 6-6 元宝枫油的脂肪酸组成

脂肪酸组成	分子量	含量(%)
棕榈酸油酸($C_{16}H_{30}O_2$)	254	0.08
棕榈酸($C_{16}H_{32}O_2$)	256	4.19
亚麻酸($C_{18}H_{30}O_2$)	278	1.85
亚油酸($C_{18}H_{32}O_2$)	280	36.35
油　酸($C_{18}H_{34}O_2$)	282	24.80
硬脂酸($C_{18}H_{34}O_2$)	284	2.40
11-二十碳烯酸($C_{20}H_{38}O_2$)	310	8.23
花生酸($C_{20}H_{40}O_2$)	312	0.25
芥酸($C_{22}H_{42}O_2$)	388	16.08
山嵛酸($C_{22}H_{44}O_2$)	340	0.78
神经酸($C_{24}H_{46}O_2$)	366	5.52
木焦油酸($C_{24}H_{48}O_2$)	368	0.32

从以上两次检测结果可见,元宝枫的脂肪酸中神经酸($C_{24:1}$)含量在5%~6%,是值得重视的神经酸新资源。

(二)元宝枫种仁中蛋白质的氨基酸组成

元宝枫种仁主要含蛋白质和脂肪,其蛋白质的总含量为27.2%,含有人体所必需的8种氨基酸(赖氨酸、亮氨酸、异亮氨酸、蛋氨酸、苯丙氨酸、缬氨酸、色氨酸、苏氨酸),说明元宝枫种仁蛋白质是一种营养丰富的植物蛋白,其各种氨基酸的含量见表6-7。

表 6-7 元宝枫种仁蛋白的氨基酸组成

氨基酸名	含量(%)	氨基酸名	含量(%)
天门冬氨酸	7.58	蛋氨酸	1.49
苏氨酸	3.63	异亮氨酸	3.51
丝氨酸	6.63	亮氨酸	8.19
谷氨酸	26.15	酪氨酸	1.61
脯氨酸	微量	苯丙氨酸	3.65
甘氨酸	13.90	赖氨酸	4.17
丙氨酸	2.69	组氨酸	4.63
缬氨酸	3.68	精氨酸	7.67
色氨酸	1.56		

（三）元宝枫种仁中维生素含量

元宝枫种仁中含有人体所需要的维生素，其中水溶性的维生素有：维生素 B_1（硫胺素）、维生素 B_2（核黄素）、维生素 B_6、尼克酸（又名烟酸）。脂溶性维生素有：维生素 A（视黄醇）、维生素 E（生育酚）、维生素 D_3（胆钙化醇）等。上述各种维生素含量见表 6－8。

表 6－8　元宝枫种仁维生素含量

（mg/100g）

维生素	水溶性维生素				脂溶性维生素		
	硫胺素	核黄素	尼克酸	B_6	V_A	V_E	V_{D_3}
含量	0.568	0.680	4.816	0.903	1.17	2.44	0.36

（四）元宝枫种仁中矿质元素的含量

元宝枫种仁中含有许多与人体健康和治疗疾病有关的矿质营养元素，这些元素在人体代谢的调控中占有特殊地位，大部分是生物催化剂－酶、辅酶、辅基的成分或活化剂。所含矿质元素的含量见表 6－9。

表 6－9　元宝枫种仁中矿质元素的含量

元素名称	含量（μg/g）	元素名称	含量（%）
铜（Cu）	12.9	钾（K）	0.62
锌（Zn）	25.62	镁（Mg）	0.28
铁（Fe）	36.62	钙（Ca）	0.98
锰（Mn）	62.51	磷（P）	0.47
钠（Na）	17.35		
铬（Cr）	2.59		
铅（Pb）	0.01		
镉（Cd）	0.002		

第二节　元宝枫叶的化学成分

元宝枫叶中含有许多与人体健康和治疗疾病有关的活性成分。据《大兴安岭森林与树木》一书中记载："元宝枫嫩叶可食，亦可代茶"。近年来西北林学院对元宝枫叶的营养成分进行了系统的分析研究，发现元宝枫叶中含有许多有价值的成分，如含量较高的超氧化物歧化酶（SOD）、维生素 B_2、维生素 E、维生素

C 等抗氧化、抗衰老的化学成分(见表 6－10)。这些活性物质对清除人体内过量的自由基,抵抗疾病,减缓衰老具有一定作用。特别是元宝枫叶中维生素 E 含量高达 14.22 mg/100g,维生素 E 具有很高的抗氧化性,对防癌、抗癌均有效果,对人体健康有积极作用。元宝枫叶中单宁含量达 11.4%,据研究具有镇静、镇痛、抗凝血等作用。

一、叶的营养成分

表 6－10　元宝枫叶的营养成分含量

营养成分	含　量
含水量(风干叶)	11.39%
总糖量	8.65%
可溶性糖	5.32%
还原性糖	3.33%
总酸(以苹果酸汁)	0.77%
矿质元素	10.42%
单宁	11.4%
类胡萝卜素	0.464%
花青素	4.33mg/g
儿茶素总量	6.74mg/100g
SOD	96.97μg/g
维生素 C	10.4mg/100g
维生素 B_1	0.27μg/g
维生素 B_2	5.43μg/g
维生素 E	14.22mg/100g

二、叶的矿质元素

元宝枫叶还含有许多与人体健康和治疗疾病有关的矿质营养元素(见表 6－11)。

表 6－11　元宝枫叶的矿质元素含量分析

元素名称	含量(μg/g)	元素名称	含量(μg/g)
K	9750	Fe	201
Na	12.8	Mn	185
Ca	55000	Co	0.03
Mg	4430	Pb	0.02
Cu	6.50	Ni	0.42
Zn	22.9	Se	0.072

三、叶的氨基酸成分

元宝枫叶中不仅含有丰富的维生素、矿质营养元素，而且含有全面的氨基酸组分，总氨基酸含量达 11.102%，还富含有人体所必需氨基酸（详见表 6－12）。

表 6－12　元宝枫叶氨基酸成分分析结果

氨基酸种类		含量单位 W(AA)	相对含量
天冬氨酸	(Asp.)	1.08	9.73%
苏氨酸*	(Thr.)	0.52	4.68%
丝氨酸	(Ser.)	0.49	4.41%
谷氨酸	(Clr.)	1.33	11.98%
脯氨酸	(Pro.)	0.56	5.04%
甘氨酸	(Gly.)	0.63	5.68%
丙氨酸	(Ala.)	0.87	7.84%
胱氨酸	(Cys.)	—	—
缬氨酸*	(Val.)	0.66	5.95%
蛋氨酸*	(Met.)	0.2	1.08%
异亮氨酸*	(Ileu.)	0.51	4.59%
亮氨酸*	(Leu.)	0.99	8.92%
酪氨酸	(Tyr.)	0.43	3.87%
苯丙氨酸*	(Phe.)	0.70	6.31%
赖氨酸*	(Lys.)	0.77	6.94%
组氨酸*	(His.)	0.26	2.34%
精氨酸*	(Arg.)	0.59	5.31%
色氨酸*	(Trp.)	0.59	5.33%
酸性氨基酸		2.41	21.71%
碱性氨基酸		1.62	14.59%
中性氨基酸		7.072	63.70%
必需氨基酸		5.122	46.14%
总的氨基酸		11.102	100%

*表示人体必需氨基酸

四、叶中的黄酮和绿原酸

西北林学院元宝枫研究室研究发现，元宝枫叶中除含有上述化学成分以外，叶中富含黄酮、绿原酸、强心甙等生物活性成分，为深度开发利用元宝枫叶提供了理论依据。

(一)元宝枫叶中黄酮与绿原酸含量随月份的动态变化

1. 黄酮含量随月份的动态变化

元宝枫叶中黄酮类化合物随月份的动态变化结果见表6-13。由表可以看出,从4月份元宝枫开始发芽长叶到6月份枝叶茂盛,叶中总黄酮含量一直在增加,到6月份出现第一次高峰,7月份含量有所下降,8月份达到全年最高值,随后一直到11月份落叶,总黄酮含量随月份增加而降低。由此可见8月份叶中总黄酮含量最高,从4月到10月份,元宝枫叶中的总黄酮含量基本呈上升趋势,这与银杏叶中总黄酮含量动态变化规律基本一致,但银杏叶中9月份黄酮含量最高。

表6-13 元宝枫叶中不同月份总黄酮的含量变化

月　份	4月	5月	6月	7月	8月	9月	10月	11月
含量(每100g干叶所含总黄酮的克数)	2.55	4.14	5.46	3.15	5.79	5.01	5.00	3.92

2. 绿原酸随月份的动态变化

元宝枫叶中绿原酸含量随月份的动态变化结果见表6-14。

表6-14 不同月份元宝枫叶中绿原酸含量变化

月　份	4月	5月	6月	7月	8月	9月	10月	11月
含量(%)	2.18	2.18	4.83	3.54	3.38	1.96	1.69	1.72

以上结果表明,从4月份到6月份,元宝枫叶中绿原酸含量随月份增加而呈上升趋势,到6月份含量达最高值(4.83%),之后随月份增加而含量降低,到11月份近落叶时又有所回升,但幅度很小。因此,6月份是元宝枫叶绿原酸含量最高的月份。

在各种植物中,虽然绿原酸的存在相当普遍。但含量较高的植物并不多见,外国供提取绿原酸的主要原料为生咖啡豆,含量为6.3%左右。我国前人研究认为,金银花的花蕾中含有绿原酸。金银花为忍冬科植物忍冬(*Lonicera japonica* Thunb)的干燥花蕾,系临床用的一味中药。根据宋广运等的测定结果,忍冬不同器官绿原酸含量为:根1.4%,茎0.92%,叶2.57%,花蕾5.81%。丁济等研究认为忍冬属植物的花、蕾中绿原酸的含量,不仅随品种的不同而不同(1%~11%),而且同种之间也存在差异,色泽正常的金银花中绿原酸含量约为5%。近年研究发现,杜仲叶中富含绿原酸,并认为是其药用有效成分之一。本研究发现的绿原酸在元宝枫叶中的大量存在,为富含绿原酸的植物家族又增加了新的资源。鉴于富含绿原酸的植物多具医用价值,故认为可以借鉴它们对元宝枫叶进行药用开发,也可将它作为提取绿原酸和富含绿原酸药物的一种新的植物资源。

将黄酮与绿原酸两种成分综合起来探讨其随月份变化的规律,由图 6－1 看出,4 月到 5 月随树体生命活动的加强,两种有效成分的含量都在增加,到 6 月份都基本达到全年的较高水平。

元宝枫叶中水分随月份的动态变化。从 4～11 月份的 8 个月中,叶中水分的含量分别为 47.8%、60.0%、63.1%、60.7%、61.0%、59.0%、55.1%、49.2%。可以看出,6～8 月份树叶中的水分含量高,此期间叶片发育成熟,水分养分供应充足,树势旺盛,酶的活性强,有效成分的生物合成保持在较高水平。9 月份以后,树木生长减慢,用于合成有效成分的底物减少,其含量下降。但在落叶中仍含有一定量的黄酮。

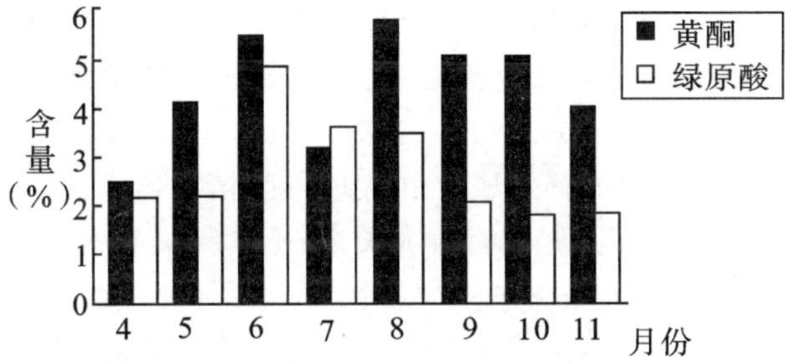

图 6－1　元宝枫叶中两种有效成分的动态变化

(二)元宝枫叶中黄酮与绿原酸随树龄的动态变化

1. 黄酮含量随树龄的变化

元宝枫叶中黄酮类化合物的含量随树龄的变化情况见表 6－15。

表 6－15　不同树龄元宝枫叶中的总黄酮含量变化

树龄(a)	1	2	5	6	15	28	35
含量(%)	4.23	4.37	7.26	6.91	6.54	6.17	5.79

由分析结果可以看出,1～5 年生元宝枫叶中总黄酮的含量随树龄的增长而升高,5 年生树叶中达最高值,之后随树龄增长而下降,但降低的幅度不大。故以提取黄酮为目的利用树叶时,应采集 5 年或大于 5 年生的树叶,此时对树木生长也不会产生太大的影响。元宝枫叶中黄酮含量最高可达 7.26%,而一直被用作提取医用黄酮的植物材料银杏叶中总黄酮的含量最高仅为 4.0%,元宝枫叶中总黄酮的含量是银杏叶的近 2 倍。因此,单从总黄酮这一点来说,元宝枫叶作为提取医用总黄酮的原料将具有很大的利用价值。

2. 绿原酸含量随树龄的变化

元宝枫叶中绿原酸随树龄的增加,叶中绿原酸的含量呈下降趋势,幼树明显高于老树,尤其是1年生的树叶中绿原酸的含量高达6.99%。

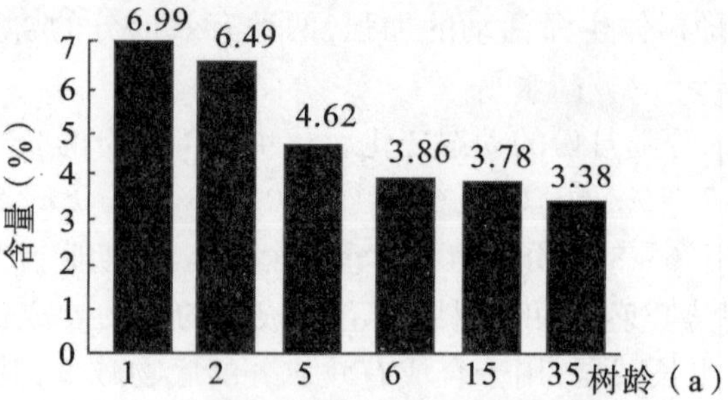

图6-2 不同树龄元宝枫叶中绿原酸含量变化

这一结果与忍冬和杜仲相似。图6-2还表明,1~6年生的元宝枫叶虽绿原酸的含量随树龄而降低的幅度较大;之后随着树龄的增加,叶中绿原酸含量趋于稳定,减小幅度不大。

大量研究表明,植物中有效成分的含量可因植物器官不同而不同,与植物的生长环境、生长季节、年龄等也有较大关系;不同种类有效成分的积累动态不同,同一种有效成分在不同植物中的积累动态也不同。就元宝枫而言,叶中黄酮类化合物的含量8月份最高,绿原酸的含量6月份最高。5年生植株叶中黄酮含量最高,1年生植株叶中绿原酸含量最高。

五、叶中的多糖

元宝枫叶经石油醚、乙酸乙酯抽提除去色素后风干,用热水提取,乙醇沉淀及分离纯化精制得元宝枫多糖。经气相色谱测定,该多糖由鼠李糖(Rha)、阿拉伯糖(Ara)、木糖(Xyl)、半乳糖(Gal)组成的杂多糖,克分子比为4.15:3.45:1.00:5.13(见表6-5、图6-3)。元素分析不含氮。红外光谱在838 cm^{-1}处有吸收,为α-甙键。经柱层析测定,平均分子量3.31×10^6。

表6-16 ACT多糖气相色谱结果

峰号	名称	对照号 T_R(min)	样品 T_R(min)	含量%	克分子比
1	Rha	5.84	5.88	2.6	4.15
2	Ara	6.769	6.88	1.96	3.45
3	Xy*l*	7.49	7.57	0.57	1.00
4	Man	20.3	—	—	—
5	G*l*c	21.99	—	—	—
6	Gak	24.13	24.21	3.63	5.31

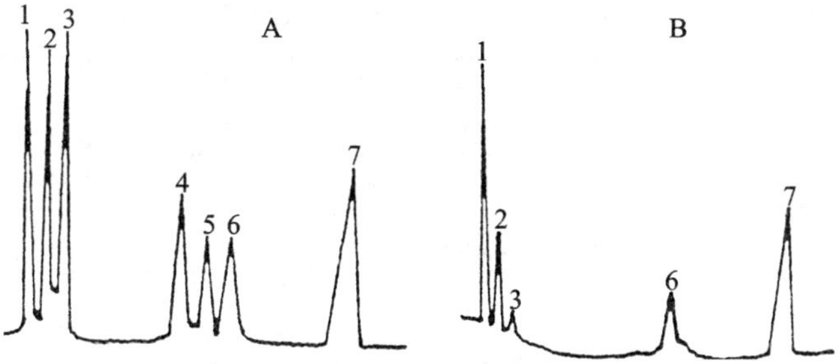

图 6－3　元宝枫多糖水解产物气相色谱图

A. 单糖对照品　B. 多糖水解产物

元宝枫叶中多糖的理化分析：

（一）理化性质

元宝枫多糖为浅棕色粉末，可溶于水，不溶于乙醇、丙酮、乙酸乙酯等有机溶剂。Molish 反应呈阳性，茚三酮反应呈阴性，钠溶法元素分析不含氮。

（二）均一性

称取元宝枫多糖 3.3 mg，溶于少量热水中，上样于预先平衡好的 SephadexG－75 柱（1.7 cm × 27 cm），用蒸馏水洗脱，每 3 mL 收集一管，用硫酸—酚法在 721 分光光度计上检测，结果为单一峰，说明元宝枫为均一性多糖。

（三）红外光谱分析

元宝枫多糖红外光谱（kBr）在 400 ~ 4000 cm^{-1} 区间扫描，有多糖的特征吸收。838 cm^{-1} 处有吸收，说明含有 α－甙键。

第三节　元宝枫油的化学成分与营养价值

一、油的理化性质

元宝枫气干种仁含油为 46% ~ 48%。用乙醚抽提所得的油与机械榨取的油性质相同。元宝枫油的物理化学性质详见表 6－17 和表 6－18。

表 6－17　元宝枫油的物理性质

颜色（罗维邦比色）		透明度	气　味	加热试验（280℃）	比　重（20/20℃）	折光指数（n_D^{20}）	黏度（安格拉氏秒 20℃）
黄	红	透明	具花生油香味	油色变深无沉淀析出	0.9162	1.4733	9′24″
10	1						

表 6－18　元宝枫油的化学性质

酸值	游离脂肪酸（油酸）	碘值	皂化值	不皂化物
1.52	0.76	100～110	185～190	1.06

分析表明，元宝枫油与通常食用的优良植物油的理化性质相似，详见表 6－19。

表 6－19　几种食用植物油理化性质比较表

油脂名称	理化性质						感观指标			
	比重（20℃/4℃）	折光指数（20℃）	加热试验（280℃）	酸值	碘值	皂化值	不皂化物	颜色	透明度	气味
花生油	0.9110～0.9175	1.4695～1.4720	油色变深但无沉淀析出	不大于 4	84～100	188～195	小于 1.5	橙黄至棕褐	允许微浊	具正常花生油香味
大豆油	0.9180～0.9295	1.4735～1.4775	同上	同上	120～140	189～195	同上	同上	同上	具正常豆油气味
菜籽油	0.9180～0.9295	1.4735～1.4775	同上	120～140	189	195	同上	同上	同上	具正常菜籽油气味
精炼棉油	0.9170～0.9245	1.4695～1.4750	－	不大于 1	99～118	189～198	同上	同上	同上	具正常卫生油气味
元宝枫油	0.9162～0.9198	1.4733～1.4758	同上	1.52	100～110	185～190	1.06	同上	同上	具花生油气味

二、油的脂肪酸组成

对元宝枫油的理化性质和脂肪酸组成研究分析的结果显示，与传统的食用植物油，如花生油、大豆油、菜籽油等相似，但元宝枫油中的不饱和脂肪酸比例高达 92% 以上，远高于花生油和玉米油（均为 80%）。

尤其值得重视的是，元宝枫油中含有 5.8% 的特殊功能性脂肪酸——神经酸。国际科学家公认神经酸是大脑神经细胞和神经纤维的核心天然成分，也是唯一能修复疏通大脑神经纤维并促进神经细胞再生的双效神奇物质。神经酸的降低或损失，将会引起脑中风后遗症、老年痴呆、脑瘫、脑萎缩、记忆力衰退、失眠健忘等脑疾病。目前,国内市场上销售的食用植物油,包括进口橄榄油、棕榈油等均不含有神经酸,只有元宝枫油独有。

2011 年 3 月 22 日,我国卫生部公告批准元宝枫油作为新资源食品,为元宝枫油正式进入我国食用植物油大家庭签发了准入证。

元宝枫籽油入位国家新资源食品目录

2011 年 3 月 22 日中华人民共和卫生部第 9 号文件,批准元宝枫籽油作为新资源食品。公告全文如下:

元宝枫籽油入位国家新资源食品目录

二〇一一年三月二十二日中华人民共和国卫生部第 9 号文件,批准元宝枫籽油作为新资源食品。公告全文如下:

卫生部关于批准元宝枫籽油和牡丹籽油作为新资源食品的公告(2011 年第 9 号)

中华人民共和国卫生部　www.moh.govcm　2011-03-09　07:52:29

中华人民共和国卫生部

公　　告

2011 年　第 9 号

根据《中华人民共和国食品安全法》和《新资源食品管理办法》的规定,现批准元宝枫籽油和牡丹籽油作为新资源食品。新资源食品的生产经营应当符合有关法律、法规、标准规定。

特此公告。

附件:元宝枫籽油等 2 种新资源食品目录

二〇一一年三月二十二日

附件

元宝枫籽油

中文名称	元宝枫籽油	
拉丁名称	*Acer tuncatum* Bunge Seed Oil	
基本信息	来源:元宝枫树种仁	
生产工艺简述	以元宝枫种仁为原料,经压榨、脱色、脱臭等工艺制成。	
食用量	≤3 克/天	
质量要求	性状	金黄色透明油状液体
	亚油酸 C18:2	≥30.0%
	油　酸 C18:1	≥15.0%
	神经酸 C24:1	≥3.0%

三、油的营养价值

目前,WHO 和 FAO(联合国粮农组织)建议,健康成年人总脂肪摄取量以不超过膳食提供总能量的 30% 为宜,若以一个成年人日均需能 10868 KJ 计算,脂肪的供应量大致为 75 g,中国营养学会则建议膳食中总脂肪提供的能量以占总摄取能量的 20% ~25% 为宜,《九十年代中国食物结构改革与生产发展纲要》中提出 2000 年脂肪摄入平均水平为每人每天 72 g,食品消费目标中植物油为每人每年 8 kg。无论中外,在脂肪摄入问题上,都非常关注儿童时期脂肪摄入量对长期健康的影响。美国对婴幼儿、孕妇和哺乳期妇女脂肪供给量有具体规定:未满半岁的婴儿脂肪供给量应占总能量的 45%;6 ~12 个月的幼儿应占 30% ~40%;1 岁以上幼儿、孕妇和哺乳期妇女占 25% ~30%。加拿大儿科学会建议,来自脂肪的能量应低于 30% 的目标只适用于青春末期。我国对儿童、少年和军人的脂肪酸能量推荐标准高出普通健康成年人 5%。

从上述元宝枫油的物理性质、化学特性和脂肪酸组成诸方面看,元宝枫油是最有利于健康的一种优质木本植物油,它具有以下特点:

(一)必需脂肪酸含量合理

油脂能提供人体不能合成的某些脂肪酸,被称为必需脂肪酸,因为人体中缺乏从头合成这些脂肪酸的酶。亚油酸和 α - 亚麻酸是人体的必需脂肪酸。亚油酸(18:2n -6)属 n -6 或 ω -6 系列的多不饱和脂肪酸(PUFA),因为双键的一个末端碳是从分子甲基末端数的第 6 位碳原子开始的。同样的,α - 亚麻酸是 n -3 或 ω -3 系列的 PUFA,因为双键是从甲基末端数的第三个碳原子开始的。必需脂肪酸对于胎儿的形成和发育是至关重要的。长链的 n -3型 PUFA 对于脑和视网膜发育非常重要,很容易从食物中消化吸收,有报道称,n -3 型必需脂肪酸摄入量不足的动物的学习能力和视觉敏锐度下降。

元宝枫油中的脂肪酸主要为油酸(35%)和亚油酸(36%)占脂肪酸总量的 60% 以上。因此,元宝枫油是典型的油酸/亚油酸型油脂,下表将元宝枫油中饱和脂肪酸、单不饱和脂肪酸、多不饱和脂肪酸的比例与其他七种常用食用油脂的脂肪酸组成进行比较(见表 6 -20),可以看出,元宝枫油的必需脂肪酸含量合理。

表 6-20　元宝枫与常用食用油脂的脂肪酸组成比较

油脂名称	三种脂肪酸含量(%)			
	饱和脂肪酸(S)	单不饱和脂肪酸(M)	多不饱和脂肪酸(P)	S: M: P
大豆油	15.90	24.00	59.10	1:2.21:2.09
菜籽油	13.10	58.80	24.70	1:4.49:1.89
花生油	18.50	40.86	38.30	1:2.21:2.07
芝麻油	15.30	38.20	46.40	1:2.50:3.03
玉米油	14.50	27.70	57.00	1:1.91:3.93
茶籽油	10.10	78.80	11.00	1:7.80:1.10
棕榈油	43.40	44.10	12.10	1:1.02:0.28
元宝枫油	7.94	54.71	38.20	1:6.89:4.81

长期的研究结果已形成对必需脂肪酸功能的共识是：参与磷脂合成并以磷脂形式作为线粒体和细胞膜的重要成分，促进胆固醇和类脂质的代谢，合成前列腺素前体，有利于人和动物精子的形成，保护皮肤以免由 X 射线引起的损害等。

(二)含有能防止人脑衰老的特殊功能性脂肪酸——神经酸

神经酸(Nervonic acid, NA)最早发现于哺乳动物的脑神经组织中，故命名为神经酸。1926 年日本学者从鲨鱼油中提取出神经酸，并首次确认为顺式结构，为此又称为鲨鱼酸[1]。化学名为顺-15-二十四碳单烯酸，是一种长链单不饱和脂肪酸。神经酸生理作用的发现仅有 30 多年的历史，而我国对神经酸的研究始于 20 世纪 80 年代，起步较晚，一般群众对神经酸的生理功能知之甚少。

1. 神经酸的化学结构

神经酸(nervonic acid, NA)，又名鲨鱼酸(selacholeic acid)，化学名为顺-15-二十四碳单烯酸(*cis*-15-tetracosenic acid)，是一种长链单不饱和脂肪酸，分子式为 $C_{24}H_{46}O_2$，相对分子质量为 366.6，在常温下为白色片状晶体，能溶于醇，不溶于水，熔点 39～40℃。

神经酸的化学结构式为 $CH_3—(CH_2)_7—CH═CH—(CH_2)_3—COOH$，图 6-4(A)为神经酸的化学结构，图 6-4(B)为神经酸的三维结构。

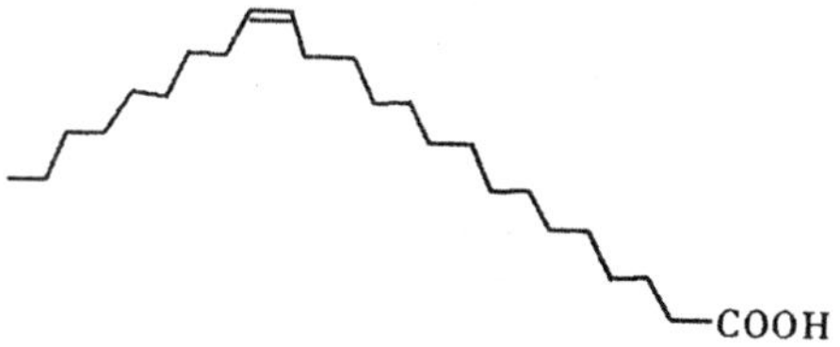

(A) 神经酸的化学结构

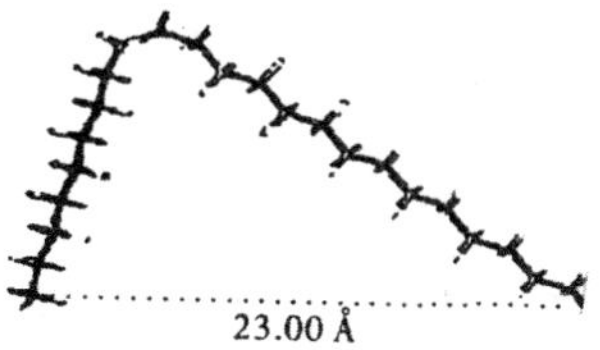

(B) 神经酸的三维结构

图 6-4　神经酸的结构

2. 神经酸是大脑神经细胞和神经组织的核心成分

美、欧、日等国的科学家研究表明,神经酸在大脑和神经组织中含量较高,是生物膜的重要组成物质,通常作为脑甙中髓质(白质)的标志物。

美国科学家 Coupland 等在其发明专利中,对神经酸在神经组织中的重要地位作了精确的阐述,并列示了正常人大脑中复合脂的长链脂肪酸分布情况(见表6－21)

从表6－21可见,正常人的大脑和神经组织的复合脂中含有大量的长链脂肪酸,特别是神经酸占有主要地位。众所周知,多发性硬化症(Multiple sclerosis,MS)是一组脱髓鞘的疾病,包括急性弥散性脑脊髓炎,进行性多灶性白质脑病,特发的多神经性能病、肾上腺脑白质萎缩症(ALD)和肾上腺脊髓神经病等。这些病的共同特点是病人的髓鞘质遭受破坏,导致髓鞘质中重要的长链脂肪酸含量严重下降(见表6－22)。

表6－21 髓鞘脂质中的长链脂肪酸分布情况

脂肪酸	神经节苷脂*	脑苷脂*	硫苷脂*	鞘磷脂**
C24:1	24.1	45.7	48.0	35.0
C24:0	11.1	15.8	14.3	—
C25:1	5.0	7.8	10.2	2.3
C25:0	1.8	2.3	3.4	—
C26:1	4.1	4.5	9.1	1.0
C26:0	0.8	0.3	1.1	—

注:* 从人体的纯髓鞘脂质中取得;** 从人的脑白质中取得

表6－22 正常人和MS病人脑白质鞘脂甲神经酸含量对比

鞘磷脂		硫苷脂		脑苷脂	
正常人	MS病人	正常人	MS病人	正常人	MS病人
36.3±2.5	25.7±5.7	36.2±3.7	28.0±4.8	40.3±5.7	31.0±5.3

注:所列对比数据摘自美国专利文献[3]。

研究发现[3],当MS病人的髓鞘质遭破坏,必然导致长链脂肪酸含量的严重下降,不仅使中枢神经系统(CNS)生命必需的脂质枯竭,而且使作为抗原的髓鞘质基础蛋白(MBP)丧失。

各国科学家公认神经酸是大脑神经纤维和神经细胞的核心天然成分,也是唯一一个能修复疏通受损大脑神经纤维并促进神经细胞再生的双效神奇物质。神经酸的缺乏将会引起脑中风后遗症、脑瘫、脑萎缩、记忆力衰退、失眠健忘等脑疾病。

3. 神经酸的药理作用

（1）神经酸治疗脱髓鞘疾病　脱髓鞘疾病包括多重硬化症、肾上腺髓质萎缩症、视神经脊髓炎症、急性弥漫性脑脊髓炎症等。

①对多发性硬化症（multiple sclerosis，MS）的作用　多发性硬化症是一种发生于中枢神经系统的脱髓鞘疾病。它的病变位于脑部或脊髓，是主要神经纤维的鞘磷脂被破坏产生大小不一的块状髓鞘脱失而发生的症状，使神经传输中断，出现视力模糊、站立不稳、语言受阻、烦躁、失眠等症状。当摄入神经酸后，可在人体内合成鞘糖脂（脑苷脂、神经节苷脂）和鞘磷脂，促进神经纤维髓鞘化，使其外表脱落的髓鞘再生，改善硬化状况，促进受损神经纤维的恢复。

②对肾上腺脑白质萎缩症（ALD）的作用　肾上腺脑白质萎缩症是一种关联遗传性脂类代谢病，该病是由于长链脂肪酸分解酶缺乏，过多地结合了长链饱和脂肪酸，引起中枢神经系统进行性脱髓鞘病变，在脱髓鞘期间，神经酸含量与肾上腺髓质营养不良有明显的关系。患有这种疾病的人，会变得身体衰弱，身体无法协调，视觉和听觉面临障碍。Sarient 等人研究发现，动物体内的特长链脂肪酸中神经酸的不足会导致髓鞘形成受损，他们经过多项试验证明，用富含特长链的单烯脂肪酸（神经酸）的植物油进行“食用疗法”，对肾上腺脑白质萎缩症病人是有益的。1953 年加拿大学者 Carroll 在研究芥酸（$C_{22:1}$）治疗肾上腺胆甾酸引起的疾病时发现，只有神经酸与芥酸同样有效。

③对策尔韦斯综合征的作用　Zellweger 综合征是一种伴随着长链脂肪酸新陈代谢失调引起过氧化物酶缺失产生的疾病，会导致神经系统发育迟缓，癫痫发作，视网膜疾病和肝脏疾病等。该病的主要特征是由于缺少过氧化物酶，从而影响长链脂肪酸缩醛磷脂的合成和 β－氧化。

Tanaka 等人对一个患有 Zellweger 综合征的女孩进行饮食治疗，让其服用含中碳链甘三酯的奶类、DHA、Iorenzo's oil 和富含神经酸的 Lunaria oil，在服用两周后发现其神经系统发育迟缓、肝功能紊乱和胆汁郁积症状均有所缓解。研究表明，这种早期的饮食治疗提高了 Zellweger 综合症患者神经系统的发育，对 Zellweger 综合征的治疗有一定帮助。

（2）神经酸增强免疫功能和防治艾滋病的作用　贺浪冲等人用 S_{180} 肉瘤小鼠模型对含有神经酸的元宝枫油的抗肿瘤活性研究表明，元宝枫油对 S_{180} 肉瘤平均抑瘤率为 82.94%，与环磷酰胺（常用抗瘤药）抑瘤作用相当；用腹水型肿瘤模型对元宝枫油的抗肿瘤活性研究表明，元宝枫油对艾氏腹水瘤小鼠的平均生命延长率为 81.19%。

王熙才等人用含有神经酸的元宝枫油（艾舍尔软胶囊）进行增强小鼠免疫力的研究表明，艾舍尔软胶囊能促进小鼠脾淋巴细胞的增殖、转化，提高小鼠的抗体生成细胞数和血清溶血素水平，提高小鼠 NK 细胞活性。说明该产品可以通过提高机体细胞免疫和体液免疫的双重作用而增强机体免疫力。

Mizushina 等人研究发现，主链上有十八碳以上的长链脂肪酸对哺乳动物 DNA 聚合酶有抑制作用，特别是顺式结构的不饱和脂肪酸——神经酸，能有效地抑制 DNAβ 聚合酶的活性。在 $C_{18} \sim C_{24}$ 的长链脂肪酸中，抑制作用最弱的为 C_{18} 亚油酸（LA），抑制作用最强的是 C_{24} 神经酸。他们对比分析了这两种脂肪酸的作用模式和抑制效果。

NoblJyuki 等人深入研究了神经酸对艾滋病逆转录酶（HIV－1）抑制作用的机理。研究发现，DNA 聚合酶上的神经酸结合位点与 HIV－1 逆转录酶上的神经酸结合位点的三维分子结构非常相似。神经酸在 HIV－1 逆转录酶的作用与其在 DNA 聚合酶上 4 个氨基酸残基形成的菱形结构的结合是相同的。神经酸抑制 HIV－1 逆转录酶的活性，抑制作用与其浓度相关。研究证明，神经酸是 HIV－1 的强抑制剂。该项研究提供了神经酸与 DNA 聚合酶和 HIV－1 逆转录酶的构效关系的新的信息，这些信息能有效地帮助寻找抗艾滋病的药物，并且揭示为什么有的药物会失去其药效。

（3）神经酸对神经发育及降脂降糖的作用　英国 stirling 大学自然科学研究院生物分子科学实验室 Sarent 等学者研究发现，神经酸作为一种长链脂肪酸，通过促使人体必需脂肪酸 ω－3 系、ω－6 系正常代谢，二者协同作用，能迅速降低血液中低密度脂蛋白，升高高密度脂蛋白，降低血清中总胆固醇含量，降低血液黏稠度，抑制血小板聚集；能促进胰岛中 β－细胞分泌胰岛素，预防糖尿病。研究表明神经酸可以改善血液微循环，对高血脂、高血压、高血糖、动脉粥样硬化等症有明显效果，能有效预防心脑血管病、糖尿病、老年痴呆等疾病的发生。

5　神经酸的应用

（1）神经酸用于各种神经系统疾病的治疗或辅助治疗　大脑是调节人体各个系统、各个器官的“最高司令部”，大脑受了损伤，不能及时修复而工作失调，必将造成各个系统的功能失调而患各种疾病。20 世纪 90 年代以来，欧美日等国科学家，基于神经酸的特殊作用，纷纷致力于神经酸工业化生产的研究与应用，将神经酸用于各种神经系统疾病，代谢内分泌疾病的治疗或辅助治疗。1994 年美国报道了神经酸对多发性硬化症有疗效。新加坡中央医院和新加坡国立大学用神经酸在脱髓鞘疾病治疗上有突破。加拿大国家研究院植物生物技术学院专门进行植物神经酸的应用研究，他们已发现植物神经酸对帕金森、老年痴呆的显著治疗作用，目前，正在把植物神经酸作为制药工业原料，更广泛地用于治疗神经系统疾病的研究。

（2）神经酸用作增强人体免疫功能和防治艾滋病　20 世纪 80 年代以来，

获得性免疫缺陷综合症（又称艾滋病，AIDS）已经成为威胁人类健康的重大疾病，且发病人数呈逐年上升趋势。艾滋病是由人体免疫缺陷病毒Ⅰ型感染引起的一种致死性传染病，位于T淋巴细胞上的CD_4分子是病毒的受体。当今，国内外在该病的防治上，仍处于探索阶段，尚无根治的药物，艾滋病的防治已成为国际性的重大课题。

日本等国科学家研究证明，神经酸对艾滋病逆转录酶有很强的抑制作用。这一研究成果为帮助寻找抗艾滋病的有效药物开辟了一条新的途径。我国对神经酸的药用研究起步较晚，目前尚未见有关报道，但在民间用含有神经酸植物进行抗艾滋病的药用试验反映良好，应该引起重视。例如，2004年3月西安市退休干部陈凯来，在杨凌元宝枫开发示范中心的支持下，用含有神经酸的元宝枫种子配制的“元宝枫养生酒”，送给河南省上蔡县文楼村因卖血感染上艾滋病的患者程某等6人服用，2005年4月在当地组织的艾滋病复查中，发现其中3名患者血液T淋巴细胞CD_4超过正常值，取得了良好效果。2006年12月1日是第19个世界艾滋病日，3位患者代表“红丝带抗艾俱乐部”专程来西安感谢陈凯来，同时，给陕西省政府和元宝枫开发示范中心送来感谢信心。

(2)神经酸作为脑健康食品添加剂　早在20世纪90年代，欧美发达国家的科学家就提倡将神经酸添加进奶粉，以促进婴儿智力发育，提高国民素质。国外提出可以制成胶囊、片剂或在水中乳化形式服用。婴儿食品中其添加量4～7 mg/100 mg。专家指出，神经酸或其衍生物在婴幼儿食物中至少占0.5%（质量计），对即将怀孕的妇女、孕妇和哺乳期的妇女神经酸用量为8～32 mg/天。

浙江大学应用化学研究所和杭州永丰生物制品有限公司合作，于1998年完成了“生物制品神经酸的功能应用研究及中试生产”项目，2002年浙江大学《神经酸的提取纯化生产工艺》获国家发明专利。经国家重点权威卫生检测机构上海市卫生防疫站联合上海市老干部局对80位受试人群的神经酸功能测试证明，该产品对改善记忆、延缓衰老、调节血脂和抗疲劳均有较好的功效，平均有效率为99.6%以上。

(4)神经酸用于皮肤护理及防治皮肤病　皮肤是否有完善的防御功能主要取决于皮肤的角质层，角质层由新陈代谢颇低的细胞和细胞外层的双层脂质阵列组成，其结构与生化细胞膜以及脂质体的壁膜极为相似。角质层的结构和皮脂防护层的亲油性，一方面可以防止皮肤过度失水，另一方面可以防止自然环境中异物侵入皮肤。德国科学家在皮肤医学方面进行了深入研究，为神经酸用于皮肤护理和皮肤病防治提供了有力的科学依据。许多研究试验证明，高含量不饱和脂肪酸的脂质体，如神经酸，可加强角质层的防护作用，并提高皮肤水分含量。真皮层里的血液循环功能，只有在神经酸能达到真皮的情况下，才有可能对其加以影响。角质层对水溶性维生素几乎是一个无法逾越的屏障，只有借助神经酸这样的载体物质，水溶性维生素才能穿透角质层。

目前，世界上有十几个国家的权威科研机构和著名大学在进行神经酸的研制研究，在国外，神经酸主要来源于鲨鱼脑，它提取困难，价格昂贵。

元宝枫油作为优质保健油的一个新品种，油中神经酸含量达5.8%，与深海鱼类相比，元宝枫油是可持续利用的神经酸新资源。这一发现，对当前滥捕深海鱼类以提取神经酸，将起到一定的缓解和保护作用。

（三）元宝枫油天然维生素E含量较高

维生素E是由美国加利福居亚州立大学Evans和Bishop研究小组在1922年的白鼠饲养试验中发现的，当时的结论是具有恢复生育功能，并作为未知维生素称为维生素X。之后由阿肯色大学Sure正式改称为维生素E。1936年Evans等从麦胚油中分离得到维生素E的结晶并命名为α－生育酚，确定了分子式：

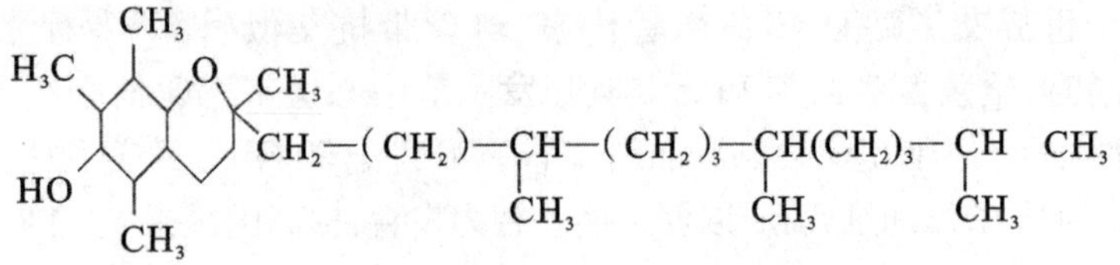

1938年，瑞士化学家Karrer首次人工合成了这种维生素，维生素E才出现了天然与合成之分。天然V_E均为右旋（d）型，而合成V_E为内消旋（dl）型，天然V_E的生物活性比合成V_E高30%。

作为一种脂溶性维生素，天然V_E存在于植物含油组织细胞中，人类所需的天然维生素E主要资源均来自植物油脂。元宝枫油与常用的几种植物油相比较是含量较高的维生素E新资源（见表6－23），是人们理想的保健油。

表6－23　元宝枫油与主要植物油脂中维生素E的含量比较*

名称	总E（mg）	αE（mg）	β＋rE（mg）	δE（mg）
菜籽油	60.89	10.81	38.21	11.87
豆　油	93.08	—	57.55	35.53
花生油	42.06	17.45	19.31	5.30
棉籽油	86.45	19.31	67.14	—
芝麻油	68.53	1.77	64.65	2.11
茶　油	27.90	1.45	10.30	16.15
棕榈油	15.24	12.62	2.62	—
元宝枫油	125.23	14.79	72.86	37.58

＊摘自：中国预防医学科学院与食品卫生研究所编写的《食物成分表》（全国代表值）。

V_E 对人体来讲是非常重要的。它在人体内可防止不饱和脂肪酸的过分氧化，促使血清胆固醇降低，促进毛细管增生，改善微循环，从而有利于预防动脉硬化及血管疾病的发生，对维持骨骼肌、心肌、平滑肌及周围血管正常功能起主要作用，也是维持细胞膜柔软、弹性、活动性的主要物质。在肠内，生育酚保护维生素 A 原和维生素 A 不被氧化，对在肝脏内延长维生素 A 储存时间起了良好的作用。V_E 具有抑制自由基，干扰游离基产生和色素斑的形成，从而具有美容抗衰老作用，还具有调节脑垂体紊乱的抗不育作用，对溶血性贫血、十二指肠溃疡、肝病、防止畸胎、降低胆固醇等均有明显的治疗和预防作用。缺乏 V_E 会产生皮肤炎、肌肉无力，并发生不育，睾丸萎缩，不产生精子，胚胎和胎盘萎缩并引起流产。

（四）安全无毒抗氧化稳定性强

元宝枫天然林分布在我国边远的荒漠地区或散生在高山森林群落中，人工林大多数在荒山荒坡上栽植。多少年来，元宝枫一直以观赏红叶、荒山绿化，发挥其生态效益和社会效益。因此，从元宝枫油的原料来源看是无污染的绿色原料，与常用的栽培油料生产的油脂相比，无化肥、农药的污染。我们与西安交大药学院合作研究，通过多年的毒理学试验证明元宝枫油安全无毒。

我国卫生部在审批元宝枫籽油作为新资源食品过程中，对元宝枫油的毒理学安全性实验研究，下达给广西自治区疾病预防控制中心，研究元宝枫油的食用安全性。2011 年《中国食品卫生杂志》第 1 期刊登了“元宝枫油的毒理学安全性实验研究”报告，检测结果表明，元宝枫油对雌、雄性小鼠经口 LD_{50} 均大于 54 000 mg/kgBW，达到了普通食品无毒标准（15 000 mg/kgBW）的 3 倍以上，表明该样品无急性毒性；3 项遗传毒性试验结果均为阴性，表明该样品无遗传毒性；以 10 800、5400、2700 mg/kgBW 3 个剂量的样品液连续给大鼠灌胃 90 天，实验期间动物生长发育良好，各项检测指标均未见异常。结论，元宝枫油为无毒物，未显示有急性、亚慢性毒性及遗传毒性。

从元宝枫油的化学组成看，它含有丰富的内源性抗氧化剂 α—生育酚和多元酚。从其油的脂肪酸组成上看，其饱和脂肪酸含量约占 20%，单不饱和脂肪酸含量较高，多不饱和脂肪酸中最易氧化的亚麻酸含量低，加之天然生育酚的含量高，其氧化稳定性超过一般食用植物油和木本油，（如核桃油、沙棘油等），是高稳定性油脂中的佼佼者。在一般条件下，避光保存 3 年不变质。

众所周知，油脂和其他食品一样，在储藏过程中会发生质变，油脂水解酸败和氧化酸败都会导致多种不良风味和气味的形成，发出一种特殊的酪味、臭味和苦味，通常把这种现象称为“酸败”，它是一系列复杂的化学变化的结果。食用油脂的自动氧化是一种自动催化的游离基连锁反应,产生挥发性的脂肪酸,醛酮以及非挥发性的醛类、酮类、过氧化物和氢过氧化物等。食用酸败的油脂,必然引起中毒。

添加抗氧化剂可延缓油脂的氧化变质。目前,国内外使用的抗氧化剂大多数是合成的,使用较广的是丁基化羟基茴香醚(BHT)、丁基化羟基甲苯(BHA)、叔丁基羟基苯醌(TBHQ)和一些烷基酸酯。这些抗氧化剂是通过阻碍自动氧化的一步或多步反应(即引发、自由基链反应和终止)而起作用的。并且,某些化合物是促使氧化因素无效来延缓氧化反应。

但是,合成抗氧化剂多少都有毒性,世界各国消费者都有恐惧心理。理想情况下,抗氧化剂的代谢或分解产物在所使用的剂量下毒理上应该是安全的;在加入及储存后不应该有异味和变色,在低浓度下抗氧化剂应该是有效的,容易加入到油中;抗氧化剂的价格是易接受的,并且有良好的稳定性和持久性。目前,大范围地筛选天然抗氧化剂是广泛的研究课题,如果有一天人们要求食用油标签中不能有合成类抗氧化剂的标注,那么,只能是选用那些含丰富天然抗氧剂的植物油,如葵花籽油、芝麻油、元宝枫油等,食用这些油是最安全的。

第四节　元宝枫茶的活性成分及保健效用

系统分析结果表明,元宝枫叶中含有多种生物活性成分,如绿原酸、黄酮、超氧化物歧化酶(SOD)、鞣质及多糖等。这些天然的生物活性化合物为元宝枫叶的开发利用奠定了坚实的科学基础,也为元宝枫茶的保健效用提供了理论依据。

一、绿原酸

绿原酸(chlorogerlic acid)是由咖啡酸(caffeic acid)与奎尼酸(鸡纳酸,quinic acid,即1-羟基6-氢没食子酸)组成的缩酚酸,异名咖啡鞣酸,化学名3-O-咖啡酰奎尼酸(3-O-caffeoylquinic acid),是植物体在有氧呼吸过程中经莽草酸途径产生的一种苯丙素类化合物。为众多药材(如金银花、茵陈、杜仲)以及中成药(如复肝宁、双花注射液、粉刺口服液)抗菌解毒、消炎利胆的主要有效成分,同时是某些中药制剂质量控制的重要指标。据《天然活性成分简明手册》记载:

绿原酸 Chlorogenic acid

【异名】咖啡鞣酸、3 – Caffeoylguinic acid、Caffeotamic acid

【结构式】

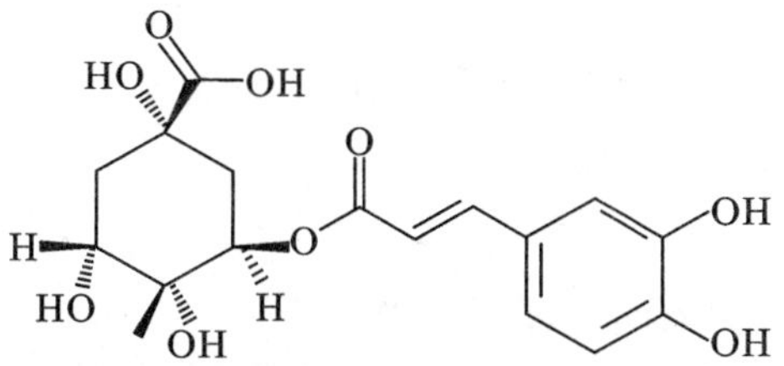

【分子式及分子量】$C_{16}H_{18}O_9$,354.32

【活性】具有较广泛的抗菌作用,但在体内能被蛋白质灭活,并具有抗病毒、抗诱变剂和抗肿瘤活性。与咖啡酸相似,口服或腹腔注射时,可提高大鼠的中枢兴奋性,可增加大鼠及小鼠的小肠蠕动和大鼠子宫的张力。有利胆作用,能增进大鼠的胆汁分泌。还有抗氧化剂活性作用。

绿原酸在植物中分布较广,从高等双子叶植物到蕨类植物均有报道,但含量较高的植物不多。美国、德国、日本主要从咖啡豆中提取绿原酸,成本较高。由于绿原酸是金银花的主要有效成分,我国从金银花中提取,用药部位主要为花蕾。众所周知,金银花是最常用的清热解毒药,用于外感风热及瘟病、热毒血痢,各种痈疽、肿毒等症,且对多种致病菌和病毒具有较强的抑制和杀灭作用,多种中成药均需要它,而金银花的花蕾产量较低,原料成本价较高。

1997 年,我们在分析元宝枫叶营养成分时,发现叶中绿原酸含量较高,其含量与金银花花蕾相近。根据宋广运等的测定结果,金银花不同器官绿原酸含量为:根 1.4%、茎 0.92%,叶 2.57%,花蕾 5.81%。我们研究表明元宝枫叶中绿原酸含量随月份的动态而变化,6 ~ 8 月份最高,含量为 3.38% ~ 4.83%;随树龄的增长,叶中绿原酸的含量呈下降趋势,幼树明显高于老树,尤其是 1 年生元宝枫苗木的树叶,绿原酸的含量高达 6.99%,与金银花花蕾相似。本研究所发现的绿原酸在元宝枫叶中的大量存在,为富含绿原酸的植物家族增加了新的资源。

二、黄酮类

黄酮类化合物是指具有 C_6 – C_3 – C_6 基本结构的苯丙素衍生物。最基本的结构是黄酮,黄酮类化合物大多数呈黄色。

(一)黄酮　Flavone

【异名】2 – 苯基苯并 – γ – 吡喃酮

【结构式】

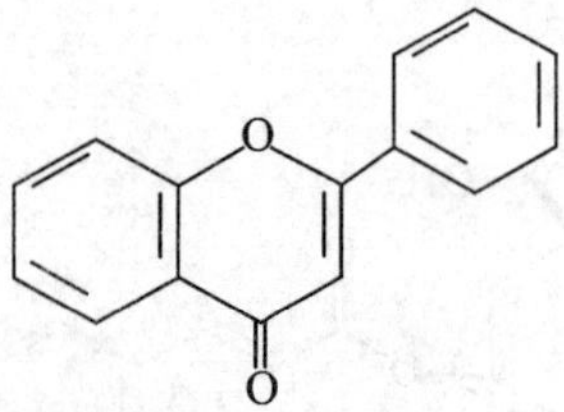

【分子式及分子量】$C_{15}H_{10}O_2$, 222.25

委托中国科学院成都生物所植化中心检测,元宝枫叶中含多种黄酮,含量最多的是槲皮素、山柰酚、异鼠李素,与银杏黄酮的主要成分相似。元宝枫黄酮与银杏黄酮的比较分析色谱图见图6-5,6-6。

Injection Date : 12/3/98 10:10:06 PM　　Seq. Line : 15
Sample Name : HT 元宝枫　　Vial : 15
Acq. Operator : Ne Wei　　Inj : 1
Inj Volume : 5 µl

Acq. Method : C:\HPCHEM\1\METHODS\T.M
Last changed : 12/3/98 5:03:17 PM by Ne Wei
Analysis Method : C:\HPCHEM\1\METHODS\T.M
Last changed : 12/3/98 4:53:06 PM by Ne Wei
(modified after loading)

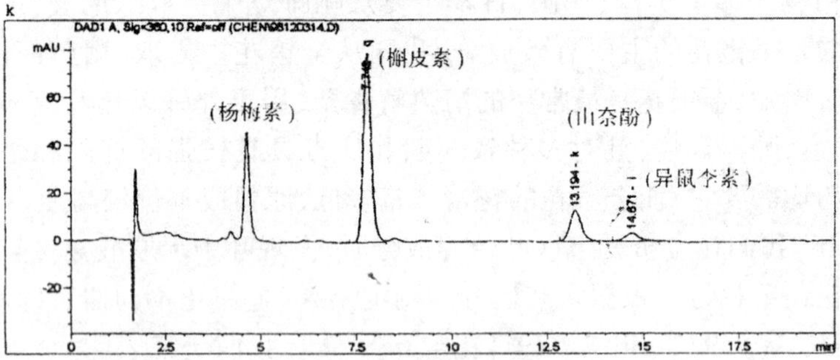

External Standard Report

Sorted By : Signal
Calib. Data Modified : 12/3/98 4:53:06 PM
Multiplier : 1.0000
Dilution : 1.0000
Uncalibrated Peaks : not reported

Signal 1: DAD1 A, Sig=360,10 Ref=off
Results obtained with enhanced integrator!

RetTime [min]	Type	Area [mAU*s]	Amt/Area	Amount [mg/ml]	Grp	Name
7.742	BV	1146.46655	5.06414e-5	5.80587e-2		q
13.194	BB	284.18100	3.36667e-5	9.56742e-3		k
14.671	BB	103.08816	9.05147e-5	9.33100e-3		i

Totals : 7.69571e-2

图6-5　元宝枫黄酮类色谱图

值得重视的是,元宝枫黄酮中还含有较多的杨梅素,更为元宝枫黄酮的药用增添了活力。

```
Injection Date     : 12/3/98 6:37:09 PM              Seq. Line :  5
Sample Name        : NO.7 银杏                             Vial :  5
Acq. Operator      : Ne  Wei                                Inj :  1
                                                    Inj Volume : 5 µl
Acq. Method        : C:\HPCHEM\1\METHODS\T.M
Last changed       : 12/3/98 5:03:17 PM by Ne  Wei
Analysis Method    : C:\HPCHEM\1\METHODS\HT-2.M
Last changed       : 12/5/98 3:39:51 PM by zhao
                     (modified after loading)
k
```

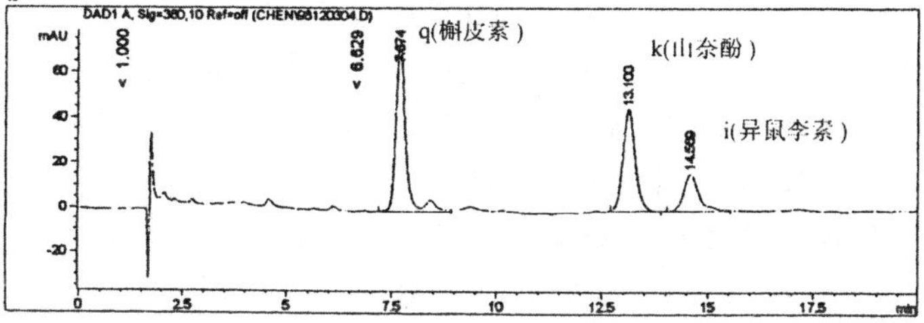


```
External Standard Report

Sorted By              :     Signal
Calib. Data Modified   :     12/5/98 3:39:49 PM
Multiplier             :     1.0000
Dilution               :     1.0000
Uncalibrated Peaks     :     not reported

Signal 1: DAD1 A, Sig=360,10 Ref=off
 Results obtained with enhanced integrator!

RetTime  Type     Area     Amt/Area     Amount    Grp   Name
 [min]          [mAU*s]                [mg/ml]
-------|------|----------|----------|----------|--|------------------
  7.674 BB    1260.94824 5.37964e-5 6.78345e-2     q
 13.100 BB     935.38989 5.29005e-5 4.94826e-2     k
 14.569 BB     430.22089 5.10291e-5 2.19538e-2     i

Totals :                            1.39271e-1

1 Warnings or Errors :

Warning : Calibration warnings (see calibration table listing)

                      *** End of Report ***
```

图 6－6　银杏黄铜类色谱图

据中国医药科技出版社 1998 年出版的《天然活性成分简明手册》记载:槲皮素、山柰酚、异鼠李素和杨梅素的名称、结构式和主要活性的精要介绍分述如下:

(二)槲皮素　Quercetin

【异名】栎精、槲皮黄素、Meletin、Sophoretin

【结构式】

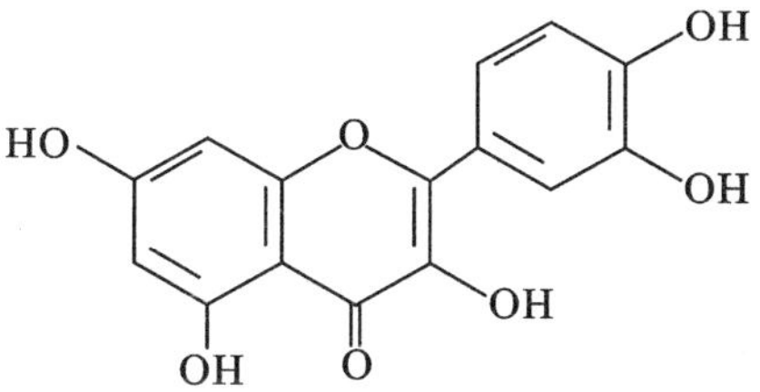

【分子式及分子量】$C_{15}H_{10}O_7$,302.25

【活性】本品具有较好的祛痰、止咳作用,并有平喘作用,还可降低血压、增强毛细血管抵抗力、减少毛细血管的脆性、降血脂、扩张冠状动脉、增加冠脉血流量,也可抑制平滑肌收缩和大鼠淋巴细胞的增殖。有抑制血小板聚集和5-羟色胺的释放的作用,并可明显降低血小板膜脂质的流动性。

本品还能够抗促性腺因子、抗炎症、抗肝毒、抗菌和抗病毒,并具一定的诱变作用和变压原(allergenic)活性。可用于治疗慢性支气管炎,对冠心病及高血压患者也有辅助治疗作用,小鼠口服 LD_{50} 为 160 mg/kg。

槲皮素还是自由基清除剂及酶的抑制剂,对于许多酯,诸如:蛋白激酶 C、脂肪合成酶、眼晶状体醛糖还原酶、3′,5′—环腺嘌呤核苷单磷酸(cAMP)磷酸二酯酶均有抑制作用。

槲皮素在油脂中浓度大于 0.005% 时,有较强的抗氧化作用,与丁羟基茴香酸、没食子酸丙酯在油脂中浓度相同时,有相似的抗氧化作用,当浓度大于 0.2% 时,可作为脂溶性色素。

(三)山柰酚　Kaempferol

【异名】山柰黄素、山柰黄酮醇、山柰素、四羟基黄酮、莰非醇、猫眼草素Ⅰ、百蕊草素Ⅲ、Swattziol、Trifolitin、Nimbecetin、Populnetin、Robigenin、Rhamnolutein

【结构式】

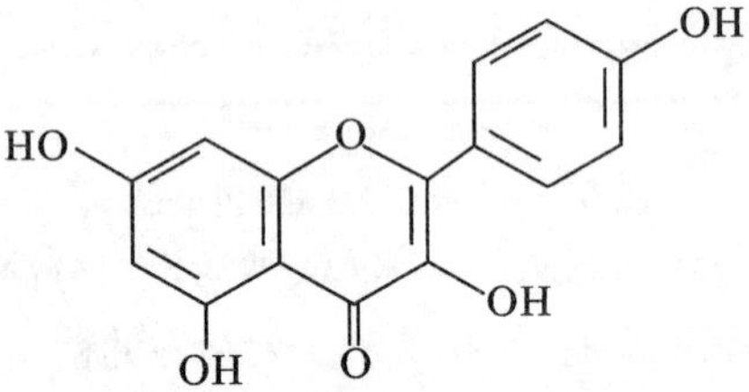

【分子式及分子量】$C_{15}H_{10}O_6$, 286.25

【活性】

1. 抗菌

对金黄色葡萄球菌及绿脓杆菌、伤寒杆菌、痢疾杆菌等均有抑制作用。

2. 抗炎症

有抑制大鼠植入羊毛球的发炎作用。

3. 止咳

实验表明有一定的止咳作用。用于治疗气管炎。

4. 抑酶

抑制眼醛糖还原酶,有利于糖尿病白内障的治疗。还抑制碘化甲状腺原氨酸脱碘酶、$\triangle^5$ –脂肪氧合酶活性。

5. 其他

还可抑制离子载体诱导花生四烯酸的释放和代谢。本品还具诱变剂活性。当浓度为 1 ~ 10^{-4} mol/L 时，也可抑制大鼠淋巴细胞增殖。

（四）异鼠李素　Isorhamnetin

【异名】异鼠李黄素 –3 –0 –α –L –吡喃阿拉伯糖苷、3,5,7,4′ –四羟基 –3′ –甲氧基黄酮醇

【结构式】

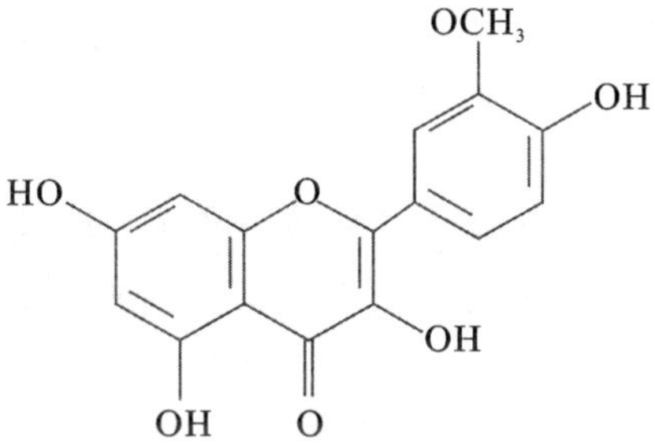

【分子式及分子量】$C_{16}H_{12}O_7$，316.27

【活性】具有保护心血管、抗氧化、抗肿瘤、抗炎、抗过敏及调节免疫功能等多种生物活性，特别是在心血管保护方面具有扩张血管降血压，防止冠状动脉粥样硬化性心脏病、减轻心肌肥厚、抑制血管平滑肌细胞增生肥大，促进血流通畅、抗血栓形成等多种效应。

（五）杨梅素　Myricetin

【异名】杨梅树皮素、杨梅黄酮、杨梅酮、Myricetol、Cannabiscetin、3,5,7,3′,4′,5′, –六羟黄酮(3,5,7,3′,4′,5′ –Hexahydroxyflavone)

【结构式】

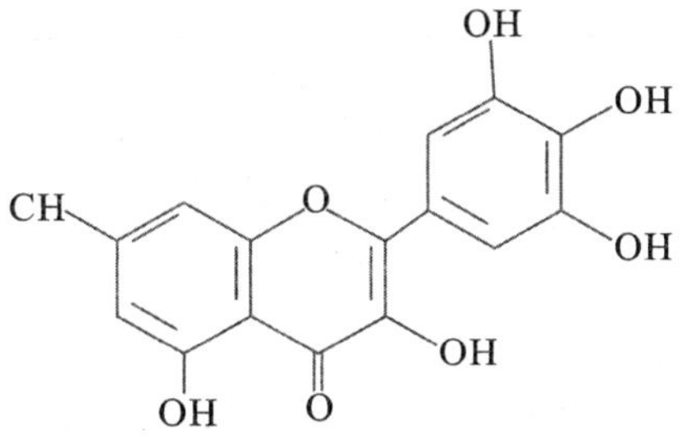

【分子式及分子量】$C_{15}H_{10}O_8$，318.25

【活性】

1. 抗菌

本品属黄酮醇类化合物，对金黄色葡萄球菌、大肠杆菌、痢疾菌株、伤寒杆菌的作用比黄酮类强，还可抑制嗜麦芽假单胞菌和阴沟肠杆菌及假丝酵母的生长。

2. 抗癌

体外对人鼻咽癌(KB)细胞有效浓度为15 μg/mL，体内对黑色素瘤B16和淋巴白血病L_{1210}有抑制作用。

3. 抑酶

在大鼠体内1×10^{-4}mol/L对眼醛糖还原酶的抑制作用为100%。此作用可能对治疗糖尿病白内障有用，还可抑制$\triangle^5$－脂肪氧化酶、还原型辅酶I(NADH)氧化酶、琥珀酸氧化酶活性。

4. 其他

对于由大鼠腹膜巨噬细胞离子载体诱导的花生四烯酸释放和代谢亦有抑制作用；还有较强的抗促性腺激素及止咳祛痰和利尿作用。

5. 毒性

家兔皮下注射致死量为8～10 g/kg。

三、超氧化物歧化酶(SOD)

超氧化物歧化酶(Superoxide dismutase. 简称SOD)与元宝枫抗旱性的关系，在第二章第三节元宝枫抗旱性的生理、生化特征中已作了阐述。

SOD是生物体内不可缺少的一种重要的氧自由基清除剂，是防御生物体氧化损伤的一种十分重要的酶，具有很高的药用价值。它的作用底物是超氧阴离子(O_2^-)，而超氧阴离子自由基与人及动植物的许多疾病发生和形成有关。它是由Mann和Kelin于1938年首次从牛红血球中分离出的一种蓝色铜蛋白，并定名为血铜蛋白(Hemocuprein)，后来由Mccord和Fridovich根据其酶活性特定名为超氧化物歧化酶(Superoxide dismutase, EC L. 15. 1. 1)。在人们对SOD进行的一系列研究中，发现SOD的存在与生物机体抗衰老、抗肿瘤、营养状况、免疫性疾病、炎症、白内障初期、阴茎海绵体硬结疼痛及辐射防护有关。体外试验证明，SOD作为药用酶，有广阔的应用前景，并引起了国内外医药界和生物界的极大关注。

SOD是一种新型抗炎症药物，尤其是对治疗关节炎和类风湿关节炎有明显疗效。根据SOD的作用机理和毒性试验，它对治疗因超氧游离基(O_2^-)引起的各种疾病都有一定疗效。因此，SOD作为抗衰老、抗炎症药在自身免疫疾病、心血管疾病治疗、肿瘤诊断中广泛应用。此外,SOD 对治疗贝切特氏病、心肌梗死、血虚性心脏病、胶原病、新生儿呼吸困难综合征及防御放射线、白内障形成等可望有效。

近年来,美、日、德、意、英等国将 SOD 作为药物开发应用进行了大量研究。同时,由于 SOD 有明显防晒效果,并可防止皮肤衰老和老年斑形成。国内外一些厂家和公司开发生产添加有 SOD 的高级美容霜。

元宝枫叶中 SOD 的含量较高,为元宝枫茶的保健功能提供了科学依据。

四、鞣质

鞣质是一种具有沉淀蛋白质特性的水溶性多元酚类化合物。大约 60% 以上的中草药均含有鞣质。近 10 余年来,随着新技术、新方法的应用,人们对植物中鞣质成分的研究取得了大进展。大量的文献不仅阐明了千余种新的鞣质化合物结构,而且研究发现鞣质具有多方面的药理作用。除常见的收敛、抗菌消炎、止血、驱虫、止泻、抗多种病原虫感染性疾病外,还表现出抗肿瘤,抗突变,抗脂质过氧化,抗变态反应,抑制胃蛋白酶,预防应激性胃肠损伤,降压,降脂,改善肝肾功能,对中枢神经系统有镇静作用,对重金属盐和生物碱中毒有解毒作用等。更值得注意的是,其广谱的抗病毒作用为人们从自然产物中寻找新的抗病毒药物提供了美好的前景。

西安医科大学药学院与我们合作研究中,发现元宝枫鞣质可以显著延长凝血时间,显示出很强的抗凝血活性,作为治疗心脑血管疾病抗凝血药物开发有广阔前景。元宝枫鞣质能明显减少小白鼠的自主活动,有明显的镇静作用,能缩短戊比妥钠的睡眠潜伏期,延长睡眠时间,提高对热刺激的痛阈,减少化学刺激的扭体次数,有显著的镇痛作用。能减少小白鼠的腹泻次数,降低小肠炭末推进率,有明显的止泻作用。

鞣质分子结构中具有较多的酚羟基,有较强的供氢能力,可以清除体内产生的氧自由基从而发挥了抗氧化作用。日本高桥知也等研究发现缩合类鞣质的生发活性,试验表明,缩合鞣质可使小鼠毛发周期转换活性增强。

作为缩合类鞣质中的新成员——元宝枫鞣质,在元宝枫茶中的保健效用,已在近年群体食用实践中逐步显示出来,并受到群众的喜爱。

第七章 元宝枫果实的加工利用

第一节 元宝枫果实的采收与脱粒

一、果实采收

据西北林学院元宝枫研究室测定,陕西关中地区元宝枫种子中干物质及油脂积累量在10月底达到高峰。从理论上讲,10月底是关中地区元宝枫的采收期。但在此时,元宝枫树叶尚未完全脱落,采收果实夹杂大量树叶,分离清选比较麻烦,增加采收难度和成本。采收早了,种子未成熟,含油量低。所以,至11月上、中旬,树上树叶刚脱落,是采收果实的最佳时期。这时采收的果实无杂质,种仁饱满,自然风干好。如果采收过晚,部分饱满种子易先脱落,降低收获率。

采收翅果要选好天气,晴天无风露水干后采收最佳。用细竹竿轻轻敲打果枝,切忌用粗竹竿猛击果枝,折断枝梢,易造成第二年减产。其他地区应因地制宜,根据当地元宝枫的生长物候期来确定适宜的采收期。

刚采收的元宝枫翅果,其含水率在10%以上,采集后除去杂质,摊晾一、二天,含水率降至8%以上,散热后可入库贮藏。老鼠喜食元宝枫种子,注意防止鼠害。

二、脱粒

元宝枫翅果在加工前,必须用风选机进行风选,除去夹杂的树叶、枝条和空壳,特别注意要除去碎石和沙粒,以免在进行脱粒时磨损脱粒机械。经过精选后的纯净饱满的翅果,才能作为加工原料,进行机械脱粒。

目前,国内市场上的农用脱粒机均不适用于元宝枫翅果的机械化脱粒。西北林学院元宝枫研究室王性炎教授和赵恩岐工程师经过多年的实践,设计制造出"元宝枫翅果专用脱粒机",试用以来,效果良好。1997 年 5 月,宝鸡市林业局进行元宝枫榨油的生产性试验,采用该脱粒机分别脱去元宝枫的果翅和种皮,效果很好。果翅、种皮和种仁 3 个部分所占比例见表 7－1。

表 7－1　元宝枫翅果脱粒情况

编号	种子重量(kg)	果翅		种皮		种仁	
		重量	(%)	重量	(%)	重量	(%)
1	75	24.8	33.1	12.5	16.6	37.7	50.3
2	75	25.6	34.1	11.4	15.2	38.0	50.7
平均	75	25.2	33.6	11.95	15.9	37.85	50.5

从表可以看出,用元宝枫专用脱粒机脱粒,可顺利地将元宝枫翅果分离为果翅、种皮和种仁 3 个部分,分别为翅果重量的 33.6%、15.9% 和 50.5%。种仁是制取油脂的原料,而种皮中凝缩单宁含量达 60%,是提制优质元宝枫单宁的理想原料。

第二节　元宝枫油的制取及应用

一、制油工艺概述

植物油制取技术的发展由来已久,从原始的人力压榨到水压机榨、螺旋机榨油直到近代浸出法制油技术的普及,经历了漫长的历史阶段。目前,国内外常用的制油方式主要有三种:机械法、浸出法和水剂法。

(一)机械法

凡利用机械外力的挤压作用将榨料中的油脂提取出来的方法称为机械法取油。又称为压榨法。它有多种形式,按机具的工作原理分成:静态压榨水压机、搅拌挤压式设备、螺旋挤压式榨油机及离心式挤压分离机等。

机械法制油过程一般包括:

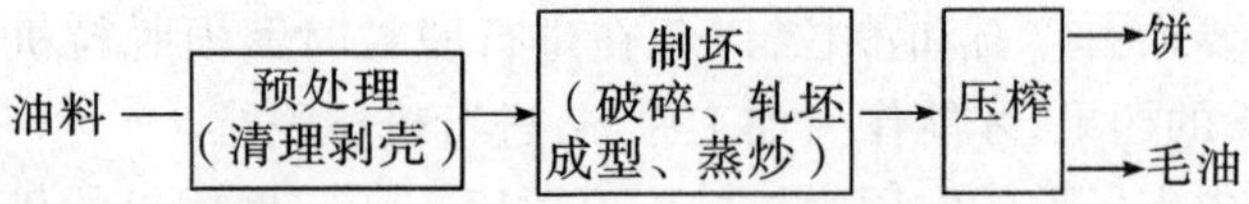

压榨法虽然是一种古老的取油方法，出油率也不如浸出法高，而且油饼的利用受到质量变性的限制，相对动力消耗大，但它却具有工艺简单灵活、适应性强等特点，因而广泛应用于小批量、多品种或特殊油料的加工，尤其作为浸出工艺的预先榨油设备今后有着广阔的前景。

（二）浸出法

利用某些有机溶剂如正已烷“溶解”油脂，将料坯或预榨油饼中的油脂提取出来。

浸出法制油工艺过程包括：

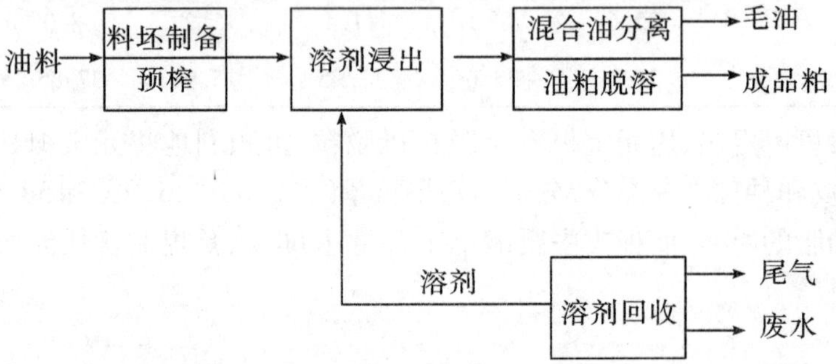

浸出法与压榨法相比，它突出的优点是出油率高（90% ~99%）、干粕残油率低（0.5% ~1.5%），同时还能制取低变性粕和质量较高的毛油。此外，采用浸出法制油易实现过程的连续化与自动化。从而使劳动强度降低、生产率提高、相对动力消耗低，是压榨法所不及的。因而浸出法是当前的一种先进的制油方法。然而，它也存在着毛油成分复杂、使用溶剂具有易燃易爆危险等固有弱点。

（三）水剂法

利用油料中的非油成分对油和水“亲和力”的差异，同时利用油水比重不同而将油脂与蛋白质分离出来的方法。与溶剂浸出法相比它具有简单、安全可靠而经济的特点。水剂法有水代法与水浸法两种形式。

1. 水代法

就是用热水［90℃以上，用量 1：（2 ~2.5）］加到磨成浆状的油酱中，使蛋白质微粒吸水膨胀，并且借助它们的比重差采用震荡方式进行分离油脂的方

法。水代法即“以水代油”法,它的基本生产过程如下:

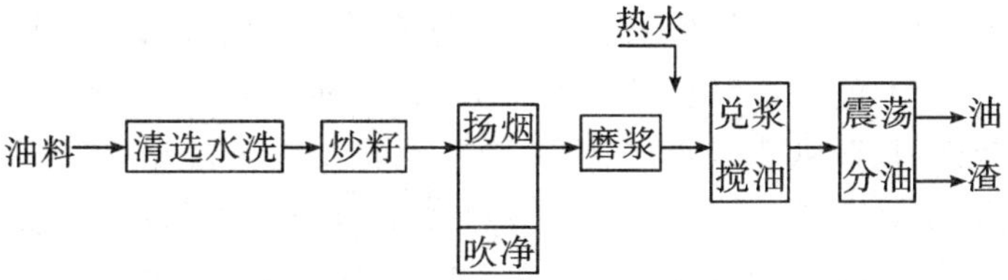

水代法是我国特有的一种制油方法,用于制取小磨麻油已有 2500 多年历史,但长期以来只局限于小批量生产芝麻油,而且停留在间歇式甚至手工操作的落后状态。然而,水代法的突出优点是能保持油脂的特有风味,因此仍有必要继承与发展此项技术,其目标是实现生产连续化改善油渣含水多,提高利用价值。此外,水代法也只适用于高油分软质油料的制油。除上述芝麻以外,还可应用到花生仁、葵花籽仁和元宝枫仁等。

2. 水浸法

又称“水溶法”,即利用水或稀碱液能溶解油料中可溶性蛋白质、糖类等特性,继而调节溶解液的酸碱度(pH)使达到蛋白质沉淀的所谓“等电点”(pH4.3~4.6)后,进行沉淀与离心分离、喷雾干燥等步骤取得蛋白质与油脂的一种特殊方法。

稀碱液水浸法的基本流程包括:

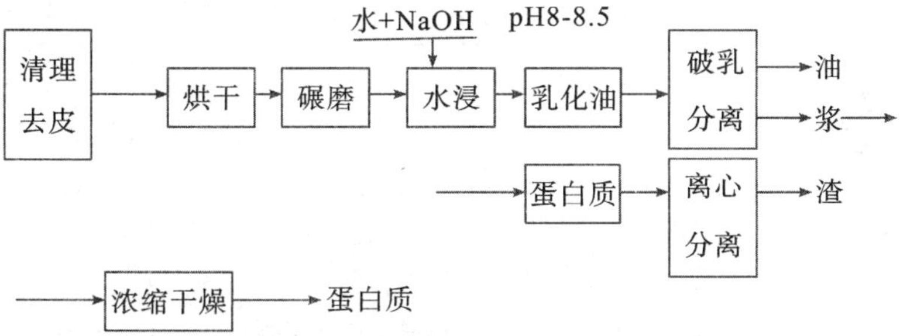

水浸法与水代法的不同点是水温低(60~65℃),加水量向[1:(6~15)],而且以提取浓缩蛋白(或分离蛋白)为主要目的。西北林学院用水浸法制取元宝枫种仁蛋白虽然还处在中间试验阶段,但已展现出广阔的前景。

二、元宝枫油的制取

1970 年,原西北农学院林学系王性炎等,首次用浸出法从元宝枫种仁中提制元宝枫油。每 100 kg 种仁中,可提制出 42~45 kg 原油,出油率在 90% 以上。

1971 年 1 月,王性炎等首次在原武功县杨陵公社杜寨大队榨油厂进行了元宝枫种子榨油的中间试验。使用改装的“稻麦两用脱粒机”脱粒,获得种仁,然后进行传统的大樑式木榨(杠杆榨与楔式榨)。试验结果,元宝枫种仁土法榨油出油率可达25%以上。榨油后的油粕在杨凌酱醋厂用酸解法试制出美味可口的优质酱油,受到陕西省粮油部门和省政府的重视。

1971 年 3 月,陕西省粮食局、农林局在西北农学院召开"陕西"省元宝枫利用现场会,对元宝枫翅果的机械脱粒、种仁榨油工艺、油的质量以及油粕制取酱油技术等进行了现场考察和鉴定,品尝了油和酱油的质量和风味,150 多位代表给予了高度评价。试制的 1000 kg 元宝枫油和 12000 kg 元宝枫酱油在杨陵和西安销售一空,受到群众赞赏。同时,陕西省农林局、粮食局联合发出通知和文件,将元宝枫作为木本油料正式收购(详见附录一)。

元宝枫种子土法榨油试验结果详见表 7-2。

表 7-2　元宝枫种子土法榨油(大梁式)试验

序号	种子量(kg)	出油量(kg)	出油率(%)	试验时间	试验地点
1	360	91	25.2	1971.1.15	武功县杨陵公社杜寨大队
2	320	85	26.5	1971.2.19	武功县杨陵公社杜寨大队
3	307	82	26.7	1971.4.8	武功县杨陵公社杜寨大队
4	400	107	26.8	1971.5.5	武功县杨陵公社杜寨大队

1972 年 2 月,王性炎等用 ZLY—90 型立式液压榨油机进行了元宝枫种仁的榨油试验,出油率为 30.5% ~32%,油的质量与土法榨油相同。

1997 年 5 月,宝鸡市林业局采用西北林学院研制的"元宝枫翅果专用脱粒机",开展了元宝枫翅果机械脱粒和榨油试验。榨油机选用 95 型螺旋式榨油机,同时配备真空挤压式压滤机过滤,试验结果见表 7-3。

表 7-3　元宝枫种仁榨油试验

编号	种仁量(kg)	蒸炒温度(℃)	蒸炒时间(min)	出油量(kg)	出油率
Ⅰ	55	80	40	19.50	35.45
Ⅱ	55	85	40	20.50	37.27
Ⅲ	55	85	40	19.25	35.00
Ⅳ	55	85	40	19.50	35.45
Ⅴ	55	85	30	19.10	34.73
Ⅵ	55	90	30	19.90	36.18
Ⅶ	55	100	40	21.15	38.45
平均	55		40	19.84	36.07

三、元宝枫油的工业利用试验

为了解元宝枫油的利用价值,1973 ~ 1974 年,我们与陕西省第一毛纺厂和西安制药厂协作,进行了元宝枫油的工业利用试验。

陕西省第一毛纺厂原用花生油配制“和毛油”,对羊毛进行软化和清除静电处理,经用元宝枫油对照试验,效果和花生油一样。

西安制药厂生产四环素,在菌种培养过程中,必须加入优质植物油等基础料作为培养基,该厂原用优质豆油配制。用元宝枫油和优质豆油对照,经过六次小型试验,结果见表 7 – 4。

表 7 – 4　元宝枫油和优质豆油对四环素菌种生长对比试验

试验次数	油　类	基础料配方(加入油量%)	四环素单位(r/mL)	试验次数	油　类	基础料配方(加入油量%)	四环素单位(r/mL)
1	豆油	2	13000	4	豆油	2	14400
	元宝枫油	0.5	11800		元宝枫油	1	14200
	元宝枫油	1	12180		元宝枫油	2	13920
	元宝枫油	2	12250		元宝枫油	3	14220
	元宝枫油	3	14760		元宝枫油	4	14440
2	豆油	2	14053	5	豆油	2	11500
	元宝枫油	2	13800		元宝枫油	1	13000
	元宝枫油	3	12800		元宝枫油	2	12300
	元宝枫油	4	14025		元宝枫油	3	12800
					元宝枫油	4	13000
3	豆油	2	14500	6	豆油	2	14400
	元宝枫油	1	13600		元宝枫油	2	14200
	元宝枫油	2	13700		元宝枫油	3	15000
	元宝枫油	3	14500		元宝枫油	4	16100
		4	16100				

上述试验结果证明,元宝枫油对四环素菌种的生长代谢无毒性反应,与豆油相似。进一步说明了元宝枫油是一种优质的植物油。

第三节　元宝枫栲胶的制取及应用

中国是世界上制革工业发达的国家之一,随着畜牧业的发展,制革产量及其工艺水平的提高,作为制革优质的天然鞣料——栲胶用量也与日俱增。目前世界上使用最多的植物鞣料为黑荆树,其颜色浅,成革质量好。我国长期利用落叶松树皮和橡椀生产栲胶,颜色深,质量不稳定,因而影响皮革工业的使用,橡椀栲胶已陷入困境。由于凝缩类栲胶原料短缺,国家每年靠进口价格较贵的黑荆树栲胶来维持皮革生产。

近年来,通过对元宝枫果实的综合开发研究,发现元宝枫种壳是一种优质的凝缩类栲胶新资料,采用低温高效提取工艺,可获得高活性的单宁,通过鞣制猪皮等试验,渗透速度快,革色浅,感观性能好,产品理化指标接近黑荆树栲胶的鞣革效果。实践证明,元宝枫是极有开发前景,每年可再生的优质鞣料资源。

栲胶(Vegetable Tannin Extract)是从含单宁的植物原料中提取制成的产品,商业上通称为栲胶。主要用于制革工业的鞣皮剂,锅炉防垢剂,选矿抑制剂,胶粘剂、污水处理、染料、涂料、气体脱硫、医药原料等方面。

栲胶生产主要是将植物中含鞣质丰富的部分,经磨碎、水浸、真空浓缩、喷雾干燥而制得。经过3年的努力,从元宝枫果壳中提制栲胶,我们研究制定了一套先进高效的生产工艺,获得优质栲胶产品。该工艺提交了专利申请,已经中国专利局审查批准。国家专利申请号为:93119018.5。

一、工艺流程

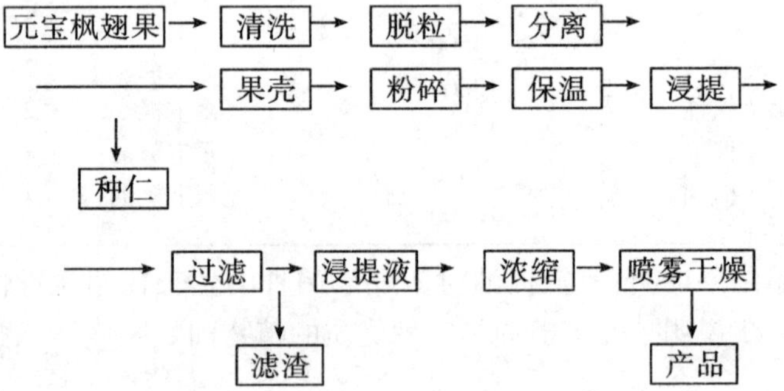

二、栲胶的质量检验

1993年10月,国家林业部产品质量监督检验站根据GB2615—81《黑荆树栲胶》国家标准,对元宝枫栲胶进行了分析检验,检验结果详见表7-5。

表 7－5　元宝枫产品检验报告单

检验项目	检验结果			
	最大值	最小值	平均值	结论
单宁%	73.6	72.9	73.2	符合特级标准
非单宁%	24.9	24.2	24.6	
不溶物%	2.2	2.1	2.2	
水分%	10.2	9.8	10.0	
沉淀%	1.3	1.2	1.2	
pH 值	6.8	6.8	6.8	
总颜色号（Lovibond 0.5%溶液）	17.9	17.9	17.9	
其中：红	4.9	4.9	4.9	
黄	13.0	13.0	13.0	
蓝	0.0	0.0	0.0	

检验结论：该样品为棕黄色粉末，冷溶性好，除颜色外，其余定级指标均符合《黑荆树栲胶》国家标准中所规定的特级品质量要求。

三、栲胶鞣革试验

（一）纯植鞣

选 10 张猪硝皮，经浸酸与去酸处理，对剖后（左右两片）分开，分别用元宝枫栲胶与进口黑荆树皮栲胶进行以下对比实验：

左片猪硝皮　10 张　　右片猪硝皮　10 张

元宝枫栲胶　12%　　黑荆树皮栲胶　12%

转 10 h，连续 6 天，全部加完后测 Ts

漂洗后加油：T = 60℃　　C = 2.5

复合加脂剂：10%　　转 2 ~ 4 h

甲酸：1%　　转 30 min，水洗

试验结果：元宝枫 Ts = 85.5 ℃

荆树皮 Ts = 81.5 ℃

都高于 QBl89—62 规定不低于 75 ℃的指标。

成革外观颜色：元宝枫栲胶鞣制革较荆树皮栲胶明显浅淡。

(二)铬—植结合鞣

选10张猪硝皮,经浸酸与去酸处理,对剖后(左右两片分开)分别用元宝枫栲胶与黑荆树皮栲胶进行对比实验。

铬鞣:T=常温　　C=1

红矾　　1%

$NaHCO_3$　　1.2%

加入铬液转2.5 h后,加入$NaHCO_3$提碱,转2 h后过滤,次日测Ts=78 ℃,水洗。

中和:$NaHCO_3$　　3%　　转1.5 h,pH 4.0

植鞣:C=1　　栲胶12%　　加入栲胶,不停转动10 h后过滤,次日测Ts。

加油:T=60℃　　C=2.5

软皮白油　　5%

亚硫酸化油　　5%　　转2 h

甲酸　　1%　　转30 min,水洗。

试验结果:两种栲胶植鞣后成革Ts≥90℃。

外观指标符合GB89—62标准。

①平整不裂面,无折纹,颜色一致,无明显色花。

②切口:纤纹分离适度而致密,鞣制良好,无生心,颜色一致。

③坚实、丰富有弹性,无松软或僵硬现象,厚薄一致,革里无显著刨伤。

由上述鞣革试验表明:

(1)元宝枫果壳中富含凝缩类单宁,在一般植物鞣料中是罕见的。世界公认的鞣料之王——黑荆树,在我国沿海等地引种成功,剥取树皮生产优质栲胶,其轮伐期需7~8年,生产周期较长。显然,元宝枫作为每年可再生的优质鞣料,果实的综合利用价值又很高,其发展前景是可观的。

(2)用低温高效法工艺,具有浸提温度低,效率快,产率高等特点。制得的元宝枫栲胶其单宁含量高,色泽浅而纯正,用于鞣革,成革质量好,产品理化指标可与进口的黑荆树栲胶媲美。

(3)元宝枫栲胶成功的用于皮革鞣制,在我国属首创。随着我国皮革工业的兴旺发达对优质凝缩类单宁的需求日益增多,元宝枫鞣料必然有广阔的市场。

四、栲胶用于锦纶染色的固色剂

元宝枫栲胶是一种优质单宁原料，用"低温高效法"从元宝枫种皮和果壳中制取的栲胶，呈桃红色粉末状。经林业部林化产品检测中心检验，其单宁含量为73.6%，非单宁含量为24.9%，纯度为75%，各项定级指标均符合《黑荆树栲胶》国家标准中所规定的特级品。1993年3月，我们在咸阳市印染厂进行了元宝枫栲胶与五倍子单宁酸用于锦纶染色固色剂的对比试验，获得了良好效果。

(一)固色原理

为了提高锦纶丝有色成品的湿处理色牢度，对中、深色产品都要进行固色处理，常用的固色剂是单宁、吐酒石、固色作用在于使单宁和吐酒石发生反应生成单宁锑盐[$(C_{14}H_9O_9)_2SbOH$]，沉积在锦纶丝的表层，堵塞酸性染料再溶出的孔隙，使染料牢固地附着在纤维上，从而减少褪色的可能性。

(二)染色、固色条件

用同一批纯白色锦纶丝物试料染色，染色样本一分为二，分别用同样剂量的五倍子单宁酸和元宝枫栲胶进行固色。

染色条件：纯白色锦纶丝织物，用3%(按试样重)的6种颜料，在表7－6下列条件下染色40 min。

表7－6　白色锦纶丝织物染色条件

染料名称	弱非克斯(5GL)	酸性橙(2Z)	弱酸性黄(GK)	弱酸性蓝	酸性湖蓝(F)	酸性紫
颜色	红	橙	黄	蓝	湖蓝	紫
织物重(g)	5.8	4.4	8.2	5.5	8.1	4.0
染料重(g)	0.174	0.132	0.246	0.165	0.243	0.12
pH值			4～6			
浴比			1∶40			

固色条件：染色后丝织物分别用2%五倍子单宁酸和2%元宝枫栲胶，浴比1∶40，pH 4～5，70 ℃处理20 min。然后在1%吐酒石，70 ℃处理20 min。染物量和固色剂用量见表7－7。

表 7-7　染物量与固色剂的用量

颜色	红	橙	黄	蓝	湖蓝	紫
织物重(g)	2.9	2.2	4.1	2.75	4.05	2.0
固色剂重(g)						
I 五倍子单宁酸	0.058	0.044	0.082	0.055	0.081	0.04
吐酒石	0.029	0.022	0.041	0.0275	0.0405	0.02
II 元宝枫栲胶	0.058	0.044	0.082	0.055	0.081	0.04
吐酒石	0.029	0.022	0.041	0.0275	0.0405	0.02

(三)工艺流程

锦纶织物染色(100℃,40 min)→水洗→固色(单宁酸浴 70℃,20 min)→(吐酒石浴,70℃,20 min)→水洗→脱水→成品。

(四)锦纶染色的固色效果

(1)元宝枫栲胶用于锦纶丝染色的固色剂与五倍子单宁酸相比较,颜色明亮,色泽纯正。其染色的颜色深度和色泽详见表 7-8。

表 7-8　元宝枫栲胶与五倍子单宁酸染物深度和色泽的比较

颜色		红	橙	黄	蓝	湖蓝	紫
五倍子	色度	大红	橘橙	中黄	深艳蓝	深湖蓝	红紫
单宁酸	色泽	偏黄	稍显橘黄	稍显橘绿	稍暗	蓝绿	稍红
元宝枫	色度	大红	橘橙	中黄	深艳蓝稍深	深湖蓝	红紫
栲　胶	色泽	偏黄	色纯正	色纯正	色纯正	蓝绿	色纯正

(2)按 GB251-64,GB250—64 标准,对元宝枫栲胶与五倍子单宁酸固色的丝织物产品进行色牢度检验,结果见表 7-9。

表 7-9　元宝枫色牢度检验结果

检验项目	名称	标准值	五倍子单宁酸	元宝枫栲胶
耐皂洗	原样变化	4~5	4	4~5
	白布沾色	4~5	4	4~5
耐污渍	原样变化	4	4	4~5
	白布沾色	4	4	4
耐摩擦	干摩擦	4~5	5	5
	湿摩擦	4	4	4

注:标准为部颁标准 FJ,362—84

按照 GB251—64、GB250—64 标准(染色牢度退色样卡)五级以上为深色,三级以下为浅色，介于深、浅色之间为中色，色深色牢度优。

由表7－9可见，元宝枫栲胶的固色牢度略高于五倍子单宁酸。

(3)元宝枫栲胶在锦纶丝印染固色的试验成功，说明元宝枫栲胶具有五倍子单宁酸的优良性能，为元宝枫栲胶开辟了新的应用途径。

第四节　元宝枫蛋白质的加工利用

一、种子蛋白功能特性

选用元宝枫种子制备出种仁脱脂粉和种仁分离蛋白，试样中的蛋白、灰分及水分的百分含量见表7－10。

表7－10　各试样化学成分

样　品	化学成分		
	蛋白质(%)	灰分(%)	水分(%)
种仁脱脂粉	34.63	3.63	3.47
种仁分离蛋白	47.90	3.27	6.65
大豆脱脂粉	40.31	3.78	3.78

(一)等电点

在pH＝3.7～4.6范围设置多点进行测定，结果表明pH 4.38时，蛋白质沉淀量最多。故元宝枫种仁蛋白质的等电点为4.38，其测定数据见表7－11。

表7－11　元宝枫种仁蛋白等电点的测定

pH值	蛋白质沉淀量(g)	pH值	蛋白质沉淀量(g)	pH值	蛋白质沉淀量(g)
3.70	0.2159	4.30	0.2452	4.42	0.2471
3.80	0.2094	4.32	0.2458	4.44	0.2440
3.90	0.2338	4.34	0.2466	4.46	0.2428
4.00	0.2363	4.36	0.2493	4.48	0.2411
4.10	0.2366	4.38	0.2558	4.50	0.2387
4.20	0.2453	4.40	0.2502	4.60	0.2238

(二)溶解性

蛋白质的溶解性通常用氮溶解指数表示。氮溶解指数(NSI)指控制浸出条件，溶解在水中的氮占总氮的百分率。元宝枫种仁脱脂粉在不同pH值下的测定结果绘成溶解特性曲线,见图 7-1。

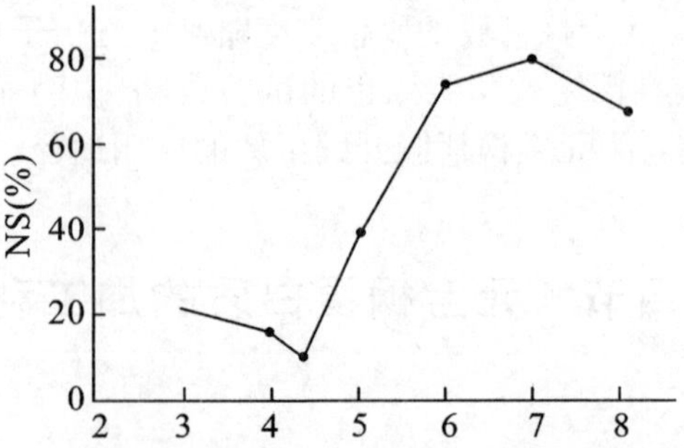

图 7-1 元宝枫种仁脱脂粉溶解度曲线

显然,在不同 pH 值下,溶解度差异很大。在等电点附近溶解度最小;而在偏离等电点的酸性和碱性条件下,溶解度较高;当 pH 值在 3~4.36 范围内,随着 pH 值的升高,溶解度呈降低趋势;在等电点附近,溶解度降至最低,仅 11.71%;随着 pH 值继续升高,溶解度迅速增加,至 pH 7 时达到最大值,为 79.42%;之后,再度降低。

对大豆脱脂粉的氮溶解指数进行测定,在 pH 7 时,为 97.67%,高于元宝枫种仁脱脂粉。

(三)起泡性与泡沫稳定性

起泡性指蛋白产品搅打起泡的能力。泡沫稳定性指泡沫保持稳定的能力。在不同 pH 值和不同浓度条件下,对元宝枫种仁脱脂粉的起泡性和泡沫稳定性进行了测定,同时与大豆脱脂粉和元宝枫种子分离蛋白进行对比,结果表明(见表 7-12、表 7-13、表 7-14),pH 值 4 时,种仁脱脂粉的起泡性及其稳定性最差;随 pH 值升高,起泡性及其稳定性增高;当 pH 6 时,泡沫稳定性最好;当 pH 7 时,起泡性最好。由于起泡性与蛋白质的溶解性密切相关,所以,起泡性及其稳定性与 NSI 表现呈一致趋势。

由表 7-13 表明,当溶液浓度为 1.0%~2.5%时,起泡性及其稳定性较好。

表 7-12 pH 值对元宝枫种仁脱脂粉起泡性及其稳定性的影响

pH 值	起泡性(%)	泡沫稳定性(mL)				
		1	10	20	30	60(min)
4	17.0	42	21	—	—	—
5	20.4	51	45	40	35	30
6	22.0	55	45	40	40	35
7	22.4	56	38	38	36	31
8	22.0	55	35	35	35	30

注:DFKP 测定液体积 250 ml,浓度 10%,温度 22℃。

表 7－13　不同浓度种仁脱脂粉的起泡性与泡沫稳定性

浓度(%)	起泡性(%)	泡沫稳定性(mL)				
		1	10	20	30	60(min)
0.5	29.6	65	49	48	48	34
1.0	33.9	78	60	55	55	50
2.5	40.0	80	58	55	51	48
5.0	34.1	75	50	45	42	40
7.5	31.6	68	47	43	38	30
10.0	28.3	65	43	40	32	25
12.5	25.4	62	41	34	31	25
15.0	21.2	55	40	32	30	25

注:DFKP 测定液体体积 250 mL,pH＝6.8,温度 22℃

表 7－14　不同样品的起泡性及其稳定性

样　品	起泡性(%)	泡沫稳定性(mL)				
		1	10	20	30	60(min)
元宝枫种仁脱脂粉	40.0	80	58	55	51	48
元宝枫分离蛋白	118.9	220	212	135	115	105
大豆脱脂粉	74.3	145	101	95	91	84

注:测定液浓度 2.5%,体积 250 mL,pH＝6.8,温度 22℃

从表 7－14 可知,元宝枫分离蛋白的起泡性显著高于种仁脱脂粉和大豆脱脂粉。这与分离蛋白中的蛋白质含量有关。元宝枫分离蛋白可作为蛋类代用品作发泡剂,用于酥性焙烤食品中,还可用于冰淇淋或糖果等加工中,以改善品质。

(四)乳化性与乳化稳定性

乳化性指蛋白产品将油与水混合在一起形成乳状液的性能。乳化稳定性指油水乳状液保持稳定的能力。对不同 pH 值下元宝枫种仁脱脂粉的乳化力(EA)和乳化稳定性(ES)进行测定,并与元宝枫分离蛋白及大豆脱脂粉进行对比研究,结果表明(见表 7－15、表 7－16),元宝枫种仁脱脂粉的乳化力在 pH 5 左右最高,乳化稳定性在 pH 4 附近最低。元宝枫种仁脱脂粉的乳化力略低于大豆脱脂粉,但乳化稳定性却很高。

(五)吸油性

吸油性指蛋白产品吸附油的能力。经测定(23℃),元宝枫种仁脱脂粉的吸油性为2.04 mL/g,大豆为1.34 mL/g,显著高于大豆脱脂粉。因此,可将元宝枫种仁脱脂粉试用于肉制品加工中,以促进脂肪的吸收,减少加工中脂肪的损失。

表7-15 元宝枫种仁脱脂粉的乳化力及其稳定性

pH值	EA(%)	ES(%)
3	60.81	107.60
4	64.29	98.51
5	65.62	101.28
6	64.60	134.63
7	61.77	118.90
8	62.81	108.02

注:DFKP测定液浓度4%,温度24℃

表7-16 不同样品的乳化力与乳化稳定性

样品	EA(%)	ES(%)
元宝枫种仁脱脂粉	61.77	117.45
元宝枫分离蛋白	60.69	94.04
大豆脱脂粉	64.45	88.03

注:测定液pH 7.0,温度24℃

二、种仁蛋白乳加工

(一)工艺流程及操作要点

1. 工艺流程

种仁→挑选→烘烤→清洗→浸泡→磨浆→过滤→调配→细磨→均质→装瓶、封盖→杀菌→冷却→成品。

2. 操作要点

将脱去皮的当年种仁,在120 ℃条件下烘烤约25 min,洗净,用水浸泡2 h,补加水至种仁重量的15~20倍,倒入胶体磨中,循环磨浆5 min,依次过100和200目筛。将配制好的蔗糖、稳定剂等溶液加入滤液中,在胶体磨上磨匀后,收集于容器中,并置于水浴锅(90 ℃左右)中加热,当料液温度上升至70 ℃时取出,在40 MPa压力条件下,均质。灌入250 mL玻璃瓶中,杀菌条件为121 ℃,20 min。

(二)影响乳品质量因素

1. 烘烤温度、时间对乳液的影响

采用90 ℃,100 ℃,110 ℃,120 ℃和130 ℃5个温度处理,烘烤种仁。磨浆后,经40人品尝都认为,烘烤温度在110~130 ℃效果较好。在此基础上,选用120 ℃的温度条件,对种仁进行不同时间的烘烤,并对磨浆后各处理乳液的热稳定性、口感、香气进行观测鉴别。结果(表7-17)表明,①在120 ℃条件下,种仁烘烤20~35 min,乳液的热稳定性较高,乳液口感适宜、香气浓、色泽好(纯乳白色);而种仁未经烘烤或烘烤时间低于15 min,乳液的热稳定性较差,且香气淡、生油味重。综合评定得出,在120 ℃条件下,对种仁烘烤25 min左右,效果较好。②在本试验条件下,元宝枫蛋白乳的热稳定性随种仁烘烤时间的延长而提高。

表7-17　烘烤种仁对乳液热稳定性的影响

种仁烘烤时间	乳液热处理条件		
	100℃,20 min	121℃,100 min	126℃,8 min
0	+	+	±
5	+	+	±
10	+	+ +	+
15	+	-	±
20	-	-	±
25	-	-	-
30	-	-	-
35	-	-	-

注:“+ +”严重絮状混浊;“+”絮状混浊;“±”轻微絮状混浊;“-”正常。

2. 蔗糖添加量

将蔗糖配成600 g/L糖浆,过滤后加入元宝枫原浆中,分别配成糖浓度为40 g/L,50 g/L,60 g/L,70 g/L,80 g/L,90 g/L,100 g/L的乳液。经40人评定认为,蔗糖添加量60~70 g/L较适宜(见表7-18)。

表7-18 元宝枫乳液适宜含糖量感官评定1)

糖浓度(g/L)	投赞同票人数	适宜度2)(%)	甜味	香气
40	0	0	偏淡	浓
50	2	5	偏淡	浓
60	36	90	适宜	浓
70	32	80	适宜	浓
80	4	10	偏重	淡
90	0	0	偏重	淡
100	0	0	太重	淡

注:1)投票人数为40人,其中有17人同时投糖浓度60~70 g/L。两张赞同票;2)适宜度(%)=投赞同票人数/总人数×100,适宜度越高,则感观评价越高。

3. 稀释倍数的确定

按照种仁重量,共设置5倍,10倍,15倍,20倍,25倍,30倍,35倍加水量,分别测定各稀释倍数乳液的固形物含量(见表7－19)。经感官评定(方法同上),85%以上投票者,认为稀释倍数以15～20较适宜。此时乳液的蛋白质含量≥8.0 g/L,产品中可溶性固形物含量(包括添加糖量在内)在100 g/L左右。

表7－19 不同稀释倍数乳液固形物含量

稀释倍数	种仁固形物含量(g/L)	稀释倍数	种仁固形物含量(g/L)
5	109.0	25	28.2
10	60.8	30	24.1
15	39.9	35	15.62
20	31.2		

4. pH值对稳定性的影响

在不同pH值下,蛋白质的溶解性差异很大。元宝枫种仁蛋白质的等电点为pH＝4.38,此时,元宝枫蛋白的溶解度最低。随着pH值增高,溶解状况得以改善。本研究将磨浆后的乳液pH值分别调至5.0,6.0,6.6,6.8,7.0,7.2,7.5,分别置于试管中,在3个不同温度(90 ℃,100 ℃,121 ℃)下进行加热处理。结果(见表7－20)表明,在pH值5.0～6.6,元宝枫蛋白乳的热稳定性最差;pH值7.0～7.5,热稳定效果较好。但pH值过高时,乳液的口感不适。故元宝枫乳饮料的最适pH值为7.0～7.2。

表7－20 pH值对元宝枫乳液稳定性的影响

乳液pH值	热处理温度和时间							
	90℃			100℃			121℃	
	10	20 (min)	30	15	20 (min)	25	5 (min)	10
5.0	+	+	+	+	+	+	+	+
6.0	+	+	+	+	+	+	+	+
6.6	－	+	+	－	+	+	+	+
6.8	－	－	+	－	－	+	－	－
7.0	－	－	－	－	－	－	－	－
7.2	－	－	－	－	－	－	－	－
7.5	－	－	－	－	－	－	－	－

注:“＋”表示絮状混浊,“－”表示正常。

5. 元宝枫蛋白乳稳定剂添加量

选择3种乳化剂(SE,GM,Tween80)和4种增稠剂(XG、CMC－Na、琼脂、海藻酸钠),以不加任何稳定剂为对照(CK)进行实验,以确定最佳的剂型、剂量和配比。

表 7－21 单一稳定剂的稳定效果

稳定剂	用量(g/L)			121℃,20min 后稳定效果
Tween80	1.0	2.0	3.0	1.0 g/L 较好,2 天后分层
GM	1.0	2.0	3.0	1.0 g/L 较好,1 天后分层
SE	1.0	2.0	3.0	2.0 g/L,3.0 g/L 较好,6 天后分层
琼脂	0.5	1.0	1.5	当时分层
海藻酸钠	0.5	1.0	1.5	当时分层
CMC－Na	0.5	1.0	1.5	当时分层
XG	0.5	1.0	1.5	1.5 g/L 较好,3 天后分层
CK				5 h 分层

对上述稳定剂进行单因素稳定效果试验的结果(见表 7－21)表明,SE、GM、Tween80、XG 均可起到一定的稳定效果。在此基础上,采用正交试验设计进行稳定剂复合试验。对稳定效果采用离心模拟测试法测定。根据 Stoices 公式计算出贮存 1,2,3 个月(元宝枫蛋白乳的货架期暂定为 3 个月)时,分别需要离心 6 min,12 min,18 min(离心机转速为 4000 r/min,半径 R＝0.16 m)。根据离心出现上浮或沉淀的先后顺序和数量值进行打分,标准见表 7－22 以分数值高低比较稳定效果。由正交试验结果(见表 7－23)可以得出,稳定剂的最优组合为 $A_1B_2C_2D_2$,即元宝枫乳液中添加 XG1.0 g/L,SE2.0 g/L,Tween80 0.5 g/L,GM0.5 g/L 为最佳稳定剂配比。通过极差分析得知,影响元宝枫乳液稳定性的主次因素顺序为 B＞C＞A＞D,即 SE 添加量对其影响最大,其次是 Tween80,XG 和 GM 影响则较小。

表 7－22 离心模拟测试打分标准

离心时间(min)	保存期(月)	分数	离心时间(min)	保存期(月)	分数
6	1	60～70	18	3	80～90
12	2	70～80	24	4	90～100

表 7－23 $L_9(3^4)$ 正交试验与结果

试验号	A XG	B SE	C Tween80	D GM	分数
$A_1B_1C_1D_1$	1.0	1.0	0.0	0.0	60
$A_1B_2C_2D_2$	1.0	2.0	0.5	0.5	92
$A_1B_3C_3D_3$	1.0	3.0	1.0	1.0	82

续表 7-23

试验号	A XG	B SE	C Tween80	D GM	分数
$A_2B_1C_2D_3$	2.0	1.0	0.5	1.0	70
$A_2B_2C_3D_1$	2.0	2.0	1.0	0.0	90
$A_2B_3C_1D_2$	2.0	3.0	0.0	0.5	80
$A_3B_1C_3D_2$	3.0	1.0	1.0	0.5	75
$A_3B_2C_1D_3$	3.0	2.0	0.0	1.0	82
$A_3B_3C_2D_1$	3.0	3.0	0.5	0.0	91
K_1	234	205	222	241	
K_2	240	264	253	247	
K_3	248	253	247	234	
$\bar{K}_1$	78.0	68.3	74.0	80.3	
$\bar{K}_2$	80.0	88.0	84.3	82.3	
$\bar{K}_3$	82.7	84.3	82.3	78.0	
极差 R	14	59	31	13	

另外，用 $A_1B_2C_2D_2$ 组合进一步实验，加工出的元宝枫蛋白乳可贮存 3 个月以上。

6. 杀菌条件的确定

①100 ℃，20 min；②121 ℃，10 min；③121 ℃，20 min 3 个不同杀菌条件，对样品进行杀菌处理，并将杀菌后样品置于 37 ℃恒温条件下连续观察 10 天。结果发现，经①、②两种杀菌条件处理的样品，均有微生物污染并导致分层。而经 121 ℃，20 min 杀菌处理过的样品则表现良好，在室温条件下可贮存 3 个月以上而不变质。

7. 产品质量

（1）感观指标　具有元宝枫特有的浓郁的乳香味，无异味。色泽呈乳白色。乳液呈稳定均匀的乳状液，口感细腻、滑润。

（2）理化指标　总固形物含量（g/L）>90，蛋白质（g/L）≥8.0，pH 值 7.0~7.2，油脂含量（g/L）>16，食品添加剂符合 GB2760－86。

（3）微生物指标在保质期内，无致病菌及因微生物作用所引起的腐败迹象。

（三）结论

（1）种仁烘烤对护色和增强乳产品香气及改善乳液稳定性均有良好的作用，烘烤的最佳条件是在 120 ℃下烘烤约 25 min，随着种仁烘烤时间的延长，元宝枫蛋白乳的热稳定性提高，这与花生蛋白乳的热稳定性的表现相异。

(2)元宝枫蛋白乳适宜的蔗糖添加量为 60 ~ 70 g/L。

(3)元宝枫蛋白乳加工中,种仁与添加的水量以 1∶15 ~ 20 为宜。此时,产品中总固形物含量为 100 g/L 左右,蛋白质含量≥8.0 g/L。

(4)综合考虑乳液热稳定性和口感因素,元宝枫蛋白乳的适宜 pH 值为 7.0 ~ 7.2,比豆乳、核桃乳、花生椰奶等蛋白饮料适宜 pH 值略高。

(5)SE、GM、Tween80、XG 等稳定剂对元宝枫蛋白乳均可起到一定的稳定效果。但使用单一乳化剂或增稠剂,其稳定效果均不够理想。元宝枫蛋白乳中复合稳定剂的最佳配比为 XG1.0 g/L,SE2.0 g/L,Tween80 0.5 g/L,GM 0.5 g/L。

三、种仁蛋白酸乳的加工

(一)材料和方法

1. 菌种

嗜热链球菌(Streptococcus thermophilus)和保加利亚乳杆菌(Lactobaciens bulagaricus),主要原料:元宝枫种仁,在西安及陕西其他地区采集种子,脱皮备用。辅料:脱脂奶粉、蔗糖、葡萄糖、琼脂、黄原胶、羧甲基纤维素钠等,均为食用级。主要设备:医用超净工作台;人工气候箱;X 系列两级胶体磨;干燥箱;手提式压力蒸汽消毒器;均质机;冰箱;数字酸度离子计等。

2. 菌种的驯化与发酵剂的制备

所用的保加利亚乳杆菌(Lb)和嗜热链球菌(St)均在脱脂奶粉液中活化。为了使菌种能在元宝枫浆液中良好生长,须将活化后的菌种接种于不同梯度元宝枫浆液与奶粉组成的混合培养基中逐步进行驯化,使菌种较能适应于元宝枫酸乳生产所需的条件,发酵一段时间并凝固后,即可作为生产发酵剂。

(二)加工工艺

种仁→清选→漂洗→浸泡(2 h)→磨浆→过滤→加入辅料调配→均质→杀菌(90℃ ~ 100℃,20 min)→冷却→接种发酵剂→罐装→发酵→后熟→成品
→空瓶→清洗、消毒

(三)影响酸乳质量的因素

1. 乳酸菌在元宝枫种仁浆液中生长产酸情况

在未加任何辅料的元宝枫种仁浆液中,接种 3% 的乳酸发酵剂(Lb∶St 为1∶1),在 43℃下,发酵了 18 h,仍未出现凝固状态;之后放入 4℃冰箱中,经过 7 天后熟后品尝认为:乳液的酸香味极淡。由测定得知,浆液的 pH 值由接种时的7.24仅降至 5.82,远高于酸牛乳要求的 pH 值,同时高于元宝枫种仁蛋白质的等电点(4.38)。由

此说明,元宝枫种仁浆液中缺乏乳酸菌生长所需要的某些生长素,不能迅速促使乳酸菌大量生长繁殖并致使凝固状态形成。故在生产元宝枫酸乳形成时,须在浆液中添加奶粉、葡萄糖等辅料。这与加工大豆、花生和核桃酸乳相同。

2. 元宝枫乳液浓度

元宝枫乳液浓度直接影响着蛋白质的含量,进而影响酸乳的质地结构。试验结果(见表 7-24)表明,种仁浆液浓度对酸乳的酸度和质地影响很大。浓度过高(种仁固形物含量≥8.1%)或过低(种仁固形物≤4.3%)均不利于产酸,且凝乳质地较差。只有种仁与水的比例为 1:10 时,酸乳产酸和组织状态较好。故确定,在未加稳定增稠剂的情况下,种仁磨浆时加入 10 倍水较适宜。

表 7-24　元宝枫乳液浓度对酸乳质量的影响

项　　目	种仁:水			
	1:8	1:10	1:12	1:14
种仁固形物含量(%)	8.1	6.2	5.0	4.3
酸乳 pH 值	4.26	4.56	4.20	4.38
外观	淡黄色 凝乳质硬	乳白色 凝乳状态好	乳白色 凝乳质地软	无凝固 现象
口感	太稠	滑润爽口	滑润爽口	味淡

3. 奶粉添加量对酸乳质量的影响

奶粉中含有乳糖和蛋白等成分,将奶粉添加到元宝枫乳液中,可以促使酸乳发酵成熟,同时有助于产品风味和口感的改善。试验结果(见表 7-25)表明不加奶粉或添加量过低(≤1%)时,乳酸均不能形成良好的凝乳状态,且风味较差;当奶粉添加量≥2%时,均能形成良好的凝乳状态,且随着奶粉添加量的增加,凝乳的硬度增加。由感官品评得知,2%~4%的奶粉添加量,口感相对较好。初步得出适宜的奶粉添加量为 3%。

表 7-25　奶粉、蔗糖添加量对酸乳质量的影响

项　目	奶粉添加量(%)						蔗糖添加量(%)			
	0	1	2	3	4	5	5	6	7	8
酸乳 pH 值	4.31	4.15	4.02	4.01	4.09	4.12	4.01	4.01	4.18	4.20
凝乳状态	无凝固现象	凝乳质软	凝乳状态较好	凝乳状态好	凝乳状态好	凝乳质硬	良好	良好	良好	良好
口感	风味差	风味不足	风味较好	风味好	风味好	风味好太稠	稍酸	酸甜可口	微甜	偏甜

4. 蔗糖添加量对酸乳质量的影响

在奶粉和葡萄糖添加量分别为3%和0.5%情况下，不同浓度的蔗糖，结果（见表7－25）显示，添加不同浓度的蔗糖，酸乳的凝乳状态均表现较好。但pH值稍有差异，在蔗糖添加量为5%和6%时酸乳的pH值均为4.01，随着添加量的进一步提高，酸乳的pH值有升高的趋势。其原因可能是由于蔗糖量增加造成渗透压加大，致使乳酸菌增殖受到某种程度抑制作用。由感官评定得知，当蔗糖浓度为5%时，产品偏酸；浓度为7%和8%时，产品口感微甜和偏甜，只有蔗糖加量为6%时，酸乳酸甜可口，风味较好。

5. 葡萄糖添加量对酸乳质量的影响

选择葡萄糖不同添加量进行试验，结果（见表7－26）表明添加葡萄糖可明显提高产酸量，且随添加量的增加，产品的pH值呈降低趋势。由感官品评知，当添加量为0.5%～1.5%时，酸乳口感和凝乳状态均较好，但添加量达1.5%时，美拉德反应加重，产品颜色稍微有加深。故初步得出葡萄糖的添加量为1.0%较为适宜。

表7－26　葡萄糖添加量对酸乳质量影响

项　　目	葡萄糖添加量(%)			
	0	0.5	1.0	1.5
酸乳pH值	4.19	4.03	4.00	3.96
颜色	乳白色	乳白色	乳白色	淡乳黄色
凝乳状态、口感	稍差	良好	良好	良好

6. 菌种配比和接种量的确定

菌种配比Lb: St，按总接种量为3%进行接种。结果（表7－27）表明，采用Lb和St不同配比进行接种，乳液均能形成良好的凝乳状态，且当比例为1: 1时，酸乳的口感较好。得出Lb与St的适宜添加比例为1: 1。

表7－27　菌种配比试验结果

项　　目	Lb: St		
	2: 1	1: 1	1: 2
酸乳pH值	4.04	4.10	4.13
凝乳状态	良好	良好	良好
口感	偏酸	酸甜适口	酸甜较适口

菌种接种量影响酸乳凝乳状态,当接种量为3%时,制得的酸乳在风味、质地等方面均表现较好,见表7-28。

表7-28 不同接种量对酸乳质量的影响

项 目	接种量(%)				
	1	2	3	4	5
发酵时间(h)	12.5	11.5	5.5	5.0	4.5
酸乳 pH 值	4.38	4.11	4.09	3.95	3.87
凝乳状态	凝固不完全 严重乳清析出	凝乳质软很 少乳清析出	凝固 状态好	凝固 状态好	凝固过硬 很少乳清析出
口感	酸味淡	酸甜可口	酸甜可口	稍偏酸	偏酸

注:Lb∶Sr 为1∶1

7. 稳定剂的选择和用量确定

选用琼脂、羧甲基纤维素钠和黄原胶3种稳定剂,分别进行不同浓度的添加试验。结果见表7-29,3种稳定剂均可起到一定的增稠稳定效果。比较而言,羧甲基纤维素钠加入后,酸乳乳清析出量较多。而加入黄原胶的酸乳,口感较粗,只有添加琼脂的酸乳,感官评定结果相对较好。比较琼脂不同添加浓度,当添加量为0.2%时,酸乳的组织状态和口感等均表现较好。

表7-29 添加稳定剂对酸乳质量的影响

稳定剂	添加量(%)	酸乳 pH 值	凝乳状态
琼脂	0.1	4.06	凝乳质软,少量乳清析出
	0.2	4.06	凝乳质地良好,无乳清析出
	0.3	4.07	凝乳质地良好,无乳清析出
羟甲基纤维素钠	0.1	3.99	凝乳质软,少量乳清析出
	0.2	3.91	凝乳质地良好,乳清析出较多
	0.3	3.96	凝乳质地良好,乳清析出较多
黄原胶	0.1	3.94	凝乳质软,少量乳清析出
	0.2	3.90	凝乳质地粗糙
	0.3	3.97	凝乳质地粗糙
空白	0	4.04	凝乳质软,少量乳清析出

*注:种仁∶水为1∶12

8. 发酵温度、时间及后熟对酸乳质量的影响

将接种后的原料乳液在不同温度条件下进行发酵培养,至凝乳状态基本形成后,转入4℃冰箱中进行后熟。由试验结果(表7-30)得知,当发酵温度为41℃和43℃时,制成的酸乳感官评价较好。而在45℃下发酵加工的酸乳,乳清析出较多,

且口味偏酸。从发酵时间来看,元宝枫酸乳的发酵温度采用43℃较好。

表 7-30　发酵温度对酸乳品质的影响

项　目	发酵温度(℃)		
	41	43	45
发酵时间(h)	6	5	5
酸乳 pH 值	4.15	4.14	4.00
凝乳状态	良好 无乳清析出	良好 无乳清析出	一般 有大量乳清析出

将上述装有乳液的三角瓶,放入43℃条件下培养,连续测定不同培养时间乳液的pH值(见表7-31)得知,在发酵的前3 h内,乳液的pH值降低很快,由7.24迅速降至4.61,之后降势趋缓。发酵到5 h时,乳液已形成良好的凝乳状态。如发酵时间再长(≥7 h),则凝乳状态变差。由此得出,在43℃发酵温度下,乳液形成良好凝乳状态需要的时间一般为5 h左右。

表 7-31　发酵时间对凝乳的影响

项　目	发酵时间(h)							
	0	1	2	3	4	5	6	7
乳液 pH 值	7.24	6.37	5.22	4.61	4.38	4.21	4.10	4.01
凝乳状态	未凝固	未凝固	未凝固	部分凝固	凝乳质软	很好	较好	一般,有乳清析出

当乳液凝固状态形成后,即可放入冰箱中,在4℃下进行后熟。在后熟过程中,凝乳的pH值继续降低(见表7-32),在前5 h内,pH值降低了0.09之后,变化甚微。后熟到第24 h和96 h,pH值分别降低了0.11和0.13,经过15 h以上的冷藏后熟后,酸乳的凝固状态变得更加稳定,香气和风味也变得更加突出。

表 7-32　后熟时间与酸乳 pH 值关系

后熟时间(h)	0	1	2	3	4	5	10	15	20	24	96
pH 值	4.21	4.19	4.14	4.14	4.14	4.12	4.12	4.12	4.10	4.10	4.08

由上述各因素试验来看,对酸乳质量影响较大的因素有4项,即种仁浆液浓度,琼脂、葡萄糖和奶粉的添加量。影响乳酸pH值的主次因素以奶粉添加量最大,其次为葡萄糖,再次之为种仁加水倍数,琼脂的影响最小。从感官评定看,种仁加入量影响最大,其次为奶粉和葡萄糖,琼脂的影响最小。

(四)产品质量指标

1. 感官指标

色泽:乳白色;香气:具有乳香味。

口感:滑腻柔和,酸甜可口。

组织形态:均匀细微呈凝乳状态。

2. 理化指标

总固形物≥12%;pH 4.0~4.2;

蛋白质含量 1.21%。

四、利用元宝枫油粕制取酱油

元宝枫种仁含有丰富的蛋白质(含量约为 27%),且含有人体必需的各种氨基酸,同时富含与酱油鲜味密切相关的谷氨酸,含量高达 29.86%(占蛋白重),是加工酱油的优质蛋白质资源。以元宝枫种仁及油粕为氮源,采用低盐固态发酵法,对元宝枫酱油生产工艺进行研究。

(一)材料

1. 菌种

沪酿 3.042 米曲酶。

2. 材料

元宝枫种仁:采集于陕西杨凌,含蛋白质 27%。

元宝枫油粕:压榨法榨油后剩余的油渣,蛋白质含量为 38.7%。在种子处理过程中,未将内种皮(含单宁 60%)去除干净,故油粕中单宁含量较高。本研究对油粕未采取脱单宁处理,以便考察单宁对发酵过程的影响。

麸皮、小麦及食用精盐。

3. 主要设备仪器

调温调湿箱,恒温培养箱,离心机,电子天平,火焰光度计等。

(二)分析方法

固形物含量:烘干法。密度:比重瓶法。全氮:凯氏定氮法,甲醛法。氨基酸氮:甲醛法。食盐:火焰光度法。糖分:亚铁氰化钾法。总酸:酸碱滴定法。

消化率:准确称取低温下干燥后过 80 目筛的熟料 5 g,加入 250 mL 带塞三角瓶中,加入 90 mL 酶液(酶液为在成曲里加入 5 倍 20% 食盐水保温 37 ℃,5 h 后过滤所得液体),再加入 pH 为 7.2 磷酸缓冲液 10 mL 摇匀,在 55 ℃水浴中保温 2.5 h,冷却后用离心机分离 5 min,取上清液 10 mL,用甲醛法测定全氮含量,用 A 表示。同时称取低温烘干后的熟料 5 g,测定其全氮的百分含量,用 B 表示。另外,精确量取酶液 10 mL,测定其全氮含量,用 C 表示。则消化率可按下式计算。

$$消化率(\%)=\frac{100A-9C}{B}\times 100$$

(三)工艺流程

水→加热（→润水）；麸皮（→拌料）

元宝枫种仁或油粕→破碎→润水→拌料→蒸料→接种→制曲→入罐发酵→淋油→灭菌→检验→成品

(四)主要操作过程

1. 原料处理

破碎与过筛:原料破碎后,过孔径为 3～4 mm 的筛子,过筛后的原料粉末量不能超过 10%。小麦只需轻微打破即可。

润水:选用 80℃的水处理,以加速润水速度。

蒸料:采用常压蒸料法。

2. 接种制曲

曲料出锅后摊凉,温度降至 30～35℃时,接种,米曲霉的接种用量为 0.3%。

接种后的曲料置于曲盘上,疏散摊平,然后置于温度为 30～32℃,湿度为 90% 以上的培养箱中培养。接种培养 5 h 后,进行第一次翻曲,之后每隔2 h翻曲 1 次。当曲料变为黄绿色时,即可入罐发酵。

3. 发酵

将浓度为 12～13°Be′,温度为 50℃的热盐水与成曲按一定比例混合,拌匀,入发酵罐,在一定温度条件下,进行发酵。

(五)种仁加工酱油工艺参数确定

1. 原粒配比、润水量、蒸料时间

原料配比即种仁与麸皮的比例,设置 6:4、7:3 和 8:2 三个对比水平。润水量设置 60%、80%、100%(占种仁重)三个对比水平。蒸料时间设置 20 min、40 min、60 min 三个对比水平。

上述三因素不同组合后,原料蛋白质的消化率测定结果见表 7－33、7－34。

表 7-33 不同因素组合下的原料蛋白质消化率

原料配比	润水量(%)	蒸料时间(min)	A	B	C	消化率(%)
8:2	60	20	1.885	20.56	0.39	74.6
8:2	80	20	2.063	20.56	0.46	80.2
8:2	100	20	1.956	20.56	0.43	76.3
8:2	60	40	2.081	20.56	0.46	81.1
8:2	80	40	2.132	20.56	0.48	82.7
8:2	100	40	2.070	20.56	0.45	81.0
8:2	60	60	1.972	20.56	0.40	78.4
8:2	80	60	1.999	20.56	0.43	78.4
8:2	100	60	1.899	20.56	0.39	74.8
7:3	60	20	1.853	19.25	0.41	77.1
7:3	80	20	1.901	19.25	0.45	77.7
7:3	100	20	1.819	19.25	0.43	74.4
7:3	60	40	1.968	19.25	0.48	79.8
7:3	80	40	2.152	19.25	0.52	87.5
7:3	100	40	2.098	19.25	0.50	85.6
7:3	60	60	2.080	19.25	0.50	84.7
7:3	80	60	2.016	19.25	0.48	82.3
7:3	100	60	2.065	19.25	0.50	83.9
6:4	60	20	1.705	17.96	0.41	74.4
6:4	80	20	1.740	17.96	0.41	76.6
6:4	100	20	1.687	17.96	0.42	72.9
6:4	60	40	1.853	17.96	0.45	80.6
6:4	80	40	1.923	17.96	0.48	83.0
6:4	100	40	1.862	17.96	0.45	81.1
6:4	60	60	1.768	17.96	0.43	76.9
6:4	80	60	1.718	17.96	0.42	74.9
6:4	100	60	1.809	17.96	0.44	78.7

试验表明,蛋白质消化率最高值为87.5%,该数值对应的组合为最佳水平组合,即种仁与麸皮的配料比为7:3,润水量为种仁重的80%,蒸料时间为40 min。

2. 发酵温度与发酵用水量

发酵温度设置两个对比水平，即①前期 48 ~ 50℃，后期 40 ~ 42℃（高温发酵）。②前期 42 ~ 44℃，后期 34 ~ 36℃（低温发酵）。发酵用水量设置 5 个对比水平，即用水量分别占总原料重量的 60%、70%、80%、90% 及 100%。

待曲料入罐发酵到第 20 天时，取出少量酱醅进行淋油，测定其氨基酸氮，同时进行感官指标（色、香、味）鉴定。结果见表 7 - 35，前期发酵温度控制在 48 ~ 50℃，后期控制在 40 ~ 42℃，发酵用水量 80%，酱醅质量最好。

表 7 - 35　不同发酵温度与用水量的比较

试验内容	感官表现	氨基酸氮(g/100ml)
高温发酵	优良	0.48
低温发酵	良	0.37
用水量 60%	差	—
用水量 70%	良	0.35
用水量 80%	优良	0.45
用水量 90%	良	0.38
用水量 100%	良	0.31

（二）油粕加工酱油工艺参数确定

设置油粕与麸皮的配比处理水平为 5∶5、6∶4 和 7∶3；油粕、麸皮、小麦的配比水平为 5∶3∶2 和 6∶3∶1。润水量设置 80%、90%、100% 和 120%（占原料总重）四个对比水平。蒸料时间设置 10 min、20 min、30 min 及 40 min 四个对比水平。发酵用水量设置 80%、100%、110%、120%、130%、140% 及 150%（占总原料重）七个对比水平，发酵温度设置同种仁。

研究得出表 7 - 36，油粕加工酱油工艺中，原料配比油粕、麸皮、小麦为 6∶3∶1，润水量 90%，蒸料 20 min，发酵前期温度控制在 48 ~ 50℃，后期控制在 40 ~ 42℃，发酵用水量 120%，采用上述组合条件，油粕酱油感官表现较好，氨基酸氮值也最高。

表 7－36　油粕加工酱油不同对比试验测定结果

实验内容	感官指标	氨基酸态氮(g/100 mL)
配比 5∶5	良	0.28
配比 6∶4	良	0.38
配比 7∶3	良	0.34
配比 5∶3∶2	良	0.30
配比 6∶3∶1	优良	0.44
润水量 80%	良	0.37
润水量 90%	优良	0.48
润水量 100%	良	0.42
润水量 120%	良	0.40
蒸料 10 min	差	—
蒸料 20 min	优良	0.43
蒸料 30 min	良	0.37
蒸料 40 min	良	0.31
高温发酵	优良	0.45
低温发酵	良	0.40
发酵用水 80%	良	0.38
发酵用水 100%	良	0.39
发酵用水 110%	优良	0.44
发酵用水 120%	优良	0.47
发酵用水 130%	良	0.42
发酵用水 140%	良	0.41
发酵用水 150%	良	0.42

(三)理化指标测定

对大豆、元宝枫种仁和油粕酱油进行理化指标测定,结果(见表 7－37)表明,种仁酱油可达商业部颁一级标准,可与大豆酱油媲美,油粕酱油可达二级部颁标准。种仁酱油在色、香、味、体四个方面均优于油粕酱油。油粕酱油质量略低的原因,可能与油粕中单宁含量较高有关。因此,用油粕生产酱油,事先应将油粕中的单宁除去。

表 7－37 种仁与油粕酱油理化指标

项　　目	大豆酱油	种仁酱油	油粕酱油
无盐固形物(g/100 mL)	23.81	24.33	22.76
氨基酸氮(g/100mL)	1.01	0.98	0.89
全氮(g/100mL)	1.65	1.70	1.32
比重,20℃(g/mL)	1.20	1.21	1.19
食盐(g/100mL,以氯化钠计)	21.65	21.87	17.44
糖分(g/100mL,以还原糖计)	4.56	4.23	3.17
总酸(g/100mL,以乳酸计)	2.32	2.17	1.83
达到国家部颁标准	一级	一级	二级

依据上述工艺参数,在西北农业大学食品加工厂进行了油粕酱油生产中试,生产的元宝枫油粕酱油完全符合商业部颁布的二级酱油标准。

元宝枫酱油的开发研究尚需进一步充实和完善,如发酵菌种的筛选、油粕中单宁去除后的生产试验等。但可以明确肯定,元宝枫种仁和油粕是一种制作酱油的新型蛋白质原料,可替代大豆,缓解大豆紧缺矛盾。可以预见,在元宝枫综合利用层次不断拓展的形势下,元宝枫酱油将独树一帜,为人民生活增添新的佐料。

第八章　元宝枫叶的加工利用

第一节　元宝枫叶总黄酮的提取

一、叶总黄酮提取方法研究

为了开发利用元宝枫叶中的黄酮，我们进行了元宝枫叶中提取黄酮方法的研究，以期为优选元宝枫叶黄酮的提取工艺提供科学依据。

(一)热水提取法

称取元宝枫干叶 50 g，用水加热提取两次，合并提取液并浓缩至一定体积后，加入乙醇使蛋白质、多糖等沉淀出，趁热过滤，滤液放冷，黄酮即可从溶液中析出，过滤，将粗提物置于硫酸纸上，在 50 ~ 60℃烘箱中烘干，研碎得粗黄酮粉末，称重，计算产率，并测定提取物中黄酮的含量。

(二)碱液提取法

称取元宝枫干叶 50 g，粉碎(不宜过细，以免影响过滤)，置于 1000 mL 烧杯中，加水 450 mL，搅拌下加入石灰乳，调 pH 值 8 ~ 9，倾出上清液，过滤；残渣用450 mL水重复提取一次，弃去残渣，合并滤液，放冷；用稀盐酸调节 pH 4 ~ 5，静置过夜，过滤，干燥，粉碎，得黄酮粗品。计算提取率，并测定提取物中黄酮的含量。

（三）70%乙醇提取

称取元宝枫叶粉 50 g，先用石油醚脱脂，除去色素、树脂等杂质，然后用 70%乙醇加热提取 3 次；合并提取液，减压浓缩后趁热过滤，滤渣用水反复热浸至黄酮充分溶出为止；合并滤液及洗液，放冷后用乙酸乙酯提取数次，提取液用无水硫酸钠干燥，回收溶剂即得总黄酮。将提取物在 50～60℃烘箱中烘干，研细，称重，计算提取率，并测定提取物中黄酮的含量。

（四）60%丙酮提取法

称取元宝枫叶粉 50 g，用 60%丙酮水浸泡过夜，然后在 50～55℃加热 5～6 h，不时搅拌；趁热过滤，重复提取 3 次，叶渣用提取溶剂洗两次，压滤，合并滤液，减压回收溶剂；水相用石油醚脱脂 3 次，然后浓缩成浸膏，真空干燥（50℃），粉碎成粉末，称重，计算提取率并测定提取物中黄酮的含量。

（五）甲醇提取法

称取 50 g 元宝枫干叶粉末，先用石油醚脱脂 3 次，用 100%甲醇加热回流提取 2 次，再用 70%甲醇加热回流提取 2 次；提取液减压浓缩成浸膏，用热水反复处理；水溶液中加入过量的饱和醋酸铅溶液，使黄酮沉淀出，过滤，水洗，干燥，研细后悬浮于甲醇中，通入 H_2S 气体，过滤，除去硫化铅，滤液调至中性，减压蒸干，残渣用少量热水溶解过滤，滤液放置时黄酮析出、过滤、干燥得固体，计算提取率并测定提取物中黄酮的含量。

（六）扩大试验

将在实验室筛选的 70%乙醇提取法进一步进行扩大试验，研究其效果。在陕西省秦岭野生植物开发研究所将黄叶与绿叶分别用下列工艺流程提取总黄酮，并计算提取率。

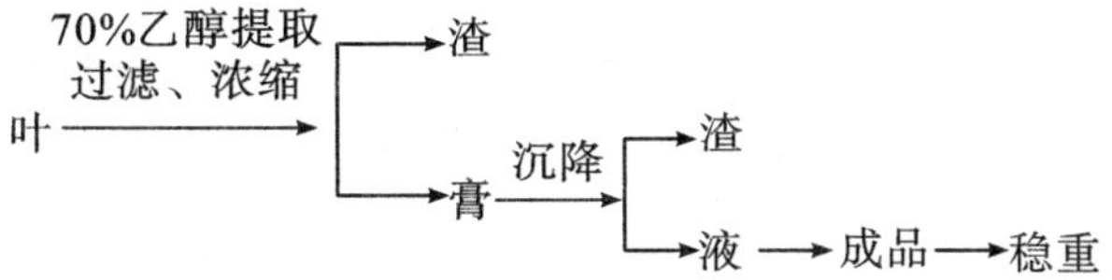

表 8－1 为各种不同提取方法的比较，可以看出：水提法提取率及总黄酮含量均较低，且提取液存放易腐败变质，后继的过滤、干燥等操作困难亦很费时。原因是由于用极性大的水作溶剂，易把蛋白质、糖类等易溶于水的成分浸提出来，因此也易霉变，但如果用碱性水溶液提取，产品得率有所提高，因消耗溶剂

的费用比乙醇法等低,仍为一种可取的提取方法。

表 8-1　提取黄酮的不同方法的比较

序号	叶重(g)	提取法	提取物(g)	提取物(g)	黄酮含量(%)	提取物颜色
1	50	热水提取法	0.36	0.72	14.2	淡黄色
2	50	碱性水液提取法	2.08	4.16	13.8	褐黄色
3	50	70% 乙醇提取法	6.10	12.20	35.0	杏黄色
4	50	60% 丙酮提取法	9.96	19.92	55.7	杏黄色
5	50	甲醇提取法	0.84	1.69	23.7	杏黄色

70% 乙醇提取法克服了水提法存放易霉变等缺点,具有得率及总黄酮含量较高,后续的过滤、回收溶剂、干燥等操作也比较容易等优点。

60% 丙酮提取法的提取率为 19.92%,固体产品的总黄酮含量为 55.7%,均高于 70% 乙醇法,提取液的过滤、回收溶剂、干燥等过程易于进行。若用提取物直接作为药剂和保健食品的原料,60% 丙酮提取法不失为一种理想的方法,且工艺流程简单,易工业化,省时,耗能较少。

甲醇提取法的总黄酮得率较低,且此法成本高,污染严重,提取工艺复杂,使用的甲醇、醋酸铅等都是有毒试剂,不适宜于元宝枫叶黄酮的提取。

表 8-2　元宝枫叶提取黄酮的扩大试验

原料	叶重(kg)	产品重(g)	产品得率(%)	产品色泽	粗品中总黄酮含量(%)
黄叶	29.4	500	1.7	杏黄色	18.2
绿叶	18.0	730	4.06	黄中带绿	21.1

元宝枫叶提取黄酮的扩大试验(见表 8-2)表明,元宝枫叶完全可用于工业化提取总黄酮,提取率较高。根据我们的研究结果,10 月份叶中所含黄酮高于 11 月份,所以用绿叶提取比用秋季黄叶提取效果更好。元宝枫叶提取粗黄酮的提取率远高于银杏叶的提取率(银杏叶粗黄酮的提取率为0.9% ~1.1%),且元宝枫产叶量远较银杏高,因此,用元宝枫叶提取粗黄酮前景可观,具有较高的经济价值。

（七）结论

碱性水溶液提取法会得到较高的总黄酮得率和含量，较低的能耗和溶剂消耗，成本低，具有较高的实用价值。

70%乙醇提取法提取率和黄酮含量都较高，提取物较易浓缩和干燥，且工业酒精价格低，是一种好的提取方法。60%丙酮提取法总黄酮得率和含量均最高，且提取物易得，也是一个较好的提取方法。

二、叶中总黄酮提取的中间试验

（一）设备

中试主要设备（见表8－3）。

表8－3　中试主要设备一览表

序号	名　称	型　号	台（件）
1	多功能提取罐	TQ—3000	2
2	三足式离心机	TPAM—800	2
3	薄膜浓缩器	WZ—500	1
4	外循环浓缩机组	GN—500	1
5	吸附分离柱	HJMC—2	2
6	压力式喷雾干燥设备	YPG—25	1
7	冷冻干燥设备	CTL—0.2	1
8	沉降分离（萃取）罐	自制	1
9	贮罐、高位罐	各种大小型式	12

（二）工艺流程

将元宝枫叶粉碎为8～10目，80～85℃水提两次，每次1 h左右，然后减压浓缩到固形物，含量达到38%左右，在萃取罐中用85%乙醇萃取，萃取液减压浓缩回收乙醇，得粗黄酮。

粗黄酮母液经大孔专用吸附树脂吸附分离，所得洗脱液再经浓缩得到黄酮浸膏，经喷雾干燥得到含量为52%元宝枫黄酮产品，收率为4.65%。

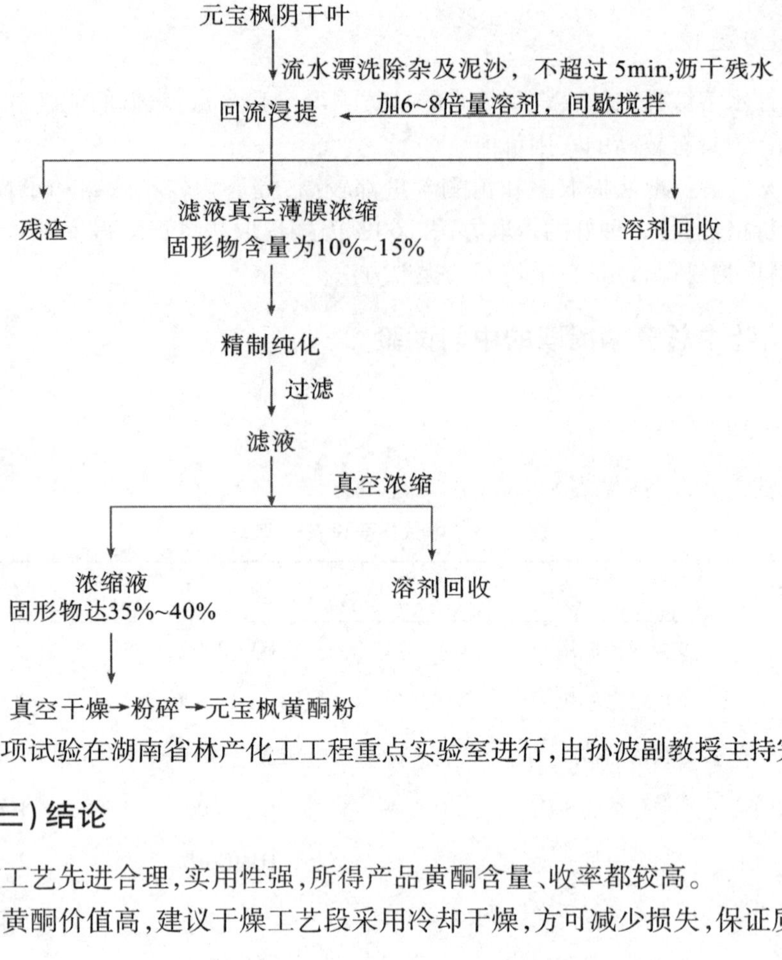

此项试验在湖南省林产化工工程重点实验室进行,由孙波副教授主持完成。

(三)结论

该工艺先进合理,实用性强,所得产品黄酮含量、收率都较高。

因黄酮价值高,建议干燥工艺段采用冷却干燥,方可减少损失,保证质量。

第二节　元宝枫叶中绿原酸的提取

一、制备元宝枫绿原酸原料的准备

(一)采收元宝枫叶的季节

由第六章第二节所述元宝枫叶中绿原酸含量随季节动态变化研究结果表明,陕西关中地区6~8月元宝枫叶中绿原酸含量最高,随树龄的增长,叶中绿原酸呈下降趋势,幼树明显高于老树,尤其1年生苗木树叶中绿原酸含量达

6.99%。因此，在6～8月间采收1年生元宝枫苗木树叶，可获得制取绿原酸的上等原料。

（二）采收后的处理

元宝枫叶采收后，应摊放在通风厂房中阴干，由于太阳光对叶中绿原酸有分解作用，故不宜在阳光下晒干。南方多雨潮湿地区，可采用低温烘干(60℃以下)。

二、中试主要设备

表8－4　中试主要设备一览表

序号	名　　称	型　　号	台(件)
1	软化水处理设备	FSJ—3000	1
2	多功能提取罐	TQ—3000	2
3	三足式离心机	TPAM—800	2
4	超滤设备	CL—2—2	1
5	吸附分离柱	HJMC—2	3
6	薄膜浓缩器	WZ—500	1
7	压力式喷雾干燥设备	YPG—25	1
8	贮罐、高位罐	各种大小型式	12

三、工艺流程

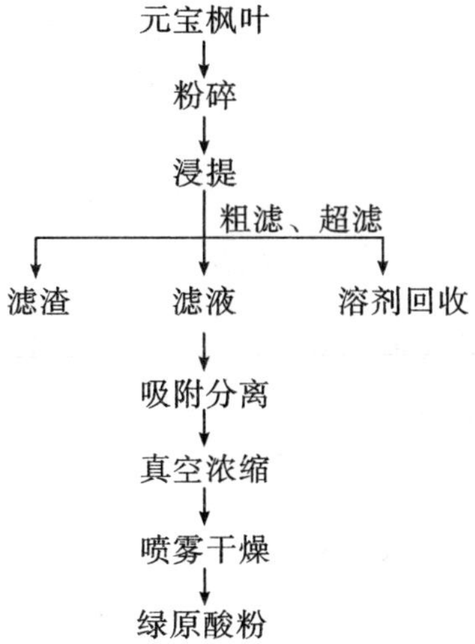

此项试验在湖南省林产化工工程重点实验室进行，由孙波副教授主持完成。

(一)原料

元宝枫叶由云南威达元宝枫公司提供,数量 2000 kg,品质较好,叶含水分为 11.5% ~12.6%。

(二)粉碎

1000 kg 未经粉碎,1000 kg 粉碎为 8 ~10 目。从中试的提取得率看元宝枫叶粉碎与整叶差异不显著。

(三)提取

绿原酸为苯丙素类衍生物,性质活泼,易氧化分解,故提取时应尽量控制提取时的温度、时间及 pH 值,中试设计多功能的动态提取。但此次中试提取罐为制药厂自制的蒸煮罐,无夹层加热恒温系统,无搅拌,无出渣过滤装置,故影响了叶的提取得率,为此,我们进行了 3 次提取(动态提取两次即可),基本达到了预期设计目的(见表 8 -5)。

表 8 -5　提取因素控制及提取得率表

序号	提取时间	提取温度	pH 值	物料比	得率%
1	50 ~60min/次	50 ~60℃	5 ~6	1:10	15.2%
2	50 ~60min/次	50 ~60℃	6	1:8	16.3%
3	50 ~60min/次	50 ~60℃	5 ~6	1:8	15.7%
4	50 ~60min/次	50 ~60℃	6	1:10	15.3%

综合上表,得出了提取时的最佳控制条件为:提取 3 次,每次 50 ~60 min,提取温度为 50 ~60℃,pH 值及物料比分别控制在 5 ~6 及 1:8 ~10,提取得率最高达 16% 左右。

(四)树脂吸附分离

本中试工艺采用叶提取后,经离心过滤,然后经超滤进入树脂吸附分离,在适当控制物料浓度、pH 值及流速条件下,纯化分离效果好,操作方便,再生容易,比小试所采用的 101 离子交换树脂效果更为理想(详见表 8 -6)。

表 8 -6　吸附分离树脂纯化条件及得率

序号	pH 值	吸附液流速	洗脱液流速	得率	纯度
1	5 ~6	8 ~10mL/s	5 ~6mL/s	8.5%	30%
2	4 ~5	8 ~10mL/s	5 ~6mL/s	8.8%	33.4%
3	5 ~6	10 ~12mL/s	5 ~6mL/s	8.0%	27.5%
4	4 ~5	10 ~12mL/s	5 ~6mL/s	8.1%	28%

综合上表，采用 pH 4 ~ 5，吸附液流速 8 ~ 10 mL/s，洗脱液流速 5 ~ 6 mL/s，获得了好的纯化分离效果，纯度可达 32%，得率在 8% 以上。

（五）浓缩、干燥

绿原酸性质活泼，受热易氧化分解，因此，在设备选型上，我们采用了减压外循环浓缩器，在真空条件下，物料受热时间短，损失少。通过中试实验，产品的颜色、品质、溶解性能都达到理想状况。而所采用的喷雾干燥塔系制药厂原有设备，虽处理量较大，但压缩机的空气压缩量比喷雾塔的压缩空气需求量小 3 倍，且喷干时只采用一级旋风分离收集成品，损失大，细微粉末随风机散失，严重影响产品的质量及得率，工业化生产需改进。

（六）结论

（1）采用低温（50 ~ 60℃）提取，在适应控制时间（50 ~ 60 min/次），pH 值（4 ~ 5），料液比（1∶8）等条件下，固溶物浸出率高，得率达预期目的，如改为多功能动态提取，效果将更好。

（2）用大孔吸附树脂直接从提取液中吸附分离绿原酸，显著降低溶剂的用量，工艺流程简便，操作方便，成本大幅度下降。

（3）用减压浓缩设备进行物料浓缩，操作方便，温度低，受热时间短，显著提高了产品的质量，适应于大工业化生产。

（4）整个工艺都在不锈钢罐管道中进行，所需用水全经纯化处理，避免了物料的污染，极大地减少了金属离子、细菌等的数量，保证了产品质量。

（5）该工艺极大地降低了有机溶剂的用量，所用溶剂也为低浓度有机物，减少了环境污染。

该中试研究在小试成功的基础上，经过适当的改进，比原工艺更加简便，且不降低产品的纯度和得率，较大地节约了生产成本，可转化为工业化生产。

第三节　元宝枫茶的研制

1997 年，我们与勉县秦巴山经济技术研究所协作，以元宝枫叶为原料，首次在勉县茶厂研制出“元宝枫”茶。在海拔较高的山区建立的元宝枫茶园，采摘加工制成的元宝枫茶，没有污染、风味独特、功效神奇，经过近千人饮用后反映很好。

2000 年与四川省元宝生态资源开发有限公司协作，研制出元宝茶和元宝醇饮料，受到群众欢迎。

2001 年我们又与山西浮山县福田实业有限责任公司合作,以元宝枫叶为原料,研制出“枫露茶”,并邀请国家级评茶师和有关茶叶研究专家品评元宝枫“枫露茶”,获得一致好评。

元宝枫嫩叶可食,亦可代茶。近年来我们对元宝枫的营养成分进行了系统分析(见本书第六章第二节),发现叶中含有许多与人体健康与治疗疾病有关的活性及营养成分,为兼有饮用茶作用的保健茶。

一、茶叶的采收

元宝枫是一种侧芽萌蘖力很强的树种;一年生实生苗,当顶芽摘除后,自然形成丛生状。每 667 平方米(亩)栽植 330 株,行株距 2.0 m×1.0 m,经过整形修剪,可建成矮化密植茶园。元宝枫叶的采摘必须因地、因树进行合理采叶。通过采叶,能够持续不断地稳定优质和高产,并且能调节比较长期的产量和品质之间的矛盾,能不断促进元宝枫树新梢萌发和树体的正常生长,增加树冠上新梢的密度和强度。有利于增加采收次数,延长采期,并能借以调节树体生长势,促进树体生长健壮,延长经济年龄。

采叶时间是根据元宝枫树的生长状况、当地气候和新梢发育特点来确定的。大体上可分为细嫩采、适中采和成熟采三种情况,一年内可采叶 3 次。

细嫩采是指春初叶芽初萌,或嫩梢开展 1~2 片嫩叶时掐采,采下的细嫩芽叶可制成毛尖茶。

适中采是在 6 月份,叶片已展开,多从侧芽上采摘细嫩夹叶。

成熟采是待新梢成熟,叶片长大,在 8 月下旬采摘的较大的叶片。

已采摘下的元宝枫鲜叶,不可堆积存放,也不能日晒,以免生热、发黏、变色变味,不能炒制茶叶。一般上午采摘鲜叶,及时加工。鲜叶中不能掺杂,并注意除去昆虫烂叶。茶厂收到鲜叶后,如不能立即全部加工,应将鲜叶平摊在阴凉、清洁,气温低于 25℃以下的室内,摊凉厚度在 15~20 cm。

二、茶叶的加工工艺流程

元宝枫茶的加工工艺和我国绿茶的生产工艺大同小异。其初加工的主要工序为:

萎凋→杀青→揉→捻→烘干→包装

萎凋 鲜叶进厂后,在通风条件较好的室内薄薄摊开,缓慢均匀地蒸发部分水分,叶片面积萎缩,叶片由硬变软,散发出具有类似绿茶的香味。

（一）杀青

目的是利用高温破坏酶的活性，制止多酶类化合物的酶促氧化，发出茶香；蒸发部分水分，使叶质柔软，便于揉捻成条。杀青一般多使用滚筒杀青机或锅式杀青机。如果采用手工杀青，炒锅为倾斜式，鲜叶下锅前，使锅温达到180℃以上，以手背感到烫手为宜，炒制时温度保持在180～200℃，每次投叶量以锅大小而定。杀青时，炒、翻要均匀，注意滚炒与抖散炒交替进行，叶下锅后应先抖后闷。杀青温度与时间和叶量有关。

（二）揉捻

目的是在于卷紧条索，便于干燥时造型，使茶的外形美观，适当破坏叶片组织，冲泡时增加汤茶的浓度。揉捻一般用中小型揉捻机。也可用手工制作，但揉捻时要有轻有重反复进行，揉捻时间2～3 min，然后摊凉，用手握紧叶片后再放开，叶自然松散即可。

（三）干燥

目的是整理条索，塑造外形，发展茶香，增进滋味，蒸发水分，达到足干，便于贮藏。一般用滚筒烘干机。手工制作时，可分为初炒、摊凉和复炒三步进行，目的也是蒸发水分，固定茶的品质，塑造外形。

初炒将锅温度升到120℃左右，投入揉捻过的叶片，双手压在锅内滚炒，使其均匀受热，几分钟后抖散开反复进行约20 min完成。

摊凉　当叶有弹性，手感有干燥感，可从锅内取出茶叶摊凉，使其回潮变软。

复炒　将锅温升到80～90℃，将凉过的茶叶投入锅，双手压在锅内反复滚炒，用力轻而均匀，至手感有烫手为止。

（四）装袋贮存

将元宝枫茶装入干净，无污染的食用塑料袋中，贮存在干燥、清洁、无异味的库房中备用。

第九章　元宝枫药用开发研究

陕西省“八五”科技攻关“元宝枫开发利用研究”项目，由西北林学院主持与西安医科大学和西北轻工业学院协作完成。其中元宝枫药用价值研究，由贺浪冲、吕居娴和王性炎三位教授主持，重点进行了元宝枫生药学、元宝枫油、元宝枫单宁和元宝枫黄酮的药用价值研究，开创了元宝枫药用领域研究的新局面。“九五”国家科技攻关“元宝枫丰产栽培及产业化技术研究”专题，又从药用基础研究逐步深入到应用阶段，取得了诸多方面的突破，成果显著。

吕居娴、李映丽教授等对元宝枫及同属植物的果实、幼芽、叶、嫩枝、根皮进行了系统的生药学研究，并对各部位所含鞣质进行了定性测定，对元宝枫细胞内含物进行了显微化学测定。此项研究为元宝枫药材的品质评价及制定质量标准提供了科学依据。

王秉文、魏西颖、曹永孝教授等对元宝枫油的急性毒性、长期毒性进行了大量动物试验。结果表明，元宝枫油食用安全无毒性。

贺浪冲、高雯教授等通过以 S_{180} 肉瘤小鼠模型对元宝枫油的抗肿瘤活性研究表明，元宝枫油对 S_{180} 肉瘤平均抑瘤率为 82.94%，与环磷酰胺（常用抗癌药）比较抑瘤作用相当；用腹水型肿瘤模型对元宝枫油的抗肿瘤活性研究表明，元宝枫油对艾氏腹水癌小鼠的平均生命延长率为 81.19%。

曹永孝、刘静等对元宝枫黄酮通过大量动物试验表明，对低血压大鼠有升血压作用，有望成为良好的低血压状态治疗药；元宝枫黄酮有明显的促凝血作用，用于出血性疾病，其作用强于止血敏 125～1000 倍；元宝枫黄酮可使心肌耐缺氧时间延长，其作用强于川芎嗪。

丁东宁教授等对元宝枫黄酮清除自由基研究表明，元宝枫黄酮具有较强的清除自由基的作用,其抑制率与浓度成正相关。

曹永孝、刘静等对元宝枫单宁的药效学研究表明,元宝枫单宁有显著的镇痛作用和镇静作用;有明显的止泻作用;明显延长凝血时间。

第一节　元宝枫油

一、油的毒性试验

(一)油的急性毒性试验

根据药物应用和食用要求,通过动物试验进行了急性毒性测试。

选用 ICR 种健康小白鼠 20 只,体重 18 ~ 22 g,雌雄各半。以预试量给每支小白鼠 1 日内给药的最大耐受量试验。小白鼠禁食 12 h 后,灌胃给元宝枫油 50 mL/kg。24 h 内给药 1 次,总剂量为 50 mL/kg。观察动物的毒性反应情况。试验结果:

给药后 1 h 内动物活动减少,随后逐渐恢复。连续观察 10 天,动物体重持续增长,行为、活动、大小便、皮毛未见明显异常,10 日内无 1 只死亡。实验结束后处死动物,肉眼尸解心、肝、脾、肺、肾、脑、胃、肠等重要脏器未见明显出血、充血、水肿、渗出、溃疡、穿孔,胸腔、腹腔、心包腔无积液。表明元宝枫油对小白鼠的最大耐受量为 50 mL/kg,无明显急性毒性作用。

(二)元宝枫油的长期毒性试验

1. 试验目的

观察长期连续给予元宝枫油对大鼠所产生的毒性反应,所涉及的主要靶器官、损害程度及可逆反应等,为确定临床安全剂量提供参考。

2. 动物及饲养条件

健康 SD 品系大鼠 80 只,雌雄各半,体重 118 ± 14 g,分笼喂养,自由摄取标准固体饲料及自来水。动物均由西安医科大学实验动物中心提供。质量合格证号为 08 - 005。室温 22 ℃ ± 3 ℃,相对湿度为 40% ~ 70%。

3. 试验结果

(1)对大鼠一般表现及体重增长的影响　在试验期内,高、中、低剂量组动物的活动、行为、进食、水量、粪便、体重增长等无任何异常,无便稀现象,大鼠体重随年龄增长而增加，第6周后，中、高剂量组动物体重增长较慢于低剂量组和对照组，但无显著性。停药后各给药组大鼠体重增长和对照组比较，无显著变化。

(2)对大鼠血液学指标的影响　连续给药90天，检查结果表明，元宝枫油高、中、低剂量组对大鼠的红细胞计数，血红蛋白、白细胞计数和白细胞分类，血小板计数，与对照组比较，均无显著差异($P>0.05$)。高剂量组血小板呈升高趋势。高、中、低剂量组凝血时间明显缩短，与对照组比较均有显著性差异($P<0.01$和$P<0.05$)。

停药14天后，检查结果表明，高剂量组的血小板数与对照组比较有显著性差异($P<0.05$)，其他各项指标，给药组与对照组比较均无显著性差异。($P>0.05$)。结果见表9-1，9-2。

表9-1　元宝枫油对大鼠血液学指标的影响($\bar{X}\pm S$　n=10)

组别	红细胞 ($\times10^{12}$/L)	血红蛋白 (g/L)	白细胞 ($\times10^{9}$/L)	白细胞分类 中性(%)	淋巴(%)	单核(%)	血小板 ($\times10^{12}$/L)	凝血时间 (S)
对照组	7.57±3.00	151±9	14.2±4.1	6.7±1.1	88.8±2.4	4.5±1.6	372±89	97±23
低剂量组	7.58±0.89	151±12	13.2±4.1	7.5±1.7	85.2±5.1	7.3±4.0	373±60	63±35**
中剂量组	7.59±0.73	148±13	11.5±6.0	8.4±2.2	84.8±4.1	6.8±3	382±85	65±28**
高剂量组	7.86±0.86	150±13	13.9±4.8	7.1±1.5	86.8±3.8	6.1±2.8	422±56	54±23***

给药组与对照组比较，** $P<0.05$　*** $P<0.01$

表9-2　元宝枫油停药2周后对大鼠血液学指标的影响($\bar{X}\pm S$　n=10)

组别	红细胞 ($\times10^{12}$/L)	血红蛋白 (g/L)	白细胞 ($\times10^{9}$/L)	白细胞分类 中性(%)	淋巴(%)	单核(%)	血小板 ($\times10^{12}$/L)	凝血时间 (S)
对照组	7.66±0.74	152±11	12.9±4.0	7.9±2.1	82.5±5.3	9.6±3.7	418±52	91±36
低剂量组	7.79±0.71	153±9	14.9±3.8	9.1±2.3	78.7±7.8	12.2±6.3	469±97	82±21
中剂量组	7.43±1.17	1.49±18	16.1±5.1	6.9±2.0	83.1±8.0	10.0±6.1	446±56	77±38
高剂量组	7.79±0.72	150±10	14.3±7.3	8.5±1.4	79.1±5.6	12.4±5.1	509±73***	78±32

给药组与对照组比较*** $P<0.01$

(3)对大鼠血液生化学指标的影响　用酶法测丙氨酸氨基转换酶、天门冬氨酸氨基转换酶、总胆固醇、碱性磷酸酶，重氮法测总胆红素，双缩脲法测总蛋白，溴甲酚绿法测血蛋白，葡萄糖氧化酶法测血糖，脲酶法测尿素氮，苦味酸法测肌酐。结果表明，连续给药90天后，高剂量组碱性磷酸酶升高，与对照组比较，有显著性差异($P<0.05$)；中、高剂量组总胆红素高于对照组，并有显著性

($P<0.01$ 和 $P<0.05$);高、中、低剂量组总蛋白均高于对照组,有显著性($P<0.05$ 和 $P<0.01$),中剂量组谷草转氨酶低于对照组,有显著性差异($P<0.01$),但均在正常范围。其余 6 项生化指标三个给药组与对照组比较,均无显著性差异($P>0.05$)。

停药 14 天后,仅低剂量组的谷丙转氨酶和谷草转氨酶低于对照组,出现显著性差异。但都在正常范围,无临床意义。其余各项生化指标的三个给药组与对照组比较,均未见显著性差异($P>0.05$)。结果见表 9-3,9-4。

表 9-3A　元宝枫油对大鼠血液生化指标影响($\bar{X}\pm S$　n=10)

组　别	丙氨酸氨基转换酶(U/L)	天门冬氨酸氨基转换酶(U/L)	总胆固醇(mmol/L)	碱性磷酸酶(U/L)	总胆红素(μmol/L)
对照组	55.0±8.9	161.5±25.9	1.48±0.18	359.0±102.3	1.15±0.21
低剂量组	54.2±10.2	134.2±32.9	1.45±0.20	345.5±89.8	1.44±0.40
中剂量组	53.3±9.3	128.4±19.4***	1.63±0.32	366.2±86.5	1.60±0.28***
高剂量组	60.2±9.0	149.1±23.7	1.50±0.20	612.1±148.0**	1.48±0.35**

给药组与对照组比较** $P<0.05$

表 9-3B　元宝枫油对大鼠血液生化指标影响($\bar{X}\pm S$　n=10)

组　别	总蛋白(g/L)	白蛋白(g/L)	尿素氮(mmol/L)	肌酐(μmol/L)	血糖(mmol/L)
对照组	68.8±3.3	42.7±1.9	7.67±1.61	95.3±12.7	6.19±1.27
低剂量组	72.9±3.4**	41.9±2.4	7.78±2.17	85.0±20.7	6.17±0.95
中剂量组	73.8±2.5***	43.7±1.9	7.88±1.95	93.8±17.2	5.83±0.92
高剂量组	72.8±4.1**	43.6±2.8	6.96±1.50	105.9±21.1	5.56±1.48

给药组与对照组比较 $P>0.05$

表 9-4A　元宝枫油停药 2 周对大鼠血液生化指标的影响($\bar{X}\pm S$　n=10)

组　别	丙氨酸氨基转换酶(U/L)	天门冬氨酸氨转换酶(U/L)	总胆固醇(mmol/L)	碱性磷酸酶(U/L)	总胆红素(μmol/L)
对照组	54.5±9.4	150.0±21.2	1.39±0.28	329.0±165.6	1.23±0.39
低剂量组	45.4±9.6**	108.6±18.0***	1.42±0.20	285.9±67.1	1.33±0.43
中剂量组	62.0±12.6	132±24.1	1.51±0.10	395.6±96.0	1.25±0.29
高剂量组	52.4±16.4	140.0±23.2	1.42±0.21	305.0±128.5	1.12±0.237

给药组与对照组比较** $P<0.05$,*** $P<0.01$

表 9－4B　元宝枫油停药 2 周对大鼠血液生化指标的影响（$\bar{X} \pm S$　n＝10）

组　别	总蛋白（g/L）	白蛋白（g/L）	尿素氮（mmol/L）	肌酐（μmol/L）	血糖（mmol/L）
对照组	74.1 ±4.7	43.9 ±2.4	9.33 ±2.58	111.4 ±22.9	6.30 ±1.44
低剂量组	71.3 ±3.2	41.7 ±2.9	9.24 ±2.68	104.4 ±20.7	7.01 ±0.63
中剂量组	72.2 ±3.5	42.1 ±1.8	8.42 ±2.10	94.6 ±21.5	7.03 ±0.81
高剂量组	72.8 ±2.3	42.9 ±2.1	10.02 ±1.95	115.6 ±25.0	6.34 ±0.93

给药组与对照组比较均为 $P>0.05$

（4）系统尸解检查　系统尸解：大鼠处死后，肉眼观察心、肝、脾、肺、肾、胸腺、肾上腺、卵巢、子宫、前列腺、睾丸、甲状腺，与对照组比较，无明显差异。

对大鼠脏器系数的影响解剖后，取出心、肝、脾、肺、肾、肾上腺、胸腺、卵巢、子宫、前列腺、睾丸（带付睾）、甲状腺，称其重量，并计算每 100 g 体重的脏器比重。结果表明，连续给药 90 天，高剂量组的脾脏和胸腺，与对照组比较有显著性差异（$P<0.01$ 和 $P<0.05$），其他脏器系数与对照组比较无明显差异（$P>0.05$）。

停药 14 天后，给药组上述脏器系数与对照组比较，均无显著性差异（$P>0.05$）。结果见表 9－5，表 9－6。

表 9－5A　元宝枫油给药 12 周对大鼠脏器系数的影响（g/100 体重，$\bar{X} \pm S$）

组　别	心（g）	肝（g）	脾（g）	肺（g）	肾（g）	肾上腺（mg）
对照组	0.29 ±0.04	3.16 ±0.35	0.27 ±0.04	0.55 ±0.10	0.57 ±0.06	18.1 ±7.2
低剂量组	0.29 ±0.03	3.35 ±0.28	0.32 ±0.08	0.66 ±0.18	0.62 ±0.06	18.5 ±6.4
中剂量组	0.32 ±0.04	3.30 ±0.26	0.28 ±0.04	0.55 ±0.07	0.58 ±0.03	18.1 ±6.4
高剂量组	0.28 ±0.03	3.33 ±0.34	0.40 ±0.07***	0.64 ±0.13	0.58 ±0.05	19.1 ±8.17

给药组与对照组比较 *** $P<0.01$

表 9－5B　元宝枫油给药 12 周对大鼠脏器系数的影响（g/100g 体重，$\bar{X} \pm S$）

组　别	胸腺（mg）	卵巢（mg）	子宫（g）	睾丸（g）	前列腺（g）	甲状腺（mg）
对照组	91.4 ±19.5	43.0 ±10.1	0.14 ±0.02	0.97 ±0.13	0.16 ±0.05	6.71 ±2.01
低剂量组	103.4 ±35.0	45.5 ±6.9	0.14 ±0.01	0.91 ±0.10	0.14 ±0.04	6.03 ±2.45
中剂量组	107.1 ±26.7	48.5 ±13.6	0.16 ±0.04	0.91 ±0.07	0.14 ±0.06	5.78 ±1.79
高剂量组	118.6 ±31.7**	44.2 ±9.6	0.14 ±0.06	0.92 ±0.11	0.14 ±0.07	5.87 ±1.63

给药组与对照组比较 ** $P<0.05$

表 9-6A 元宝枫油停药 2 周对大鼠脏器系数的影响(g/100g 体重,$\bar{X} \pm S$)

组 别	心(g)	肝(g)	脾(g)	肺(g)	肾(g)	肾上腺(mg)
对照组	0.29 ±0.04	2.99 ±0.24	0.29 ±0.06	0.55 ±0.07	0.58 ±0.07	18.4 ±8.0
低剂量组	0.32 ±0.04	3.28 ±0.58	0.29 ±0.05	0.62 ±0.22	0.58 ±0.08	18.8 ±7.0
中剂量组	0.33 ±0.07	3.17 ±0.29	0.31 ±0.05	0.67 ±0.17	0.55 ±0.07	18.2 ±6.5
高剂量组	0.32 ±0.03	3.17 ±0.19	0.29 ±0.05	0.62 ±0.17	0.60 ±0.07	18.0 ±5.2

给药组与对照组比较均为 $P > 0.05$

表 9-6B 元宝枫油给药 2 周对大鼠脏器系数的影响(g/100g 体重,$\bar{X} \pm S$)

组 别	胸腺(mg)	卵巢(mg)	子宫(g)	睾丸(g)	前列腺(g)	甲状腺(mg)
对照组	116.4 ±12.1	35.5 ±6.7	0.17 ±0.03	1.15 ±0.18	0.33 ±0.15	4.82 ±1.07
低剂量组	129.3 ±57.2	39.4 ±3.3	0.24 ±0.09	1.05 ±0.11	0.27 ±0.11	4.31 ±1.74
中剂量组	139.5 ±36.0	34.3 ±7.3	0.26 ±0.12	1.30 ±0.19	0.33 ±0.10	4.61 ±0.90
高剂量组	132.0 ±38.0	38.2 ±4.4	0.16 ±0.02	1.29 ±0.10	0.47 ±0.03	5.30 ±1.46

给药组与对照组比较均 $P > 0.05$

(5)病理组织学检查　连续给药 90 天,处死各组 1/2 大鼠,停药 14 天后,处死各组剩余大鼠,取心、肝、脾、肺、肾、胃、胸腺、肾上腺、卵巢、子宫、睾丸、附睾、前列腺、甲状腺等组织,进行光学显微镜病理组织学观察结果表明,元宝枫油高、中、低剂量组动物的上述各脏器的组织结构等与对照组进行比较,无明显形态差异,各脏器组织结构清晰,未见组织充血、浸润、变性、肿胀、坏死、增生、萎缩等病理性改变。细胞结构正常停药 14 天后各组大鼠的上述脏器,其组织结构等均未发现变性、坏死等病变,与对照组比较,亦无明显形态差异。详细结果见以下病理报告。

心脏　元宝枫油大、中、小剂量组各例心肌组织切片镜下见:心肌纤维排列规则,核圆形或椭圆形,位于中央,着色正常。心肌纤维纵横纹清晰,未见肌凝、肌溶等变性改变。心肌间质毛细血管未见充血、渗出。心内膜完整,未见内皮损伤或血栓形成。心外膜无异常改变。心肌之上述所见与对照组镜下表现无明显差异。

肝脏　元宝枫油大、中、小剂量组组织切片镜下见肝小叶结构清晰,肝细胞呈放射状,排列规则,肝细胞大小正常,未发现变性或坏死。汇管区有少量淋巴细胞散在,枯否氏细胞清晰可见。各剂量实验组和对照组肝组织切片镜下所见无明显形态差异。

脾脏 元宝枫油大、中、小剂量组组织切片镜下见脾包膜不增厚，脾滤泡大小、数目比较一致，脾窦明显充血，有少量单核细胞。淋巴细胞散在。与对照组相比较，无明显形态差异。

肺脏 元宝枫油大、中、小剂量组肺脏切片镜下见肺泡壁毛细血管轻度充血，肺泡腔内无炎性渗出。各级细支气管上皮较完整，管腔内无炎性渗出物，管壁周围有少量淋巴细胞，单核细胞散在，所见与对照组形态表现无明显差异。

肾脏 元宝枫油大、中、小组肾脏切片镜下见肾小球大小较一致，未见增生或萎缩改变，球丛及球囊无炎性渗出，肾小管上皮细胞未见变性坏死，肾间质血管轻度充血。实验组镜下所见和对照组形态表现基本一致。

胃 元宝枫油大、中、小剂量组胃黏膜层未见萎缩或增厚，上皮呈单层柱状，未见溃疡。固有膜血管轻度充血扩张，可见少量淋巴细胞，嗜酸性粒细胞散在。胃底腺之主要细胞如壁细胞、主细胞形态分布无明显异常，胃黏膜下层有少许淋巴细胞散在。胃肌层未见异常。

胸腺 大、中、小剂量实验组胸腺组织切片镜下见表面被以少量纤维脂肪组织并向内延伸将实质分隔为数个小叶。皮质区由淋巴细胞和网状细胞组成，细胞数目丰富，未见萎缩或退化改变。髓质结构正常。所见和对照组形态表现一致。

肾上腺 大、中、小剂量实验组肾上腺组织切片，镜下见皮质各带上皮排列规则，胞浆着色正常，未见变性、坏死等改变，髓质细胞结构清晰，无坏死出血。所见与对照组形态表现一致。

睾丸、附睾、前列腺 大、中、小剂量实验组雄性大白鼠之睾丸组织镜下见曲精细管内生精细胞生长发育正常，精原细胞，初级、次级精母细胞着色清晰，无退变表现，管腔中尚可见精细胞和精子。附睾管上皮细胞呈假复层柱状，表面可见细长微绒毛，管腔内见有许多精子。前列腺组织镜下无异常发现。上述所见与对照组形态表现较一致。

子宫、卵巢 元宝枫油大、中、小剂量实验组之子宫内膜腺上皮细胞呈高柱状，排列整齐，子宫内膜腺体未见增生，间质内有一些嗜酸性白细胞浸润。卵巢组织切片，可见有不同发育时期的卵泡及黄体，间质内未见出血、坏死等改变。所见与对照组形态表现无明显差异。

病理检查结论：

通过对元宝枫油大、中、小剂量实验动物 30 例的心、肝、脾、肺、肾、胃、胸腺、肾上腺、睾丸、附睾、前列腺及子宫、卵巢等组织的病理学检查，并与 10 例对照组相同组织进行对照观察，检查结果表明：元宝枫油对大白鼠各器官组织未发现病理性致损改变。

二、油的抗肿瘤作用研究

（一）元宝枫油乳液对小鼠 S_{180} 肉瘤的抑瘤作用

实验用 1CR 品系列封闭群健康小鼠，雄性，每只体重 20 ~ 25 g。

将接种后 43 只 S_{180} 肉瘤小鼠随机分为 4 组，空白对照组 15 只，以空白液灌喂。环磷酰胺组 8 只，皮下注射环磷酰胺 50 mg/kg，隔日给药。元宝枫油乳液分两个剂量组，10% 元宝枫油乳液组为小剂量组，30% 元宝枫油乳液组为大剂量组，每组 10 只，每日分别按 0.1 mL/10 g 灌喂小鼠，给药时间为 10 天，停药 3 天后处死小鼠，取出瘤块、称重并进行解剖学观察。其结果如下：

1. 元宝枫油乳液对 S_{180} 肉瘤小鼠的抑瘤率

由表 9 – 7 可见，元宝枫油乳液小剂量和大剂量对 S_{180} 肉瘤小鼠的抑瘤率分别为 78.38% 和 87.49%，有明显的抑瘤作用。

表 9 – 7　元宝枫油乳液对 S_{180} 肉瘤小鼠的抑瘤作用

组　别	动物数(只)	剂量(ml/kg)	途径	瘤重(g)	抑瘤率(%)
空白对照组	15	10	P.O	1.67 ±0.68	
环磷酰胺组	8	50	S.C	0.17 ±0.11	89.48*
小剂量组	10	10	P.O	0.36 ±0.17	78.38*
大剂量组	10	30	P.O	0.29 ±0.10	87.49*

* 给药组与空白对照组比较 $P<0.01$，均有显著性差异；给药组与环磷酰胺组比较 $P>0.05$，无显著性差异。

2. 解剖学观察

S_{180} 肉瘤移植在小鼠右前肢腋窝皮下，从外表看有明显的包块突出，剥开皮层，肉瘤组织块明显可见，取下后对 S_{180} 肉瘤小鼠的肉瘤尺寸进行了估算，结果表明，元宝枫油乳液组肉瘤尺寸明显小于空白对照组。环磷酰胺组及元宝枫油乳液组的瘤块周围组织界线清楚，易剥离，中央部位出血坏死严重。而空白对照组,由于脂肪组织及横纹肌组织内弥漫浸润有肉瘤组织,因而瘤组织与皮层肌肉粘连,不易分离,且组织脆。

3.病理学检查

取空白对照组,环磷酰胺组,元宝枫油乳液大、小剂量组肉瘤组织标本各2块送检,病理切片光镜检查表明,空白对照组,瘤组织中心部有明显坏死,坏死灶周围及瘤组织周边部未见明显淋巴细胞、浆细胞浸润(见图9-1)。

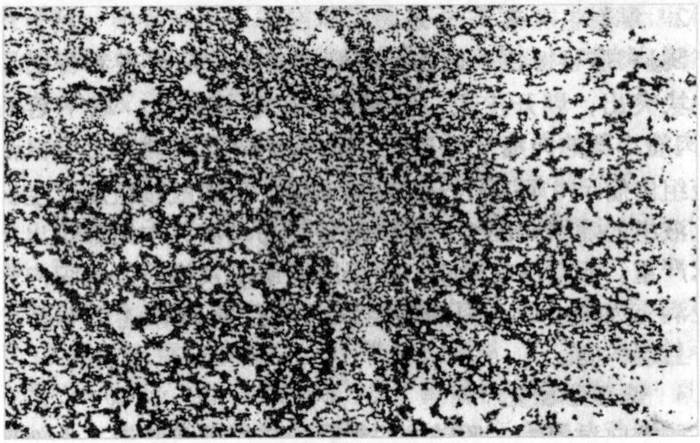

图9-1 空白对照组:瘤组织中心部有明显坏死,坏死灶周围及瘤组织周边未见明显淋巴细胞、浆细胞浸润

环磷酰胺组,瘤组织有片状、条状的凝固性坏死灶,瘤组织周边有较多的淋巴细胞,浆细胞增生(见图9-2)。

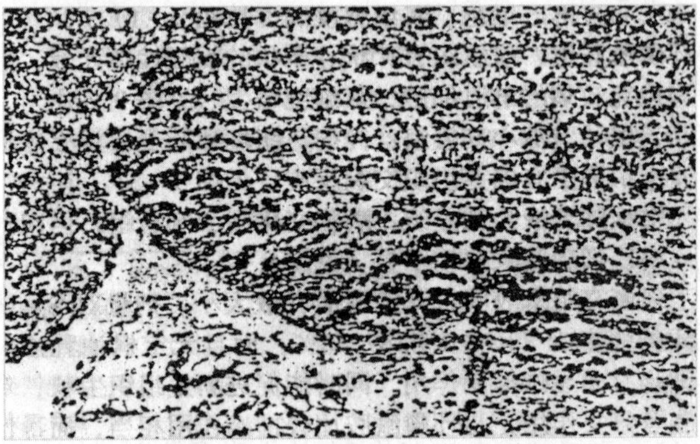

图9-2 环磷酰胺组:瘤组织坏死,周边为横纹肌组织

元宝枫油乳液小剂量组,肉瘤组织坏死明显,坏死灶周边及瘤组织周围有肉芽组织交织反应(见图9-3)。

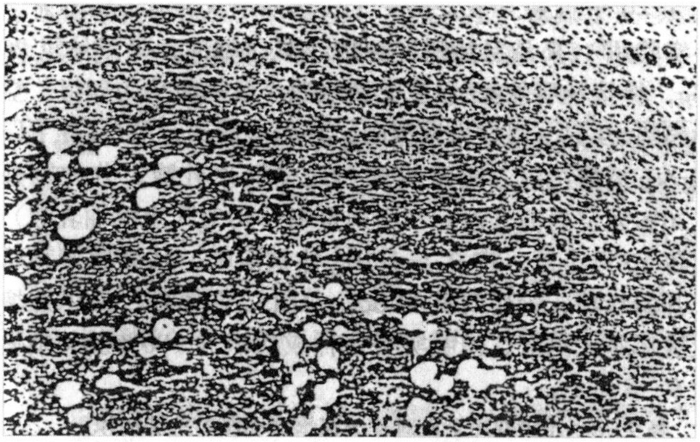

图9－3　元宝枫油乳液小剂量组：瘤组织坏死，周围有纤维包绕

元宝枫油乳液大剂量组，病程变化同小剂量组，但肉芽组织内淋巴细胞增长比较明显（见图9－4）。

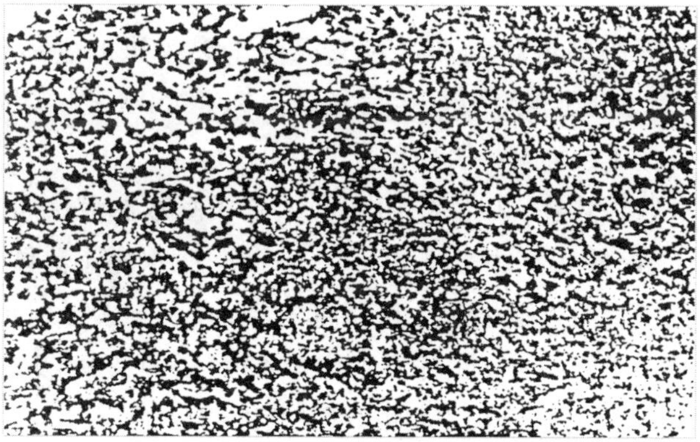

图9－4　元宝枫油乳液大剂量组：瘤组织明显坏死，周围有纤维包绕，浆细胞浸润明显

上述研究结果表明：元宝枫油乳液大小、剂量对 S_{180} 肉瘤平均抑瘤率为78.83%和87.49%，而且元宝枫油乳液对肿瘤细胞有明显的抑制作用，同时能促进新生组织生长，对体细胞有修复作用，与环磷酰胺比较抑瘤作用相当，而毒性远较其小，因此是一种很有开发前景的药用植物油。

（二）元宝枫油乳液对艾氏腹水癌小鼠的抗肿瘤作用

实验用1CR品系封闭群健康小鼠，雄性，每只体重20～25 g，将接种后的49只艾氏腹水癌小鼠随机分为四组，空白对照组19只，以空白液灌喂。环磷酰胺组10只,皮下以50 mg/kg剂量注射,隔日给药。元宝枫油乳液,分大剂量组(30%元宝枫油乳液)和小剂量组(10%元宝枫油乳液),每组各10只小鼠,按0.1 mL/10 g体重灌喂,从腹腔接种后次日开始给药,给药时间为8天,每日记录体重,由体重增长及腹部胀大情况,说明实验接种成功率为100%。其结果由表9-8可见。

表9-8 元宝枫油乳液对艾氏腹水癌小鼠的抗肿瘤作用

组 别	动物数(只)	剂量(ml/kg)	给药途径	生存天数($\bar{X}\pm SD$)	生命延长率(%)
空白对照组	19	10	P.O	13.7±3.25	
环磷酰胺组	10	50	S.C	25.2±3.18	84.0*
小剂量组	10	10	P.O	25.0±1.87	81.9*
大剂量组	10	10	P.O	21.6±3.06	57.7*

*$P<0.10$

元宝枫油乳液小剂量和大剂量对艾氏腹水癌小鼠的生命延长率分别为81.9%和57.7%,大于非腹腔给药生命延长率标准(50%)。经统计学处理,给药组与空白对照组比较均有显著性差异($P<0.01$)。

实验空白对照组均在12~17天内死亡,艾氏腹水癌潜伏期为4~6天,生长旺盛期为第7天,腹水癌小鼠平均生存14天。腹水癌小鼠体重增长明显超出正常小鼠增长量。而且腹水癌小鼠腹部胀大,腹内有大量积水,每只小鼠移动均困难,接种10天后各组小鼠体重平均增长值(g)见表9-9。

表9-9 各组中小鼠平均体重增长值

体重	空白对照组	环磷酰胺组	小剂量组	大剂量组
W_0(g)	19.5	19.85	19.99	19.38
W_{10}(g)	27.12	26.31	25.07	24.88
ΔW(g)	7.62	6.46	5.08	5.50

注:W_0为接种前小鼠平均体重,W_{10}为接种10天后小鼠平均体重;$\Delta W=W_{10}-W_0$

上述情况表明:元宝枫油乳液小剂量和大剂量对艾氏腹水癌小鼠的生命延长率均有明显的效果,而以小剂量为最佳(81.9%),相当于人8 mL/天。小鼠体重平均增长值测定结果显示:元宝枫油乳液具有与环磷酰胺相似的抑制肿瘤生长的作用,且无毒副作用。

三、油的抗菌作用研究

目前,元宝枫油作为食用油,其安全性已被证实是绝对可靠的,而对其防腐抑菌作用却未见任何报道。为了探讨元宝枫油的抗菌效果,给多方面应用提供依据,我们用元宝枫油对几种常见食品腐败菌进行了抑菌试验。

(一)材料

1. 测试菌种

大肠杆菌(*Escherichia Coli*)、枯草芽孢杆菌(*Bacillus sabtilis*)、蜡状芽孢杆菌(*B. cereus*)、黑曲霉(*Aspergius niger*)、黄曲霉(*A. Flanus*)、啤酒酵母(*Saccharomyces cererisiae*)等8个菌种。

2. 培养基

牛肉膏蛋白胨培养基(固体)用于细菌培养。察氏培养基(固体)用于霉菌培养。豆芽汁葡萄糖琼脂培养基(固体)用于酵母菌培养。

(二)　试验结果

1. 元宝枫油的抗菌作用

用元宝枫油和冷杉精油做抗菌试剂,对8个菌种的试验结果如表9-10。

表9-10　元宝枫油对被试菌的作用*

样品		抑菌圈直径(mm)							
		菌种							
		大肠杆菌	枯草芽孢杆菌	蜡状芽孢杆菌	黑曲霉	黄曲霉	啤酒酵母	变形杆菌	金黄色葡萄球菌
元宝枫油	重复1	10	10	2.7	0	10	5.3	0	0
	重复2	10	10	3.3	0	10	5.3	0	0
	重复3	10	11	0	0	16	2	0	0
	总平均	10.0	10.3	2.0	0	12.0	4.2	0	0
冷杉精油	重复1	5.7	10	10.3	10	10	11	6	11.3
	重复2	0	10	10	10	10	11.7	2	11
	重复3	2.9	10.3	11.3	10	10	11	3.3	10.7
	总平均	2.9	10.1	10.6	10.0	10.0	11.2	3.8	11.0
对照		0	0	0	0	0	0	0	0

* 表中重复值为三个水平的平均值

为了便于比较,以各菌种 3 个重复的平均抑菌圈直径作为试剂的抗菌效果,见表 9 - 11。

表 9 - 11　元宝枫油的抗菌效果

样品	菌种							
	大肠杆菌	枯草芽孢杆菌	蜡状芽孢杆菌	黑曲霉	黄曲霉	啤酒酵母	变形杆菌	金黄色葡萄球菌
元宝枫油	2 +	2 +	±	-	2 +	±	-	-
冷杉精油	±	2 +	2 +	2 +	2 +	2 +	±	2 +
对照	-	-	-	-	-	-	-	-

注:" - "无抑菌圈;" ± "抑菌圈不明显;" + "抑菌圈直径为 5 ~ 9 mm,"2 + "抑菌圈直径为 10 ~ 13 mm,"3 + "抑菌圈直径为 14 mm 以上。表 9 - 12、表 9 - 13、表 9 - 14 相同。

2. 与糖、盐、冷杉精油的协同抑菌作用

元宝枫油与 20% 糖的协同作用结果见表 9 - 12。

表 9 - 12　元宝枫油与糖的协同抑菌效果

样品	菌种							
	大肠杆菌	枯草芽孢杆菌	蜡状芽孢杆菌	黑曲霉	黄曲霉	啤酒酵母	变形杆菌	金黄色葡萄球菌
油 + 糖	2 +	3 +	+	±	3 +	+	±	±
对照	-	-	-	-	-	-	-	-

元宝枫油与 8% 食盐的协同作用结果见表 9 - 13。

表 9 - 13　元宝枫油与盐的协同抑菌效果

样品	菌种							
	大肠杆菌	枯草芽孢杆菌	蜡状芽孢杆菌	黑曲霉	黄曲霉	啤酒酵母	变形杆菌	金黄色葡萄球菌
油 + 糖	3 +	3 +	2 +	+	2 +	+	-	-
对照	-	-	-	-	-	-	-	-

元宝枫油与冷杉精油(1:1)的协同作用结果见表 9 - 14。

表 9-14 元宝枫油与冷杉精油的协同抑菌效果

样 品	菌 种							
	大肠杆菌	枯草芽孢杆菌	蜡状芽孢杆菌	黑曲霉	黄曲霉	啤酒酵母	变形杆菌	金黄色葡萄球菌
油+糖	2+	3+	3+	2+	3+	2+	+	2+
对照	-	-	-	-	-	-	-	-

表 9-12、13、14 与表 9-11 比较可看出，元宝枫油分别在含糖 20%、含盐 8% 与含冷杉精油 50% 的溶液里其抗菌作用明显加强，表明元宝枫油与糖、盐、冷杉精油有较强的协同作用，其中与冷杉精油的协同作用表现得最为突出，其作用机理目前还不清楚，尚需作进一步的研究。

实验证明，元宝枫油对几种常见的食品腐败菌有较广泛的抑制作用，特别是对大肠杆菌、枯草芽孢杆菌和黄曲霉菌的抗菌作用极佳，因而我们认为元宝枫作为食用油是绝对安全可靠的，它还是一种很好的天然抑菌剂，可在糕点、面包、糖果、饮品等食品中作为天然无毒油性抑菌防腐剂应用。

第二节 元宝枫单宁的药理作用

心脑血管疾病是目前危害人类健康的三大疾病之一。在我国发病率有逐年上升之趋势，死亡率占首位，根据 WHO 及国内外有关疾病谱报告，专家预测，今后十年新药研究动态，抗血栓药排在前列。根据我国人口谱、疾病谱的变化，结合近年来对于中药新药研究状况的分析，今后十年，用中药治疗心脑血管疾病的药物将排在首位。高黏血症及血液凝固性增高是导致血栓形成、心脑血管栓塞的重要原因。研究开发降低血液黏度、改善血液高凝状态的药物是防治人类心脑血管疾病的重要课题。

一、抗凝血作用

溶血栓药、凝血酶拮抗剂和抗血小板药是近年来研究开发的重点药物之一，除潘生丁、阿斯匹林、链激酶、香豆素、肝素、水蛭素等外，近年来国外上市的药品还有 Eminase（德国）、TPA（新西兰）、氯克罗孟（意大利）、奥加雷（荷兰）、依诺肝素（德国）、低分子肝素（奥地利）、阿加曲班、sarpogrelate（日本）、Reviparin(德国)。我国抗凝药的开发与国外差距很大,开发的西药极少,中药品种虽多,但疗效好、毒副作用轻、宜长期服用的品种不多。1993 年我们对元宝枫单宁进行了抗凝血作用的药效学实验,获得了较明显的抗凝血效果。1995 年再次观察了元宝枫单宁抗凝血作用,其效果同前。现将实验结果简述如下。

将小白鼠随机分组,ig 给药,每日 1 次,连续 6 天,末次给药后 1 h,眼球后静脉采血,用玻片法测凝血时间,结果显示,元宝枫单宁有明显的抗凝作用(详见表 9-15)。

实验结果表明,元宝枫单宁能显著延长凝血时间,具有明显的抗凝作用,展示了元宝枫单宁作为治疗心脑血管疾病中抗凝血药物开发的广阔前景。

表 9-15 元宝枫单宁对小白鼠凝血时间的影响

组别	剂量(g/kg)	例数	凝血时间(min)	凝血时间延长率(%)	*P* 值
常水组	—	12	3.8 ±2.2	—	
元宝枫单宁组	0.1	10	5.5 ±2.2	44.7	<0.05
元宝枫单宁组	0.3	10	7.7 ±4.8	102.6	<0.05
元宝枫单宁组	1.0	10	8.6 ±5.5	126.3	<0.05
元宝枫单宁组	2.0	12	12.4 ±3.0	226.3	<0.01
元宝枫单宁组	5.0	12	7.9 ±2.4	107.9	<0.01
元宝枫单宁组	12.0	12	10.5 ±3.0	176.3	<0.01

二、镇静、催眠、镇痛、抗凝血和止泻作用

(一)对小白鼠自主活动的影响

选健康的昆明小白鼠,体重 18~22 g,雌雄兼用,按体重、性别随机分为常水对照组、苯巴比妥组和大、小剂量的元宝枫单宁组。均 ip 给药 0.2 mL/10 g,2 次/天,连续 2 天。测给药前、每日末次用药后 1 h 的小白鼠自主活动 5 min。方法是将小白鼠置于一球形底面的容器中,容器浮在 25℃的水面上,与张力换能器相连。小白鼠的自主活动引起容器重心的改变,其强度通过换能器转变为电信号记录在自动平衡记录仪上,以曲线下面积为指标,比较各组小白鼠的自主活动量。结果表明元宝枫单宁能明显减少小白鼠的自主活动(见表 9-16)。

表 9-16　元宝枫单宁对小鼠自主活动的影响($\bar{X} \pm SD$)

组　别	剂量(g/kg)	例数	曲线下面积(cm^2)		
			药　前	药后 1 天	药后 2 天
常　水	—	16	23.3 ±3.1	21.1 ±0.8	22.9 ±9.9
元宝枫	0.2	12	24.9 ±7.5	1.8 ±1.2*	1.9 ±1.3*
元宝枫	0.5	12	24.8 ±8.8	2.0 ±1.2*	1.7 ±1.7*
苯巴比妥	0.01	12	27.0 ±4.0	10.0 ±10.0	2.8 ±2.6*

与常水组相比，* $P<0.01$

(二)对戊巴比妥钠催眠的协同作用

将小白鼠随机分为 3 组，给药方法同前，连续 3 天。于末次给药后 1 h，ip 戊巴比妥钠 80 mg/kg，以翻正反射消失或恢复为指标，记录各组小白鼠的睡眠潜伏期和睡眠时间。潜伏期大于 30 min 者以 30 min 计算，睡眠时间大于 1 h 者以 1 h 计算。结果表明，元宝枫能明显缩短戊巴比妥钠的睡眠潜伏期，延长睡眠时间(见表 9-17)。

表 9-17　元宝枫单宁对小白鼠戊巴比妥钠催眠的协同作用($\bar{X} \pm SD$)

组　别	剂量(g/kg)	例数	睡眠潜伏期(min)	睡眠时间(min)
常　水	—	23	10.4 ±9.2	17.1 ±19.3
元宝枫	0.2	10	7.5 ±5.3	53.6 ±17.0
元宝枫	0.5	10	3.9 ±0.9*	63.0 ±10.0*

与常水组相比，* $P<0.01$

(三)镇痛作用

(1)热板法

选健康小白鼠，随机分组，灌胃给药，2 次/天，连续 3 天。将铁质热板置于 55 ±0.5℃的水浴中，分别测给药前及末次用药后 1 h 的痛阈值。结果表明元宝枫有明显的镇痛作用(见表 9-18)。

表 9-18　元宝枫单宁对小鼠的镇痛作用 ($\bar{X} \pm SD$)

组　别	剂量(g/kg)	例数	痛阈值(s)		
			药　前	药后 1 天	药后 2 天
常　水	—	17	23.9 ±10.2	22.2 ±15.7	24.0 ±16.0
元宝枫	0.2	10	26.7 ±6.7	20.2 ±8.1	8.3 ±11.1
元宝枫	0.5	10	25.6 ±6.8	40.0 ±18.6*	41.3 ±19.5*
吗　啡	0.02	12	24.8 ±7.6	49.4 ±13.9**	

与常水组比较　* $P<0.01$，** $P<0.01$

2. 扭体法

取健康小白鼠，随机分组，给药方法同前，于末次给药后 0.5 h 分别给小白鼠 ip 0.6% 的蜡酸 0.1 mL/10g。观察 15 min 内的扭体次数，并计算镇痛百分率。结果常水对照组（21 例）扭体次数为 48.0 ±15.0；元宝枫 0.2 g/kg 组（12 例）为 27.8 ±15.9（与常水对照组比较 $P<0.01$），其镇痛率为 42.1%；元宝枫 0.5 g/kg 组（12 例）为 16.1 ±15.1（$P<0.01$），镇痛率为 66.5%。

（四）对凝血时间的影响

将小白鼠随机分为 3 组，给药方法同前，连续 3 天，于末次用药后 30 min，剪尾取血，滴于玻片上，每隔 0.5 min 用针头挑动血液 1 次，直至见纤维蛋白丝为止，记录自血液流出至出现纤维蛋白丝的时间，即凝血时间。结果常水对照组（10 例）凝血时间为 7.8 ±3.1 min，元宝枫 0.2 g/kg 组（10 例）和 0.5 g/kg 组（9 例）的凝血时间分别为 15.0 ±3.0 min 和 16.2 ±3.1 min。与常水对照组比较，均$P<0.01$，表明元宝枫能非常显著延长凝血时间。

（五）止泻作用

1. 对小肠推进运动的影响

将小白鼠随机分组，灌胃给药 1 次，30 min 后，给 5% 活性炭末（含 10% 阿拉伯树胶）混悬液 0.2 mL/10g，30 min 后处死动物，立即剖腹，将消化道自幽门至直肠末端完全摘出，不加牵引，平铺于玻板上，测其全长和炭末前沿至贲门的距离（前锋长），计算前锋长与胃肠总长的百分率（推进率）。结果常水对照组（12 例）推进率（X ± SD）为 63 ± 19%；元宝枫 0.2、0.5 g/kg组分别为 67 ±15% 和 49 ±7%；阿托品组（0.01 g/kg，13 例）为 47 ±12%。与正常对照组比较，元宝枫 0.5 g/kg 和阿托品组均有显著性差异（$P<0.05$），表明 0.5 g/kg 的元宝枫单宁有抑制小肠推进运动的作用。

2. 对番泻叶腹泻的影响

将小白鼠随机分为四组，用 50% 的番泻叶ig7.5 g/kg，30 min 后，再 ig 受试药物及对照品。将小白鼠放入底部衬有垫纸的容器中，记录给番泻叶后 5 h 内的累计硬便次数、稀便次数和总便次数。结果表明元宝枫单宁可明显减少小白鼠的排便次数，表明它有对抗番泻叶的致泻作用（见表 9 – 19）。

表 9－19　元宝枫单宁对番泻叶引起小白鼠腹泻次数的影响（$\bar{X}\pm SD$）

组　别	剂量（g/kg）	例数	大便次数		
			硬便	稀便	总便
常　水	—	16	8.1±1.9	14.3±3.1	22.6±3.1
元宝枫	0.5	12	5.7±1.9**	8.7±4.1**	14.3±6.4**
元宝枫	0.2	12	6.0±2.7*	9.9±2.6**	15.9±2.6**
阿托品	0.01	14	6.3±2.6*	7.7±2.6**	14.0±3.4*

与常水组相比，$^{*}P<0.01$，　$^{**}P<0.01$

（六）对士的宁惊厥的作用

将小白鼠随机分组，每日给药 2 次，连续 3 天，末次给药后 1 h 腹腔注射单宁 1.25 mg/kg，观察惊厥潜伏期和惊厥率。结果表明元宝枫单宁 0.2 g/kg 和 0.5 g/kg无明显抗厥作用，而苯巴比妥钠可延长惊厥潜伏期，降低惊厥发生率。

由上述实验结果表明，元宝枫单宁能明显减少小白鼠的自主活动，有明显的镇静作用，能缩短苯巴比妥钠的睡眠潜伏期，延长睡眠时间，提高对热刺激的痛阈，减少化学刺激的扭体次数，有显著的镇痛作用，能减少小白鼠的腹泻次数，降低小肠炭末推进率，有明显的止泻作用；明显延长凝血时间。有一定的开发价值和实际意义。

第三节　元宝枫黄酮的药理作用

元宝枫黄酮能增加小鼠心肌耐缺氧能力，升高正常大鼠和低血压大鼠的血压，轻度减慢大鼠心率，低浓度时（0.2～2.0 μg/mL）能缩短体外凝血时间，高浓度时（2.5 mg/mL）能延长凝血酶元时间。

选用 ICR 种小白鼠，体重 18～22 g，雌雄兼用，SD 大白鼠，体重 300～350 g，雄性，家兔 2.0～2.5 kg，雌雄兼用。

一、对小白鼠心肌耐缺氧的影响

将小白鼠麻醉后，腹腔注射给药，夹闭气管，示波器监测心电图，观察 QRS 波消失时间，结果显示，元宝枫黄酮 60 mg/kg 和 30 mg/kg 可分别使心肌耐缺氧时间延长，作用虽弱于 60 mg/kg 的心得安，但强于 60 mg/kg 和 30 mg/kg 的川芎嗪（见表 9－20）。

表 9－20　元宝枫黄酮对小鼠心肌耐缺氧时间的影响

组　别	剂量(g/kg)	例数	心电消失时间(min)	延长率(%)
盐　水	—	10	7.7 ± 1.7	—
元宝枫黄酮	60	10	12.9 ± 1.7*	67.5
元宝枫黄酮	30	10	14.1 ± 2.0*	83.1
元宝枫黄酮	15	10	9.1 ± 0.9*	18.2
心得安	60	10	37.7 ± 2.8*	384.4
川芎嗪	60	10	11.2 ± 1.2*	45.4
川芎嗪	30	10	10.6 ± 1.6*	37.7

与盐水组比较　* $P<0.01$

二、对大白鼠血压的影响

大白鼠麻醉后，颈总动脉直接测血压，静脉注射给药 1 次，观察元宝枫黄酮对血压的影响。结果表明，元宝枫黄酮 1.5 mg/kg、3.0 mg/kg 和 6.0 mg/kg 可使血压升高 15% ~20%，升压作用与麻黄碱 25 mg/kg 比较，升压作用缓慢、温和而持久（见表 9－21）。

表 9－21　元宝枫黄酮对大白鼠血压变化（mmHg）的影响

组　别	剂量(mg/kg)	例数	药前血质(mmHg)	药后不同时间（分）血压变化（mmHg）			
				5	10	20	40
盐　水	—	11	94 ± 11	1 ± 6	1 ± 6	1 ± 7	−4 ± 9
麻黄碱	25	9	96 ± 29	21 ± 18**	13 ± 7**	8 ± 9	6 ± 8
元宝枫黄酮	1.5	11	96 ± 30	12 ± 8**	15 ± 7**	18 ± 8**	15 ± 10**
元宝枫黄酮	3.0	11	93 ± 21	10 ± 13*	16 ± 8**	18 ± 11**	17 ± 11*
元宝枫黄酮	6.0	9	96 ± 19	8 ± 7*	14 ± 8**	18 ± 8**	14 ± 12**

与盐水组比较　* $P<0.05$　** $P<0.01$

元宝枫黄酮对低血压大鼠有升压的作用。选雄性大白鼠，体重 350 ~400 g，ig 给可乐定 50 μg/kg，2 h 后乌拉坦麻醉，颈总动脉插管，记录血压。选血压值在 40 ~80 mmHg大鼠，分为两组：(1)盐水对照组；(2)元宝枫黄酮组（3 mg/kg），均 iv 给药，记录药后血压，另设一组正常对照组，不给可乐定。实验结果表明，元宝枫黄酮可使血压明显回升，与盐水对照组比较，差异显著（见表 9－22）。

表 9-22　元宝枫黄酮对低血压大鼠的升压作用

组　别	例数	药前血质 (mmHg)	药后不同时间(分)血压变化(mmHg)			
			10′	30′	60′	90′
正常组	9	101 ±18	-5 ±10	-8 ±10	-9 ±12	-9 ±17
盐水组	8	64 ±11	3 ±10	3 ±9	7 ±13	14 ±18
元宝枫组	8	55 ±16	19 ±8**	22 ±11**	31 ±17**	34 ±17*

与盐水组比较　$^{*}P<0.05$　$^{**}P<0.01$

三、对大白鼠心率的影响

大白鼠麻醉后，测心电图记录心率，观察腹腔给药后 30 min 心率变化，结果表明，元宝枫黄酮 3 mg/kg 和 10 mg/kg 可使大白鼠心率轻度减慢(见表 9-23)。

表 9-23　元宝枫黄酮对大白鼠心率的影响

组　别	剂量 (mg/kg)	例数	心率(次/分)			抑制率
			药　前	药　后	差　值	
盐水	—	12	426 ±39	422 ±32	-1 ±7	0.2
元宝枫黄酮	3	11	444 ±36	415 ±41	-29 ±22**	6.0
元宝枫黄酮	10	13	441 ±31	417 ±31	-23 ±18*	5.2
川芎嗪	15	8	411 ±33	380 ±48	-31 ±38*	7.5

与盐水组比较　$^{*}P<0.05$　$^{**}P<0.01$

四、对家兔体外凝血时间的影响

健康家兔，颈总动脉放血，草酸钾抗凝，试管法测凝血时间，观察元宝枫黄酮的促凝血作用，并与止血敏进行比较。结果表明，元宝枫黄酮有明显的促凝血作用，作用强于止血敏 125 倍～1000 倍(见表 9-24)。

表 9-24　元宝枫黄酮对凝血时间的影响(n=5)

组　别	试管内浓度 (μg/ml)	凝血时间 (min)	促凝率
盐　水	—	4.25 ±0.40	—
元宝枫黄酮	0.2	2.58 ±0.30*	39.3
元宝枫黄酮	0.6	2.38 ±2.22*	44.0
元宝枫黄酮	2.0	2.14 ±0.27*	49.6
止血敏	125	2.96 ±0.14	30.4

与盐水组比较，$^{*}P<0.01$

五、对家兔凝血酶元时间的影响

取兔脑,吸去血液,加3~4倍丙酮脱水,研磨过滤,重复4次,干燥后,研成粉末。取兔脑粉0.3 g,加生理盐水4.9 mL及0.1 mmol/L草酸钠0.1 mL,除去盐水中可能存在的钙离子,混匀,备用。取兔血,加3.8%枸橼酸钠抗凝(9:1),离心,分离血浆。取兔脑粉液和抗凝血浆各0.1 mL,于1 mL的血清管中,加入受试药物0.1 mL,混匀,37℃水浴预温2 min,然后加入0.05%氯化钙0.1 mL,混匀后,放入37℃水浴中,秒表计时,置10 s后,取出,缓慢倾斜血清管,当管内液体流动缓慢,将要停止流动时,立即停止秒表,记录时间,即为凝血酶元时间。结果显示,元宝枫黄酮在较高浓度下有延长凝血酶元时间的作用(见表9-25)。

表9-25　元宝枫黄酮对凝血酶元时间的作用(n=6)

组　别	浓度(mg/ml)	凝血酶元时间(min)	P值
盐水	—	0.6±0.1	—
肝素	1.25	10.0±0	<0.01
元宝枫黄酮	2.5	1.8±1.3	<0.01

六、叶总黄酮含量及清除自由基(O_2^-)的作用

(一)元宝枫不同发育期叶中总黄酮含量

为了进一步认识元宝枫的药用价值,我们对元宝枫不同发育阶段叶中的总黄酮的含量进行了测定,并对总黄酮清除O_2^-,的作用进行了初步研究。从元宝枫发育动态分析发现,元宝枫叶总黄酮含量在6月下旬最高,为9.31%。而后逐渐下降,至8月下旬到11月下旬落叶期,随着果实的成熟,叶中总黄酮含量趋于平稳,为6.24%~6.59%,说明元宝枫叶中的总黄酮收集可延续至落叶(见表9-26、图9-5)。

表 9－26　元宝枫不同发育期叶总黄酮含量

采集时间	发育期	取样浓度(mg/mL)	$\bar{A}$(n＝3)	含量(%)
96.4.10	芽展开期	0.6004	0.119	2.44
96.4.15	花期	0.6060	0.157	3.44
96.4.24	花期	0.6040	0.182	4.12
96.5.24	果期	0.6020	0.225	5.30
96.6.24	果期	0.6007	0.372	9.31
96.7.24	果期	0.6006	0.298	7.31
96.8.24	果期	0.6009	0.259	6.24
96.9.24	果期	0.6000	0.271	6.57
96.10.24	果期	0.6032	0.270	6.51
96.11.24	落叶期	0.6004	0.272	6.59

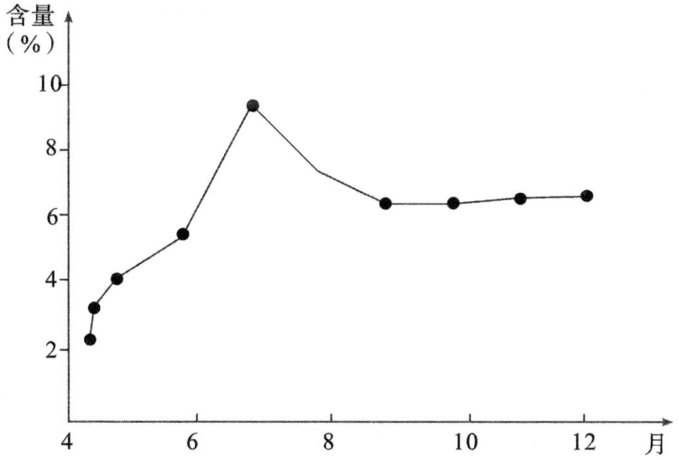

图 9－5　元宝枫不同发育阶段中总黄酮含量曲线图

(二)元宝枫叶总黄酮清除自由基(O_2^{-})的作用

1. *方法*

将一定量的元宝枫落叶风干粉碎，用 70% 乙醇热提取三次，分别为 3 h、2 h、2 h，合并提取液减压蒸干，加适量水用乙酸乙酯萃取 4 次，合并萃取液，回收溶剂得总黄酮。将此总黄酮用无水乙醇分别配成 2 mg/mL、6 mg/mL、8 mg/mL、10 mg/mL 浓度供试液，进行清除 O_2^{-} 作用的测定。

采取邻苯三酚自氧化法反应体系；取 Tris—HCl 缓冲液(0.05 mol/L)

pH 为 8.25,3 mL,triton x - 100(16%)0.01 mL,氮蓝四唑(0.98 mol/L)0.18 mL,分别再加无水乙醇和上述待测不同浓度供试液 0.04 mL 混合,在 25℃恒温 5 min,分别加入邻苯三酚(5 mol/L)0.034 mL,在波长为 530 nm 条件下测定各吸光度,计算 5 min 的平均反应速率 V(OD/min),根据下式计算百分抑制率:

$$抑制率\% = \frac{V_{max} - V}{V_{max}} \times 100\%$$

V_{max}:为加入等量无水乙醇时的反应速率。

V: 为加入不同浓度试药时的反应速率。

2.结果

研究结果表明,元宝枫叶中的总黄酮具有较强的清除 O_2^- 的作用,其抑制率在一定浓度范围内与总黄酮浓度成正相关(见表 9 - 27)。

表 9 - 27 元宝枫叶总黄酮对 O_2^- 清除作用的测定结果

供试品浓度(mg/mL)	抑制率(%)
2	40.40
4	83.84
6	87.88
8	88.69

由以上元宝枫黄酮药用研究可看出:

(1)元宝枫黄酮可使心肌耐缺氧时间延长。作用弱于心得安,而强于川芎嗪。对治疗冠心病、心绞痛、心力衰竭有意义。

(2)元宝枫黄酮能升高正常和低血压大鼠的血压,与麻黄碱比较,作用缓慢、温和而持久,而且剂量比麻黄碱低 4 ~ 16 倍,有希望成为低血压状态治疗药。

(3)元宝枫黄酮与止血敏比较,元宝枫黄酮有明显的促凝血作用,作用强于止血敏 125 ~ 1000 倍。

(4)元宝枫黄酮在较高浓度时(2.5 mg/mL)能延长凝血酶元时间,而在较低浓度时(2.0 mg/mL)能缩短体外凝血时间。

(5)元宝枫黄酮具有较强的清除自由基(O_2^-)的作用,其抑制率在一定浓度范围内与总黄酮浓度成正相关。

第十章　“九五”国家科技攻关以后发表的相关论文

在生态环境脆弱地区发展木本农业的建议(节录)

王性炎

(西北农林科技大学,陕西杨陵 712100)

摘　要:提出了木本农业的概念。论述了沙棘在生态建设中的重要作用,分析认为我国沙棘的发展已成为我国木本农业的一个重要方面和典范。为促进木本农业的发展,建议要强化政府引导,建立示范基地,培育龙头企业,处理好企业和农户的利益关系,提高生产组织化标准化程度。

关键词:木本农业;沙棘产业;标准化

中图分类号:S793.6.08　　**文献标识码:**C　　**文章编号:**1003－8809(2004)04－0001—03

一、生态环境建设任重道远

生态问题是我国严重的问题之一,再造秀美山川是我国现代化建设的重大战略任务。国家领导人多次指出:“破坏资源环境就是破坏生产力,保护资源环境就是保护生产力,改善资源环境就是发展生产力”。“必须大搞造林种草,增加植被,涵养水源,才能从根本上解决干旱缺水问题,不然就永远难以摆脱靠天吃饭的被动境地”。

西部脆弱的生态环境现实告诉我们,加快西部生态环境建设刻不容缓。目前,全国水土流失面积360多万hm^2,西部地区约占80%。全国沙漠土地面积160万hm^2,西部地区约占95%。源于祖国西部的沙尘暴接二连三地狂袭神州大地,北旱南涝,灾患频发,给渴望现代化生活的中国人蒙上了一层困惑不堪的阴影,上天为什么如此无情!

众多的有识之士认为,在实施西部大开发战略中,必须把培植西部生态生产力作为大开发的基础来抓。而重新培植西部生态生产力最有效的途径是种树种草,治沙治荒,绿化西部,再造秀美山川。西部地区要想实现跨越式发展,应始终将推进经济生态环境协调的可持续发展放在重要位置。

二、沙棘——生态建设的先锋

前期我国生态环境建设的实践经验证明,西部生态性灾难可以通过努力奋斗逐步得到解决。例如:内蒙古赤峰市50年的防沙治沙,森林覆盖率从5%增长到21.2%,粮食增产10倍;新疆和田县与流沙艰苦搏斗,创造了窄林带小网络的绿洲农田网模式,建起绿洲生态农业,被联合国环境规划署评为"环球500佳";"三北"防护林建设区内,风沙危害区20%的沙漠化土地得到有效治理,黄土高原40%的水土流失面积得到控制,集中连片的农田防护林体系促进了粮食的稳定增产,发展经济林有力地促进了农村经济的发展和农民收入的提高。"三北"防护林体系建设工程被国际上誉为"中国的绿色长城",世界生态工程之最。

1985年原水电部部长钱正英院士提出"以开发沙棘资源作为加速黄土高原治理的一个突破口"的倡议,经过19年的发展,事实证明,沙棘是荒漠化地区具有广泛适应性的生态建设的先锋树种,沙棘独特的抗寒耐热、抗旱耐瘠薄的生物学特性,决定了它在改善中国西部地区生态环境中的重要地位。截至21世纪初,全国累计已有137万hm^2(2055万亩)沙棘林,它在植被稀少的荒漠化地区发挥着非常重大的作用。

(一)人类健康的卫士

沙棘含有极丰富的生物活性物质,在人类医疗、保健方面,有着广阔的开发利用前景。在果肉中含油的木本植物比较少见,油橄榄是果肉含油的木本植物,是地中海沿岸各国的主要食用油来源。沙棘含油率低于油橄榄,但它适应性强,果实产量高,单产果油量大,因此,沙棘很有可能发展成为我国广大地区的食用油来源。沙棘的医疗保健价值国内外均十分重视,沙棘对心血管系统、消化系统、免疫系统、抗肿瘤的作用，已为世界所公认。从 1952 年前苏联卫生部批准了沙棘油的临床应用以来，沙棘油不仅在前苏联临床应用 50 多年来久盛不衰，而且打入了国际市场。用沙棘制成的食品、饮料等是人们追求的绿色食品。

（二）农户经济生活之友

沙棘资源的开发利用，把国家长远利益与农民群众的当前利益紧密结合在一起，调动了群众种植沙棘，治理水土流失，改善生态环境的积极性。沙棘对农民的直接利益主要体现在：

1. 采收果实

沙棘林从第 4 年开始大量结果，平均单产 375 ~ 750 kg/hm²，一个农户一年可采果 500 ~ 1000 kg，经济收益 300 ~ 600 元。河北省丰宁县通过生产沙棘酒，促进沙棘种植，已经有 36 个村，4.1 万人摆脱了贫困，走上了稳定致富之路。

2. 获得薪材

5 年生沙棘林可产薪材 10 ~ 30 t/hm²（合每亩 0.6 ~ 2.0 t）。沙棘热值高，平均为 20315 kJ/kg。1.3 t 沙棘薪材相当于 1 t 原煤，换句话说，一个农民种 667 m²（1 亩）沙棘林即可解决全年的生活用柴。

3. 用于放牧

沙棘枝叶含有丰富的蛋白质、脂肪及许多生物活性物质，是各种牲畜喜食的木本饲料，其营养价值高于普通牧草。沙棘林鲜枝叶的产量为 3000 ~ 5000 kg/hm²，按可利用一半计算，每公顷沙棘可产鲜饲料 1500 ~ 2500 kg，加上林地下面的草类，其饲料总量在每公顷 4000 kg 以上。山西省右玉县群众形象地说：“三亩沙棘一头牛，小康生活不用愁”。

4. 用作肥料和增进土壤肥力

沙棘根上有大量的根瘤（738 kg/hm² 以上），其固氮能力为 27 ~ 179 kg/hm²。沙棘本身的枯枝落叶分解还能增加土壤养分，从而增加了土壤的肥力。沙棘种植区农民的实践表明，种过沙棘的土地再种土豆，平均产量可达 22500 kg/hm²，比没有种过沙棘的农田增产 2 倍。而且连种 3 年地力不衰。

（三）我国木本农业的典范

目前全国已有大、小沙棘加工企业 200 多家，年产值 10 多亿元，年上缴利税上亿元。自1985年以来的19年间,陕西省在全国沙棘事业发展中做出了显著成绩:建立了全国第一个沙棘良种繁育基地,拥有20多个优良品种;陕西人工沙棘林栽植突破6.7万 hm^2,名列全国之首;国内首次成功研制出沙棘籽油萃取生产线,在原西北林学院进行了中试生产,然后建成永寿县沙棘油厂;沙棘油于2002年取得国家药监局准字号国药批号;原西安医科大学药学院开发的"沙油栓"等第一批沙棘药品,获得了卫生部准字号药批号;第一家生产沙棘茶并首次实现出口,销往印尼、泰国、日本和港台地区;配合水利部在陕西成功筹备举办了首届国际沙棘学术研讨会。陕西省仍然是沙棘加工利用的大省,陕西艾康沙棘制药有限公司,长庆药用沙棘油厂,解放军零五现代保健品厂,旬邑县华旬沙棘实业有限公司生产的沙棘产品,除在国内销售外,一部分远销英国、日本、新加坡等国家。沙棘不仅是生态建设的先锋,而且是发展木本农业的一颗名星。

三、几点建议

(一)强化政府引导,建好示范基地,开辟农民收入持续增长的新领域

陕西是我国木本农业沙棘的源头。陕西沙棘生态资源建设和开发利用工作,自1985年以来的18年间,取得了显著成绩,在全国沙棘事业发展中作出了突出贡献,有目共睹。建议政府大力扶持,在不改变小规模家庭承包经营的基础上,引导把分散的农户生产有效组织起来,成立沙棘农民协会,能在竞争中形成市场优势,以加强和改善生产所需信息、技术,形成专业化的大规模沙棘种苗生产基地。研究制定扶持发展的相关政策,为我省树立全国第一个木本农业示范基地。

(二)大力培育龙头企业,引导处理好企业与农户的利益关系

我国沙棘资源与开发利用建设虽然取得了显著进展,但从总体来看,仍处于初级阶段,尤其在良种繁育及产业化方面更是如此。良种繁育基地建设产业化程度低,选出的良种还未能在生产中大面积推广应用。

沙棘企业发展中,高技术含量、高附加值产品比重较低。多数企业以资源开发为主,产业层次浅,产品档次低,生产的产品大同小异,多为保健油、保健茶、饮料等。保健油产品也多为原油加以简单分装,最多制成胶囊。检验技术落后,缺乏对产品科学、严格的检验手段,致使一些产品距国际标准要求甚远。为此,要大力支持已有一定基础的企业,培育其成长壮大。

水利部和财政部先后投入资产和资金，在内蒙古和山西省兴建了沙棘原料加工厂，在北京又建立了沙棘深加工基地。河北神兴集团、内蒙古宇航人沙棘公司的沙棘产品，在多方面的支持下已进入系列化生产。

沙棘前期研究工作证实，它的药用价值是最大的优势，但还是由于基础研究不够，制约了高科技产品的推出，影响了新药品种的研发。目前，沙棘还没有二类以上新药问世。这些企业普遍存在的问题是发展资金不足，贷款难仍然是制约企业发展的主要“瓶颈”。不少企业原料有来源，产品有销路，由于缺乏流动资金，处于进退两难之地。

同时要政府引导，处理好企业与农户的利益关系。我国加入世贸组织后，面临更加激烈的市场竞争，增强木本农业产品的国际竞争力，根本在提高产品的质量、档次和卫生安全水平。入世以来，“绿色贸易壁垒”不断影响农产品出口，沙棘产品也遇到类似情况，例如沙棘油中有害溶剂残留量超标，沙棘果实中的重金属含量不合格等，被外国打回或拒绝进口，影响了出口贸易。

出口贸易难的主要原因，首先是原料质量缺乏保证。陕西沙棘加工企业每年需要的原料，多是从农户中临时收购，质量缺乏保证，有些企业收购的沙棘种子，由于霉变或杂质含量高，出油率仅为3% ~4%，同时造成沙棘油中有害成分的增加。产品不仅出口无望，即使在国内销售也较困难。

（三）提高沙棘生产组织化、标准化程度

21 世纪是绿色的世纪，我国农业部的绿色食品标志，国家环保局的有机食品标志认证工作业已开展。沙棘产业界要举起绿色产业的旗帜，生产绿色产品，创立绿色品牌。也就是说，从原料基地建设到产品加工、包装等各生产环节，均要严格按照绿色产品生产的要求进行。推进沙棘产业化经营的核心问题是在生产、加工和销售之间建立合理的利益分配机制。从实践看，沙棘产业化经营中农户与企业的利益联系方式，目前主要是契约关系，即农户与企业在自愿、平等、互利的前提下，签订规范化的经济合同，明确规定双方应当享受的权利和所承担的义务，建立了相对稳定的购销关系。

目前，各地已建立起一些优质的原料生产基地，提高了沙棘生产组织化和标准化程度。企业和农户均希望政府解决他们在发展中遇到的难以解决的问题，制定相关的扶持政策，创造宽松的外部环境，以促进沙棘产业化的进一步发展。

（本文原载《沙棘》2004 年第 17 卷第 4 期）

科尔沁沙地元宝枫林亟待保护

王性炎

金秋时节，在内蒙古通辽市科尔沁沙地，一片片火红的红枫林(元宝枫)与蓝天配映十分壮观。我带领渴望开发元宝枫产业的企业家们，于2001年10月和2003年10月，两次进入科尔沁沙地考察元宝枫林，获得意外的惊喜和收获。通过实地考察，从该地区收购到大量元宝枫种子，为四川、云南、陕西、山西省从事元宝枫开发生产的企业家，建立了各省的原料生产基地，生产了多种保健品、化妆品和医药原料，获得了较好的经济、生态和社会效益。

元宝枫是槭树科槭属植物，又名平基槭、华北五角枫，是中国的特有树种，我国历来将元宝枫作为观赏绿化风景林栽植，元宝枫是北京“香山红叶”组成树种之一。

内蒙古科尔沁沙地中的元宝枫林，是目前我国保留下来最大的一块元宝枫种群。据当地年老的牧民讲，新中国成立初期，这里有30多万亩枫林，随着人口的增长，畜牧业的发展，大量砍伐用作生活燃料和草场围栏以及木制用品。加之草原沙化和放牧的影响，给当地元宝枫林的生存和发展带来了严重影响，目前仅存3万~4万亩，面临着资源锐减，分布区域萎缩等严峻形势。兹建议：

一、强化保护

(一)建立沙地元宝枫自然保护小区

该地区位于内蒙古翁牛特旗中部，科尔沁沙地的西端，距翁牛特旗政府所在地——乌丹约100公里。该地区地势西高东低，海拔850~1200 m之间，以新月型沙丘为主，坡度在15°~35°左右；年降雨量350 mm，年蒸发量2350 mm；主要风向为西北风，全年6级以上大风日数60天左右，8级以上大风日数约40天，风沙日数107天；无霜期120天。该地区是我国生态地位最重要的地方，应该是京津风沙源治理工程的重点地区。建议依照有关法律、行政法规建立“沙地元宝枫自然保护小区”，保护好元宝枫林的生境地，使其休养生息，逐步扩大其种群面积，作为我国元宝枫生境恢复试验区，不断恢复原来的生态环境，使之有效遏制该地区的土地沙化进程，减轻北京、天津等地的风沙危害。

（二）严禁滥砍乱伐

教育当地农牧民爱护自己的生态环境，加强防灾自护意识，再勿砍伐元宝枫林用作燃料、木制品和草场围栏，必须用水泥杆建立草场围栏，限制不合理的利用行为。

（三）禁止放牧

实行禁牧舍饲，以防止牛羊啃食幼树。必要时对少数农牧户实行生态移民，以促进元宝枫林的天然更新进程。

二、健全体制

科尔沁沙地元宝枫林，主要分布在翁牛特旗中部，多呈块状分布，一般树龄多在70年以上，尚未发现对该地区元宝枫的详细调查资料。建议组织专业人员调查摸清资源现状，完善管理机构。建立利益导向制度，以充分调动各方面积极性，形成国家、社会、个人不同投入主体，共同防治沙漠化和开展原生植被的保护和利用。

三、勇于创新

近年来，从事元宝枫产业开发的一些企业，已开始获得较好的经济效益。例如四川省元宝生态资源开发有限公司，从内蒙古赤峰地区采购元宝枫种子50余吨，先后开发生产出元宝生命油、元宝养生茶、元宝醇饮料、元宝化妆品等产品。投放市场以来，深受群众欢迎，产品还远销到新加坡和中国台湾地区，经济收益达1320余万元。该公司还利用沙地元宝枫种子播种育苗33.33 hm^2（500余亩），培育元宝枫苗木1500万株，在四川眉山、西昌、雅安、彭山及重庆等地，结合国家退耕还林政策，采取“公司 + 农户”的模式，发展元宝枫人工林6553 hm^2（98300）余亩，栽植1572.8万株。公司保证20年收购元宝枫果和叶，解决农户退耕还林8年后怎么办的问题，共带动53210户农民致富，农户初期收益达850余万元。

在科尔沁沙区购销元宝枫种子的经销商，每年都获得了可观的经济效益。但是，居住在该地区的农牧民并没有得到实际利益，他们对元宝枫的经济价值不了解，在沙地辛苦采收的元宝枫种子出售后，仅获得微薄的经济收入，因而当地群众不可能主动去关心和保护元宝枫林，破坏比较严重。因此，建议当地政府高度重视科尔沁沙地元宝枫林的保护和培育,建成乔、灌、草相结合的高效稳定的生态系统,把保护和合理利用元宝枫与农民增收和农业产业结构调整紧密结合起来,走出一条治沙、治穷、致富的新路。

(本文原载《中国林业》2004.11B)

神经酸新资源——元宝枫油

王性炎,王姝清

(西北农林科技大学,712100 陕西省杨凌)

摘　要:概述了神经酸研究现状,对元宝枫油的理化特性、脂肪酸组成和维生素+E进行了分析。分析表明,元宝枫油中含有特长链脂肪酸——神经酸5% ~6%,是值得重视的神经酸新资源。元宝枫油在食品、化妆品和药用方面的开发研究表明,元宝枫的利用有广阔前景。

关键词:元宝枫油;脂肪酸组成;神经酸

元宝枫(*Acer truncatum* Bge)是槭树科槭属(*Acer*)植物,因翅果形状像中国古代“金元宝”而得名,为中国特有树种。在我国分布较广,东起吉林以南,西至甘肃南部,南至安徽南部,北至内蒙古科尔沁沙地皆有分布。我国首都北京驰名的“香山红叶”,元宝枫就是其中主要的红叶树种。元宝枫种子含油率较高,可达45% ~48%,20 世纪 70 年代初作为食用植物油开发利用。通过陕西省“八五”科技攻关“元宝枫开发利用研究”和“九五”国家科技攻关“元宝枫丰产栽培及产业化技术研究”,对元宝枫的栽培技术、化学成分、药用价值进行了系统研究,发现元宝枫作为食品、医药和化工原料有较大的开发利用价值。元宝枫油脂肪酸组成中含有 5% ~6% 的神经酸,含神经酸植物在自然界中分布较少,国际市场上神经酸资源主要来自深海鱼类,与深海鱼类相比,元宝枫是可持续利用的神经酸新资源[1]。

一、神经酸概述

神经酸(Nervonic Acid),又名鲨鱼酸(Selacholeic Acid),学名为:顺 -15 -二十四碳烯酸(cis -15 -Te -tracosenic Acid)分子式为 $C_{24}H_{46}O_2$,分子量为366.6,纯品在常温下为白色针状固体,是一种 n -9 型特长链单烯脂肪酸。神经酸最早发现于哺乳动物的神经组织,故命名为神经酸。神经酸在神经组织和脑组织中含量较高，是生物膜的重要组成成分，通常作为脑甙中髓质（白质）的标志物，参与生物膜有关的多种特殊生理功能[2,3]。

1990 年，在日本东京召开的第一届国际 NA/DHA 讨论会上，英国脑营养研究所专家 Sinclair 说“在人类大脑发育过程中，肯定需要 NA（神经酸）”。FAO（联合国粮农组织）/WHO（世界卫生组织）油脂营养专家报道说“妇女在妊娠期，必须获得长链不饱和脂肪酸，供胎儿发育需要，婴儿出生体重低有很多原因，缺乏 NA 是原因之一”。英国的脑营养专家罗夫特曾对美国、澳大利亚、日本 3 个不同国家的部分哺乳母亲进行随机抽样调查结果表明，日本孩子智商比欧美孩子高，一个重要原因是日本人大量吃鱼从而摄入较多的 NA。法国科学家研究发现，如果在怀孕期或婴儿期摄入一定量的 NA，能大大加快大脑发育[3]。

由于 NA 生理作用的发现仅有 30 多年的历史，而我国对 NA 的研究始于 20 世纪 80 年代，有许多方面尚需深入研究，但大量的医学研究证明，NA 是人体大脑发育的必需营养物，对提高脑神经的活跃，防止脑神经衰老有很大作用。国外在研究 NA 的生物合成途径中，发现 NA 是由芥酸（二十二碳烯酸）的碳链直接加长形成的[4]。动物实验也证实，大鼠在注射芥酸后，内脏器官中 NA 含量明显增加[5,6]。从目前已知的 NA 在植物界的分布状况看，十字花科（Cruciferae）植物种类较多，这些植物普遍均含有一定量的芥酸[7]。世界公认的油脂研究的奠基人——贝雷，在其传世之作《油脂化学与工艺学》中指出：一些用于治疗目的的不饱和脂肪酸，例如芥酸对肾上腺脑白质营养不良症有疗效[8]。

二、元宝枫油的特点

（一）元宝枫油的理化性质

元宝枫种仁含油量为 46% ~48%，用乙醚抽提所得的油与机械榨取的油性质相同。元宝枫油的物理化学性质详见表 1 和表 2。

由表 1、表 2 可知，元宝枫油与通常食用的优良植物油的理化性质相似。

表 1 元宝枫油的物理性质

色泽（罗维朋比色）	透明度	气味	加热试验（280℃）	比重（20/20℃）	折光指数	黏度（恩格拉氏秒 20℃
黄 10、红 1	透明	具花生油香味	油色变深无沉淀析出	0.9162	1.4733	9′24″

表2　元宝枫油的化学性质

酸值(mgKOH/g)	游离脂肪酸(油酸,%)	碘值(gl/100g)	皂化值(mgKOH/g)	不皂化值(%)
1.52	0.76	100~110	185~190	1.06

(二)元宝枫油的脂肪酸组成

1998年委托日本食品分析中心对元宝枫油的脂肪酸组成检测结果见表3。

2004年委托中国科学院昆明植物研究所对元宝枫油的脂肪酸组成检测结果见表4。

表3　元宝枫油的脂肪酸组成

脂肪酸组成	含量(%)	脂肪酸组成	含量(%)
$C_{16:0}$	3.9	$C_{20:2(n-6)}$	0.3
$C_{18:0}$	2.2	$C_{22:0}$	0.9
$C_{18:1}$	23.8	$C_{22:1}$	17.2
$C_{18:2}$	33.9	$C_{24:0}$	0.4
$C_{18:3(n-3)}$	2.6	$C_{24:1}$	5.8
$C_{20:0}$	0.3	未确定	0.8
$C_{20:1}$	7.9		

表4　元宝枫油的脂肪酸组成

脂肪酸组成	分子量	含量(%)
棕榈油酸($C_{16}H_{30}O_2$)	254	0.08
棕榈酸($C_{16}H_{O2}$)	256	4.19
亚麻酸($C_{18}H_{30}O_2$)	278	1.85
亚油酸($C_{18}H_{32}O_2$)	280	36.35
油酸($C_{18}H_{34}O_2$)	282	24.80
硬脂酸($C_{18}H_{36}O_2$)	284	2.40
11-二十碳烯酸($C_{20}H_{38}O_2$)	310	8.23
花生酸($C_{20}H_{40}O_2$)	312	0.25
芥酸($C_{22}H_{42}O_2$)	388	16.08
山嵛酸($C_{22}H_{44}O_2$)	340	0.78
神经酸($C_{24}H_{46}O_2$)	366	5.52
木焦油酸($C_{24}H_{48}O_2$)	368	0.32

从以上两次检测结果可见，元宝枫油的脂肪酸中神经酸($C_{24:1}$)含量在5% ~6%，是值得重视的神经酸新资源。

(三)元宝枫油天然维生素E

西北农林科技大学测试中心检测(见表5)，元宝枫油中维生素E含量为125.23 mg/100g，与常用的食用植物油比较是含量较高的维生素E新资源。元宝枫油天然维生素E含量高，表明其具有较好抗氧化稳定性。

表5 元宝枫油与主要植物油脂中维生素E的含量 (mg/100g)

名称	总 V_E	$\alpha-V_E$	$(\beta+\gamma)V_E$	$\delta-V_E$
菜籽油	60.89	10.81	38.21	11.87
大豆油	93.08	—	57.55	35.53
花生油	42.06	17.45	19.31	5.30
棉籽油	86.45	19.31	67.14	—
芝麻油	68.53	1.7	64.65	2.11
茶籽油	27.90	1.45	10.30	16.15
棕榈油	15.24	12.62	2.62	—
元宝枫油	125.23	14.79	72.86	37.58

注：摘自中国预防医学科学院与食品卫生研究所编写的《食物成分表》(全国代表值)。

三、元宝枫油的开发与应用

(一)食用油

在陕西、河北等省，民间早有食用元宝枫种仁的习惯，其与花生仁味道相似。20世纪70年代初，国家粮油供应困难时期，西北农学院大量采收元宝枫和五角枫种子榨油，补充食用油的不足。1970年3月，陕西省农林局和粮食局在西北农学院召开“五角枫和元宝枫榨油现场会”，150余名代表品尝了油炸食品和油泼面，鉴定用油粕制成的酱油后，一致反映很好。会后，陕西省农林局、粮食局联合发文，将五角枫和元宝枫作为木本油料正式收购[1]。

陕西省科委将“元宝枫开发利用研究”列为“八五”省攻关项目，我们与西安医科大学药学院联合攻关，对元宝枫油的食用安全性进行了系统研究，通过对元宝枫油的急性毒性和长期毒性试验表明，元宝枫油无毒性反应，食用是安全的[1]。近年来，陕西、山西、四川、云南、北京等省市上万人群体食用后，反映较好。西北农林科技大学樊金栓教授对元宝枫油的抗菌作用研究表明,元宝枫油对几种常见的食品腐败菌有较广泛的抑制作用,特别是对大肠杆菌、枯草芽孢杆菌和黄曲霉菌的抗菌作用极佳。说明元宝枫油作为食用油是安全可靠的,它还是一种很好的天然抑菌剂,可以在糕点、面包、糖果、饮品等食品中作为天然抑菌防腐剂应用[1]。

(二)药用开发

1. 抗菌素药物的基础配料

20 世纪 70 年代,西安制药厂生产四环素,在菌种培养过程中必须加入优质植物油作为培养基,该厂原用精制大豆油配制,我们用元宝枫油与精制大豆油对照,经过 6 次小试,结果见表 6。

表 6　元宝枫油和优质大豆油对四环素菌种生长对比试验

试验次数	油类	基础料配方(加入油量%)	四环素单位(r/mL)	试验次数	油类	基础料配方(加入油量%)	四环素单位(r/mL)
1	大豆油	2	13000	4	大豆油	2	14400
	元宝枫油	0.5	11800		元宝枫油	1	14200
	元宝枫油	1	12180		元宝枫油	2	13920
	元宝枫油	2	12250		元宝枫油	3	14220
	元宝枫油	3	14760		元宝枫油	4	14440
2	大豆油	2	14053	5	大豆油	2	11500
	元宝枫油	2	13800		元宝枫油	1	13000
	元宝枫油	3	12800		元宝枫油	2	12300
	元宝枫油	4	14025		元宝枫油	3	12800
					元宝枫油	4	13000
3	大豆油	2	14500	6	大豆油	2	14400
	元宝枫油	1	13600		元宝枫油	2	14200
	元宝枫油	2	13700		元宝枫油	3	15000
	元宝枫油	3	14500		元宝枫油	4	16100
	元宝枫油	4	16100				

表 6 结果表明,元宝枫油对四环素菌种的生长代谢无毒性反应,与精制大豆油相似。

2. 元宝枫油的抗肿瘤作用

(1) 对 S_{180} 肉瘤的抑瘤作用 西安交通大学药学院通过以 S_{180} 肉瘤小鼠模型,对元宝枫的抗肿瘤活性研究表明,元宝枫油乳液对 S_{180} 肉瘤平均抑瘤率为 82.94%,与环磷酰胺(常用抗癌药)比较抑瘤作用相当,而毒性远较其小。

(2)对腹水瘤的抑制作用选用腹水型肿瘤模型对元宝枫油的抗肿瘤活性进行的研究表明:元宝枫油小剂量和大剂量对艾氏腹水癌小鼠的平均生命延长率为 81.9% 和 57.7%,均大于非腹腔给药生命延长率标准(5%)。经统计学处理给药组与空白对照组比较均有显著性差异,且以小剂量(相当于 8 mL/d)为最佳。说明元宝枫油确实具有抑制肿瘤生长的作用,是一种很有开发前景的药用植物油[1]。

3. 在化妆品中的应用

由于元宝枫油无毒性、使用安全,油中维生素 E 和必需脂肪酸含量较高、抗氧化性稳定性好,在化妆品中应用受到重视。西北农林科技大学和西安医科大学药学院研制的“元宝美容霜”,群体试验后反映很好。四川省元宝生态资源开发有限公司和四川省轻工研究设计院精细化学品研制厂出品的“元宝润肤霜”、“元宝洗面奶”等化妆品,受到群众欢迎。目前,浙江和深圳两家化妆品生产厂家正在研制和试生产用元宝枫油配制的化妆品。

近年来开发应用试验表明:用元宝枫油配制的化妆品,对皮肤表现出有益的生理功能,渗透快,不产生油腻发黏的感觉,不发生刺激和敏感性。配制的化妆品,保湿性好,可减缓皮肤表面的水分蒸发,对皮肤提供柔软性、平滑性和弹性。

参考文献:

[1]王性炎. 中国元宝枫[M]. 成都:四川民族出版社,2003.

[2]吴时敏. 功能性油脂[M]. 北京:中国轻工业出版社,2001.

[3]神经酸研究进展专栏. http://www./anli. com. cn/Sweet. ant/bjgn. asp, 2004.3.17.

[4]Nervoic acid. http://www./Lipornics. com./Fatty Acids/24 -1n9. htm., 2003.03.06.

[5]Lecerf J. Evidence of accumtdation of ceramides containing [14C]nervonic acid in the rat lung following injection of

[14C]emcic acid[J]. Biochim. Biophys. Acta. ,1980,617(3):398 - 409.

[6] Cook C, Barnett J, Coupland K, et al. Effects of feeding Lunaria oil rich in nervonic and erucic acids on the fatty acid compositions of sphingomyelins from erythrocytes, liver, and brain of the guaking mouse mutant[J]. Lipids, 1998,33(10):993 - 10130.

[7] 马柏林,梁淑芳,赵德文,等. 含神经酸植物的研究[J]. 西北植物学报, 2004,24(12):2362 - 2365.

[8] [美]Hui. Y H 主编,徐生庚,裘爱泳主译. 贝雷:油脂化学与工艺学(第五卷)[M]. 第五版. 北京:中国轻工业出版社,2001. 378.

(本文原载《中国油脂》2005 年第 30 卷第 9 期)

中国含神经酸植物开发利用研究

王性炎,樊金栓,王姝清

(西北农林科技大学,712100　陕西省杨凌)

摘　要:概述了神经酸的重要作用和从植物中发掘神经酸的必要性。对中国含神经酸植物进行了系统检索,从 974 种油脂植物中,确定有利用价值、神经酸含量在 2% 以上的木本植物 10 种、草本植物 5 种。检索表明,中国含神经酸植物种类很少,是值得重视发展和利用的宝贵资源。浙江大学神经酸项目研究中心从中国特有的木本植物中提制神经酸获得成功,受到国际科学家的高度评价,从植物中发掘神经酸是一条可持续发展之路。

关键词:神经酸;植物;开发利用;中国

1972 年,英国权威神经学教授 Sinclar A J 和 Crawford,通过对鲨鱼长期的研究发现:鲨鱼的脑组织受到重创后,不久能够自动恢复功能,是因为鲨鱼脑组织中一种被认为“神经酸”的物质,在修复大脑神经信息传递通道——神经纤维上发挥了神奇的作用,这一重大发现引起世界各国科学家的高度重视。神经酸(NA)是各国科学家公认的能修复疏通受损大脑神经通路——神经纤维,并促使神经细胞再生的双效物质。神经酸是大脑神经纤维和神经细胞的核心天然成分。神经酸的缺乏将会引起脑中风后遗症、老年痴呆、脑瘫、脑萎缩、记忆力减退、失眠健忘等脑疾病。神经酸人体自身很难合成,必须靠食物摄取补充。

神经酸又名鲨鱼酸，因最早发现存在于鲨鱼脑中而得名。发达国家为了获得神经酸而大量捕杀鲨鱼，随着国际组织禁捕鲨鱼呼声不止，神经酸资源紧缺，欧美等国十分重视从植物中发掘神经酸，已取得初步成效[1,2]。

神经酸生理作用的发现仅有30多年的历史，我国对神经酸的研究起步较晚，但在国家的重视和支持下，浙江大学神经酸项目研究中心，通过8年的探索攻关，从我国独有的木本植物中提取出了神经酸，受到国际社会的重视，获国际医学科学发明金字塔奖[3]。

一、方法依据

(1)从《中国油脂植物》中，检索出含有神经酸的植物及其所属的科、属[4]。

(2)从含有神经酸的植物中，进一步检索出有利用价值且神经酸含量在2%以上的植物种类。

(3)调查了解我国神经酸植物的开发利用现状，研究分析其发展前景。

二、神经酸资源的分布

对《中国油脂植物》的108科、397属、974种油脂植物种籽的含油率、脂肪酸组成进行分析，结果表明，含有2%以上神经酸的木本植物有10种、草本植物有5种。含有神经酸的木本植物见表1，含有神经酸的草本植物见表2。

表1 含有神经酸的木本植物

科名	属名	种名	含油率(%)	神经酸含量(%)
槭树科	槭属	苦茶槭 *A. ginnala Maxim.*	7.8	7.1
		色木槭 *A. Mono Maxim.*	36.3	4.9
		鸡爪槭 *A. palmatum* Thunb	17.4	8.5
		元宝枫 *A. truncatum* Bunge	37.5	5.8
冬青科	冬青属	冬青 *I. purpurea* Hassak	18.1	5.5
大戟科	血桐属	盾叶木 *M. adenantha* Gagnep	60.3	55.9
铁青树科	蒜头果属	蒜头果 *M. oleifera*	51.9	62.6
蔷薇科	石楠属	椤木石楠 *P. davidsoniae*	17.2	6.9
无患子科	文冠果属	文冠果 *X. sorbifoila*	59.9	2.6
马鞭草科	牡荆属	牡荆 *V. negundo* L.	16.1	3.1

注：苦茶槭、鸡爪槭的分析部位是果，冬青、椤柘楠、牡荆分析部位是种籽，其他为种仁。

从表1、表2可见,我国2%以上神经酸含量的10种木本植物,分布在7个科、7个属;草本植物5种仅分布在十字花科3个属中。在974种油脂植物中,含神经酸的植物占的比重很小,仅为1.5%左右,是值得重视发展和利用的宝贵资源。

表2 含有神经酸的草本植物

科名	属名	种名	含油率(%)	神经酸含量(%)
十字花科	芸苔属	白芥 *B. alba*	29.6	3.4
		榨菜 *B. jumcea*	27.1	2.9
		芜菁 *B. rapa*	34.4	2.4
	萝卜属	萝卜 *R. sativus*	36.9	2.6
	遏蓝菜属	遏蓝菜 *T. arvense*	25.1	14.6

注:分析部位均为种籽

三、开发利用现状

20世纪90年代,浙江大学神经酸项目研究中心以侯镜德教授为首的一批科学家,通过8年对神经酸的探索攻关,首次从我国特有的木本植物中成功分离、提取出了高纯度的神经酸[5,6],并研制出神经酸的口服剂型,获得国家发明专利[3]。

我国从植物中研制神经酸获得成功,引起国际科学家的高度重视和评价。美国著名脑病专家"人类脑计划"核心成员迈凯文博士说:"中国成功地从天然植物中研制出神经酸,打破了从鲨鱼中提取的巨大局限,开创了脑病科学史上的新纪元。"欧洲"脑的十年"联合专家委员会加德杨博士说:"中国的口服神经酸是人类脑病医学史上划时代的杰出成果"。

神经酸产品研制成功后,经卫生检测机构上海市卫生防疫站,联合上海市老干部局及几家大医院,进行功能检测及临床试验证明,服用神经酸3个月后,脑中风后遗症、老年痴呆、帕金森、脑瘫、脑萎缩、脑外伤、记忆力减退等脑疾病平均显效率96.6%、有效率为92.8%[3]。

元宝枫(*Acertruncatum*)是中国含神经酸木本植物的一个特有树种[7]。20世纪70年代作为木本油料开发利用,1991年陕西省政府将"元宝枫开发利用研究"列为陕西省"八五"科技攻关项目,其中对元宝枫果实的化学成分、元宝枫油的毒理、药理学进行了系统研究,1994年通过成果鉴定[8]。1996年,林业部将"元宝枫丰产栽培及产业化技术研究"列为"九五"国家科技攻关项目,2000年12月通过国家验收鉴定[9]。

四川省亚圣营养食品成套技术研究所、四川青珍企业有限公司依托四川大学和陕西杨凌示范区元宝枫开发示范中心一批老教授，经过多年的探索和研究，从我国特有的元宝枫油中成功提取出神经酸[11]，经中国科学院昆明植物研究所检验，纯度为90%的白色粉状晶体，将进入工业化生产。

蒜头果(*Malania oleifera*)和元宝枫是中国含神经酸植物的两个特有种，也是我国从植物油中提制神经酸的重要资源。

四、发展前景

据流行病学调查，脑梗塞、脑出血、脑萎缩、痴呆症、小儿脑瘫、癫痫、帕金森病、脑外伤等脑病、神经损伤性病占人类疾病总数的30%左右。而且脑梗塞、脑出血等还具有高发病率、高死亡率、高致残率、高复发率等4高的特征。我国每年脑病新发病人近1000万例，其中致死致残率约占75%，国家和患者家庭花在脑病治疗上的医疗费用达上百亿元。

国际脑科学最新研究成果认为，脑病治疗必须采用1+1疗法，即脑神经细胞与神经纤维必须同时治疗，只有双管齐下才能制服脑病。神经酸可诱导神经纤维自我生长及分裂、修复堵塞、扭曲、凝聚及断裂的神经纤维，让“脑路”畅通，使指令顺畅，恢复病人在语言、记忆、感觉、肢体等方面的部分或全部功能，是攻克脑病的必由之路，是治疗脑病的根本。神经酸的发现，找到了治疗脑病的根本，走出了以往只针对脑细胞而忽视神经纤维修复和疏通的误区，使脑病治疗进入了一个崭新的时代。但神经酸的来源，过去是在海洋中捕杀鲨鱼获得，资源有限、成本很高，随着国际社会禁捕鲨鱼，神经酸来源陷入困境，从植物中发掘神经酸刻不容缓。

我国含神经酸植物种类虽然很少，但发展潜力很大，蒜头果是含神经酸植物之冠，盾叶木和槭属等含神经酸木本树种，近年来人工造林面积增长较快，后继资源的培育发展迅速。以元宝枫为代表的槭属含神经酸树种，虽然神经酸含量较蒜头果低，但槭属树种结实量大，单株15~20年生树木，平均结实量为20~25 kg[10]。含神经酸的5种草本植物资源量大，有待开发利用。国际公认神经酸将是21世纪最有前途的脑病健康产品，毫无疑问，含神经酸植物将获得迅速发展。

参考文献：

[1] Wilson T L, Smith C R, Wolff T A. Lunxmaria seed oil: a rich sources of C24 fatty acid

[J]. A. Jm. oil Chem. Soc. ,1962,39:104 – 105.

[2] Robin L W, Kerr C W, Elaine J B. . Adaptation potential of the novel oilseed crop, Honesty (*Lunaria annua* L.) totheScottishclimate[J]. Ind. Crops. ,2003,18:7 – 15.

[3] 神经酸—人类大脑的保护神[EB/OI.]. http://www. sjs. net. Cn.

[4] 中国油脂植物编写委员会. 中国油脂植物[M]. 北京:科学出版社,1987. 27 – 32,88 – 561.

[5] 侯镜德,袁晓悟,吴清洲. 神经酸的表征[J]. 现代科学仪器,1996,(4):29 – 30.

[6] 侯镜德,袁晓悟,胡伟,等. 金属盐沉淀法分离神经酸[J]. 生物技术,1996,6(1):39 – 41.

[7] 徐廷志,Konta F. 中国 – 日本槭树资源与园林[M]. 昆明:云南科学技术出版社,1996.

[8] 王性炎,盛平想,王姝清. 元宝枫开发利用研究[M]. 西安:陕西科学技术出版社,1996.

[9] 国家林业局科学技术司. "九五"国家重点科技攻关林业项目重大成果汇编(荒漠化治理)[M]. 北京:中国林业出版社,2001. 71 – 75.

[10] 王性炎. 中国元宝枫[M]. 成都:四川民族出版社,2003.

[11] 王性炎,王姝清. 神经酸新资源——元宝枫油[J]. 中国油脂,2005,30(9):62 – 64.

(本文原载《中国油脂》2006 年第 31 卷第 3 期)

食品蛋白新资源——元宝枫蛋白

王性炎[1],李艳菊[2],王姝清[1]

(1. 西北农林科技大学,712100 陕西省杨凌区;2. 北京理工大学生命科学与技术学院,100081 北京市)

摘　要:对元宝枫种子蛋白质的含量、化学组成和其主要功能特性的研究表明:元宝枫种仁的蛋白质含量为 27.15%,仅次于大豆。元宝枫蛋白含有人体必需的 8 种氨基酸,为完全蛋白。其蛋白的等电点为 4.38;在等电点附近,种仁脱脂粉的溶解度、起泡性、泡沫稳定性最低,而当 pH 6 ~ 7 时,表现较佳。与大豆脱脂粉相比,元宝枫种仁脱脂粉具有更好的吸油性,种仁蛋白具有更好的起泡性。

关键词:元宝枫蛋白;种仁脱脂粉;种仁蛋白;功能特性

A new resource of food protein: Acer truncatum Bunge protein

WANG Xing – yan[1], LI Yan – ju[2], WANG Shu – qing[1]

(1. Northwest A&F University, 712100 Shaanxi Yangling, China;

2. School of Life Science&Technology, Beijing Institute of Technology, 100081 Beijing, China)

Abstract: Protein content of Acer truncatum Bunge seed, amino acid composition of the protein and themainfunctional properties were determined. The results showed that theeln and the main tunctional propertles determined The results showed that the Protein content was 27.15% in the kernel, less than soybean. It was a complete protein including 8 kinds of essential amino acids. The isoelectric point of the protein was 4.38, under which the solubility, foamingability, roam stability and emulsifying stability of the defatted kernel powder presented the lower value, however, these properties showed good results when the pH value was in the range of six to seven. Comparing with the defatted soybean powder, the oil absorption ability of the defatted kernel powder and the foaming ability of the protein of the A cer truncatum Bunge seeds were much higher.

Key words: Acer truncatum Bunge protein; defatted kernel powder; protein; functional properties

蛋白质是人类不可缺少的营养素。随着我国经济的快速发展，人民生活水平的日益提高和健康意识的增强，对优质蛋白的需求不断增长，开发利用新的植物蛋白资源具有重要意义。

元宝枫(*A cer truncatum* Bunge)又名元宝槭、华北五角枫、元宝树，是槭树科槭属植物，为中国特有树种。20 世纪 70 年代以来，我们对元宝枫种子的化学成分进行了系统的分析研究和开发利用，实践证明，元宝枫是一种优质木本油料和食品蛋白新资源。本文对元宝枫种仁的蛋白质含量、氨基酸组成和蛋白功能特性进行了研究，为元宝枫蛋白的开发利用提供基础数据。

一、材料与方法

(一)原料

元宝枫籽：采集于陕西省杨凌，机械脱皮后得元宝枫种仁，备用。大豆：市售。

(二)样品制备

1. 脱脂粉的制备

将元宝枫种仁低温烘干，研磨，置于滤纸筒中，用索氏抽提法分离出油脂，得到元宝枫种仁脱脂粉(DFKP)。

用同样处理方法得到大豆脱脂粉。

2. 元宝枫种仁蛋白的制备

将上述得到的种仁脱脂粉,按固液比1:10(W/V)加水混合均匀,用10% NaOH调pH至7.0,在胶体磨上磨浆5 min,置于40 ℃水浴中搅拌抽提30 min。然后过200目筛,再将固相物质以固液比1:5(W/V)加水进行第二次抽提。合并两次抽提液,用盐酸调pH至4.38,静置10 h后,离心分离弃去乳清水,沉淀物置于真空干燥箱中烘干(真空度为0.095 MPa,温度45℃),磨细过100目筛,即得元宝枫种仁蛋白试样。

(三)种仁成分分析方法

元宝枫种仁化学成分的测定,均采用常规分析方法。其中蛋白质含量的测定采用微量凯氏定氮法,氨基酸的测定采用氨基酸自动分析仪。

(四)功能特性测定方法

1. 等电点

称取元宝枫种仁脱脂粉4.5 g,与150 mL蒸馏水混于烧杯中,置于30℃水浴中搅拌30 min,过200目筛,弃去废渣。然后分别量取20 mL滤液于6个烧杯中,用HCl和NaOH溶液调节其pH,依次为3、4、5、6、7、8。在室温下放置30 min后,依据6个烧杯中沉淀量的多少,得知其等电点的大概范围。在这一范围继续设置多个pH点,按上述方法继续测定。最后,通过抽滤,根据沉淀量的多少准确判断元宝枫种仁蛋白质的等电点。

2. 氮溶解指数(NSI)

分别将1 g样品混于40 mL蒸馏水中,并用0.1 mol/LHCl和NaOH溶液调节到相应的pH,在30℃水浴中搅拌1 h后,调节pH并定容至50 mL。通过抽滤获取滤液,测定滤液及样品中的含氮量。根据下列公式计算氮溶解指数:

NSI = 滤液中含氮量/样品中总氮 × 100%。

3. 起泡性与泡沫稳定性

配制一定浓度的蛋白质溶液250 mL,调节到所需pH,在胶体磨上磨浆5 min后,记录磨浆停止时的泡沫体积,根据下列公式计算起泡性:

起泡性 = 磨浆停止时泡沫体积/250 × 100%

记录磨浆停止1 min、10 min、20 min、30 min及60min时泡沫的体积，用此数据衡量泡沫稳定性。

4. 乳化力与乳化稳定性

将2 g样品和50 mL蒸馏水混合，调至所需pH。量取此溶液5 mL于10 mL量筒中，加入5 mL元宝枫油，摇匀，放置30 min，测量乳化层高度，并计算乳化力。

$$乳化力(EA) = 乳化层高度/总高度 \times 100\%$$

同时，另取溶液5 mL于10 mL量筒中，加入5 mL元宝枫油，摇匀，在80℃水浴中恒温加热30 min，在室温下放置30 min，测量乳化层高度，按下式计算乳化稳定性：

$$乳化稳定性(ES) = 加热后乳化力/加热前乳化力 \times 100\%$$

5. 吸油性

取0.4 g样品和4 mL元宝枫油加入带刻度的锥形离心试管中，用细金属丝混合1 min，放置30 min后，在2000 r/min条件下离心25 min，读取游离油的毫升数。根据下列公式计算样品吸油性。

$$吸油性(mL/g) = (4 - 游离油体积)/0.4$$

二、结果与分析

（一）元宝枫种仁的化学成分（见表1）

表1 元宝枫种仁的化学成分（%）

水分	灰分	粗纤维	淀粉	多聚戊糖	蔗糖	油	蛋白质
5.23	4.40	3.68	无	4.50	6.10	47.88	27.15

由表1可看出，元宝枫种仁主要含油和蛋白质，两者总量达75%。种仁中不含淀粉，在植物种子中是少见的，还含少量的多聚戊糖、蔗糖和粗纤维。

（二）元宝枫蛋白质的含量和氨基酸组成

豆科植物因为它们种子中含有高比例的蛋白质，常被称为蛋白质作物。元宝枫种仁中蛋白质含量与常见的干豆类的蛋白质含量比较见表2。由表2可见，多数豆类蛋白质含量通常为20%～30%，而大豆蛋白质含量高达35%。元宝枫种仁蛋白质含量为27.15%，仅次于大豆和青豆，具有很大的开发潜力。

表2　我国常见干豆类的蛋白质含量(%)

名称	蛋白质	名称	蛋白质
大豆	35.1	绿豆	21.6
青豆	34.6	豌豆	23.0
扁豆	25.3	赤小豆	20.2
蚕豆(去皮)	25.4	芸豆(白)	23.4
花豆(红)	19.1	芸豆(红)	21.4
豇豆	19.3	元宝枫种仁	27.15

注:摘自中国预防医学科学院营养与食品研究所《食物成分表》(全国代表值)[9]。

元宝枫蛋白和几种重要油料植物蛋白的氨基酸组成及含量见表3。

表3　几种植物蛋白的氨基酸含量(g/16g 氮)

名称	大豆蛋白	花生蛋白	菜籽蛋白	棉籽蛋白	元宝枫蛋白
赖氨酸	6.85	3.0	5.8	4.4	4.17
蛋氨酸	1.56	0.9	2.3	1.3	1.49
亮氨酸	7.72	6.7	7.3	5.8	8.19
异亮氨酸	5.1	4.1	4.2	3.4	3.51
苯丙氨酸	5.0	5.2	4.1	5.5	3.65
苏氨酸	4.3	2.5	4.5	3.0	3.63
色氨酸	1.2	1.0	1.4	1.1	1.56
缬氨酸	5.3	4.5	5.2	4.6	3.68
组氨酸	2.6	2.3	2.7	2.9	4.63
精氨酸	8.4	11.3	6.6	12.4	7.67
胱氨酸	1.6	1.3	2.6	0.8	—
甘氨酸	4.6	5.6	5.3	4.1	13.90
丙氨酸	4.5	4.1	4.9	3.7	2.69
脯氨酸	6.2	4.4	6.1	3.6	微量
丝氨酸	5.6	4.9	4.7	4.1	6.63
天门冬氨酸	12.0	14.1	7.1	9.1	7.58
谷氨酸	21.0	19.9	17.9	20.4	26.15
酪氨酸	3.9	4.1	3.1	3.1	1.61

由表3可见,元宝枫蛋白含有人体必需的8种氨基酸,赖氨酸含量高于花生蛋白,与棉籽蛋白接近;蛋氨酸含量高于花生蛋白和棉籽蛋白,与大豆蛋白接近;亮氨酸和色氨酸含量最高。在非必需氨基酸中,谷氨酸和甘氨酸远远高于其他植物蛋白。元宝枫蛋白是一种营养丰富的植物蛋白。

(三)元宝枫蛋白样品组成

用元宝枫种子制备出种仁脱脂粉和种仁蛋白,试样中的蛋白、灰分及水分含量见表4。

表4 样品组成及含量(%)

样品	蛋白质	灰分	水分
元宝枫种仁脱脂粉	34.63	3.63	3.47
元宝枫种仁蛋白	47.90	3.27	6.65
大豆脱脂粉	40.31	3.78	3.78

(四)元宝枫蛋白的功能特性

1. 等电点

在pH 3.7~4.6范围设置多点进行测定,结果表明pH达4.38时,蛋白质沉淀量最多,故元宝枫种仁蛋白质的等电点为4.38。

2. 溶解性

蛋白质的溶解性通常用氮溶解指数(NSI)表示,元宝枫种仁脱脂粉在不同pH下的溶解特性曲线,见图1。

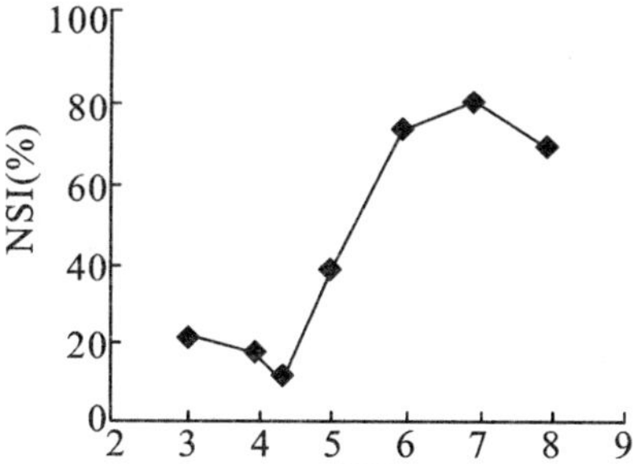

图1 元宝枫种仁脱脂粉溶解特性曲线

由图1可见,在不同pH下,元宝枫种仁脱脂粉溶解度差异很大。在等电点附近溶解度最小;而在偏离等电点的酸性和碱性条件下,溶解度较高;当pH在

3~4.36 范围内,随着 pH 的升高,溶解度呈降低趋势;在等电点附近,溶解度降至最低,NSI 为 11.71%;随着 pH 继续升高,溶解度迅速增加,pH 至 7 时达到最大值,为 79.42%;之后,再度降低。对大豆脱脂粉的 NSI 进行测定,在 pH 7 时,为97.67%,高于元宝枫种仁脱脂粉。

3. 起泡性与泡沫稳定性

在不同 pH 和不同样品浓度下,对元宝枫种仁脱脂粉的起泡性和泡沫稳定性进行了测定,同时与大豆脱脂粉和元宝枫种仁蛋白进行对比,结果见表 5、表 6、表 7。

表 5 pH 对元宝枫种仁脱脂粉起泡性及泡沫稳定性的影响

pH	起泡性(%)	泡沫稳定性(mL)				
		1min	10min	20min	30min	60min
4	17.0	42	21	—	—	—
5	20.4	51	45	40	35	30
6	22.0	55	45	40	40	35
7	22.4	56	38	38	36	31
8	22.0	55	35	35	35	30

注:DFKP 测定液体积 250 mL,浓度 10%,温度 22℃。

表 6 不同浓度元宝枫种仁脱脂粉的起泡性与泡沫稳定性

浓度(%)	起泡性(%)	泡沫稳定性(mL)				
		1min	10min	20min	30min	60min
0.5	29.6	65	49	48	48	34
1.0	33.9	78	60	55	55	50
2.5	40.0	80	58	55	51	48
5.0	34.1	75	50	45	42	40
7.5	31.6	68	47	43	38	30
10.0	28.3	65	43	40	32	25
12.5	25.4	62	41	34	31	25
15.0	21.2	55	40	32	30	25

注:DFKIP 测定液体积 250 mL,pH 6.8,温度 22℃。

由表 5 可见,随 pH 升高,起泡性及泡沫稳定性增高;当 pH 为 4 时,种仁脱脂粉的起泡性及泡沫稳定性最差；当 pH 为 6 时，泡沫稳定性最好；当 pH 为 7 时，起泡性最好。由于起泡性与蛋白质的溶解性密切相关，所以起泡性及泡沫稳定性与 NSI 变化呈一致趋势。

由表 6 可见，当溶液浓度为 1.0% ~2.5% 时，起泡性及泡沫稳定性较好。

表 7 不同样品的起泡性及泡沫稳定性

样品	起泡性（%）	泡沫稳定性（mL）				
		1min	10min	20min	30min	60min
元宝枫种仁脱脂粉	40.0	80	58	55	51	48
元宝枫种仁蛋白	118.9	220	212	135	115	105
大豆脱脂粉	74.3	145	101	95	91	84

注：测定液浓度 2.5%，体积 250 mL，pH 6.8，温度 22℃。

从表 7 可知，元宝枫种仁蛋白的起泡性显著高于元宝枫种仁脱脂粉和大豆脱脂粉。这与元宝枫种仁蛋白中的蛋白质含量高有关。元宝枫种仁蛋白可作为蛋类代用品作发泡剂，用于酥性焙烤食品中，还可用于冰淇淋或糖果等加工中，以改善品质。

4. 乳化性与乳化稳定性

对不同 pH 下元宝枫种仁脱脂粉的乳化力（EA）和乳化稳定性（ES）进行测定，并与元宝枫种仁蛋白及大豆脱脂粉进行对比，结果见表 8、表 9。

表 8 元宝枫种仁脱脂粉的乳化力及乳化稳定性（%）

pH	EA	ES
3	60.81	107.60
4	64.29	98.51
5	65.62	101.28
6	64.60	134.63
7	61.77	118.90
8	62.81	108.02

注：DFKP 测定液浓度 4%，温度 24℃。

表 9　不同样品的乳化力与乳化稳定性(%)

样　品	EA	ES
元宝枫种仁脱脂粉	61.77	117.45
元宝枫种仁蛋白	60.69	94.04
大豆脱脂粉	64.45	88.03

注:测定液 pH 7.0,温度 24℃。

由表 8、表 9 可见,元宝枫种仁脱脂粉的乳化力在 pH 5 左右最高,乳化稳定性在 pH 4 附近最低。元宝枫种仁脱脂粉的乳化力略低于大豆脱脂粉,但乳化稳定性却很高。

5. 吸油性经测定(23℃)

元宝枫种仁脱脂粉的吸油性为 2.04 mL/g,大豆脱脂粉为 1.34 mL/g,显著高于大豆脱脂粉。因此,可将元宝枫种仁脱脂粉用于肉制品加工中,以促进脂肪的吸收,减少加工中脂肪的损失。

三、结论

(1)元宝枫种仁的化学成分分析表明,其主要含油和蛋白质,两者总量可达 75%,成熟仁中不含淀粉。元宝枫种仁中蛋白质含量为 27.15%,仅次于豆科植物中的大豆和青豆,作为植物蛋白的新资源,具有很大的开发潜力。

(2)元宝枫蛋白含有人体必需的 8 种氨基酸,其氨基酸组成合理,为完全蛋白质,含有足够的碱性氨基酸和含硫氨基酸。在必需氨基酸中,元宝枫蛋白的赖氨酸含量高于花生蛋白;蛋氨酸含量高于花生蛋白和棉籽蛋白,与大豆蛋白接近。在非必需氨基酸中,元宝枫蛋白的谷氨酸和甘氨酸含量远远高于其他油料蛋白。

(3)元宝枫蛋白的等电点为 4.38,元宝枫种仁脱脂粉的溶解度在 pH 7 时达到最高;其种仁蛋白的起泡性和泡沫稳定性在等电点附近最低,pH 7 时最高;元宝枫种仁蛋白的起泡性显著高于大豆脱脂粉;元宝枫种仁脱脂粉的乳化力在 pH 5 左右最高,略低于大豆脱脂粉,但乳化稳定性却最高;元宝枫种仁脱脂粉的吸油性显著高于大豆脱脂粉。

参考文献：

[1]王性炎. 中国元宝枫[M]. 成都:四川民族出版社,2003.
[2]中国预防医学科学院营养与食品卫生研究所. 食物成分表(全国代表值)[M]. 北京:人民卫生出版社,1991.
[3]高锦明. 植物化学[M]. 北京:科学出版社,2003.
[4]刘志同. 中国植物油料蛋白生产现状与发展趋势[J]. 中国油脂,2004,29(10):5-10.
[5]李艳菊,王性炎,杨正礼,等. 元宝枫种子蛋白功能特性研究[J]. 西北林学院学报. 1996,11(3):41-45.

(本文原载《中国油脂》2007年第32卷第8期)

加快木本油料发展 保障食用油供需安全

王性炎
(西北农林科技大学,陕西杨凌 712100)

摘　要:我国食用植物油供需形势严峻,自给率只有40%左右,大量进口植物油是造成农产品国际贸易逆差的主要根源;生物柴油快速发展使植物油供需矛盾加剧;草本油料抗灾力弱,产量不稳。这些不利因素给国家粮食安全敲响了警钟,因此要重视发展油茶等木本油料产业。南方油茶先行,北方宜加快发展文冠果和元宝枫等木本油料种植,并进行科学规划,典型示范。

关键词:木本油料;国家重视;科学规划;典型示范
中图分类号:TS222;Q949.9　　**文献标志码:**C　　**文章编号:**1003-7969(2009)09-0001-04

国以民为本,民以食为天,食品安全是国家安全的重中之重,关系到人们的生活和社会安定。各国的农业政策无不首先将食品安全以及供给稳定作为主要目标。食用植物油是人们生活的必需品,但是近年来国内食用植物油价格大幅度上涨,给我国食用油的供需安全敲响了警钟。

一、形势严峻的我国食用植物油供需状况

(一)食用植物油自给率只有40%左右

随着国民经济的持续发展和人民生活水平的不断提高,我国植物油消费量

持续增长,目前已成为世界第一消费大国。据报道[1],2006/2007 年度我国植物油消费量为 2235 万 t,比 2002/2003 年度的 1741 万 t 增长 28.37%,占世界同期植物油总消费量的 18.4%。2006/2007 年度进口植物油约 1360 万 t(包括进口大豆折油),进口量约占我国植物油消费总量的 60%,使我国成为世界上最大的植物油进口国,而同期国产植物油总量仅有 1000 万 t 左右,自给率约为 40%。这对于一个拥有 13 亿人口的大国来说是十分危险的。

(二)植物油大量进口是造成农产品国际贸易逆差的主要根源

据统计,1997 年我国植物油消费量仅为 1027 万 t,到 2007 年上升至 2508 万 t,10 年间增加了2.44倍,年均增长速度达到8.95%,年人均消费量达 19.28 kg,超过日本的 17 kg 和韩国的 16 kg,已接近世界平均 20 kg 的水平[2]。

2007 年以来,食用油价格不断攀升,成为消费者和政府共同关注的一大问题。原料短缺是食用油价格上涨的主因。油料油脂已成为我国对国际市场依存度最大的大宗农产品,年进口花费 1000 多亿元,这是造成农产品国际贸易逆差的主要根源。中国工程院院士傅廷栋指出:“油料需求的刚性增长和油料(或食用油脂)总产量增长缓慢之间的供不应求矛盾,是我国油料产业发展存在的核心问题。发展油料生产,保证食用油安全,已是当务之急[3]。”

(三)生物柴油的快速发展使植物油供需矛盾加剧

近几年在全世界兴起了一股利用植物油生产生物柴油的热潮,此热潮先从欧盟各国兴起,目前已发展到一些植物油的生产、出口大国和地区,如美国、南美、马来西亚、印度尼西亚等,而且各国都制订了一系列发展生物柴油的政策措施,连我国这样的食用植物油进口大国这几年也建成了有 200 多万 t 产能的生物柴油生产线。

生物柴油在全球的快速发展,改变了油料油脂的需求结构,使油料油脂具有了能源属性。这一变化,使油料油脂过去由“人吃”发展到现在“汽车与人争吃”的局面。也更加助推了全球植物油的需求增长,使全球的植物油供需将长期处于紧平衡状态,从而长期影响植物油的价值和价格[4]。

(四)草本油料抗灾能力弱,产量不稳

据国家粮油信息中心和美国农业部提供的资料,2007 年我国八大油料的总

产量和折油量与2006年相比都有不同程度的减少，虽然减幅不大，但均创自2004年以来的“最低点”[4]。

以油菜籽为例，我国油菜籽总产量约占世界总产量的30%，居世界第一位。长江流域是我国最大的油菜籽产区。2000年以来，我国油菜籽产量在1000万t以上。据国家统计局资料，2004年我国油菜籽产量创下历史记录，达1318万t，2005年出现小幅下降，产量为1304万t，2006、2007年油菜籽产量快速下降，2008年受雨雪冰冻天气影响，夏收油菜籽单产有所下降，单产（1800 kg/hm^{2}左右）比上年下降5.2%，这在一定程度上抵消了面积增长因素[5]。图1是近20年来我国油菜籽产量情况。从图1可以看出，我国油菜籽产量始终处于不稳定状态。

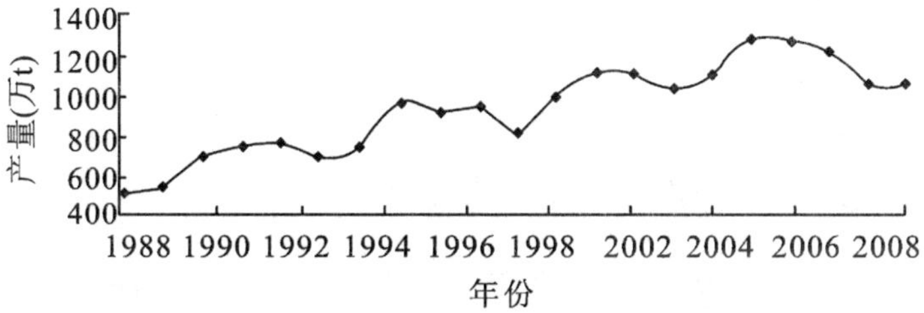

图1 近20年我国油菜籽产量情况

又如，芝麻是最古老的油料作物之一，因含油量高而有油料作物“皇后”之美誉。芝麻在我国有着悠久的种植历史，属小品种油料作物中的大品种。但近年来我国芝麻种植面积连年下滑，原因之一是芝麻抗灾能力较差，特别是近几年气候条件对芝麻生产影响较大，导致芝麻产量、品质低而不稳，种植芝麻的经济效益远远不如种植其他经济作物，影响了农民种植芝麻的积极性[9]。

二、国外木本植物油占领中国市场的启示

目前世界上11种主要食用植物油为：大豆油、菜籽油、棉籽油、花生油、葵花籽油、玉米油、芝麻油、棕榈油、椰子油、橄榄油和油茶籽油，其中后4种为木本植物油，约占食用植物油总产量的1/3。在西班牙，橄榄油已占全国食用油的84%，希腊达到93%；菲律宾每人年均食用椰子油35 kg，西班牙、意大利和希腊年人均食用橄榄油20 kg，马来西亚年人均食用棕榈油20 kg。我国由于油料生产不足，食用植物油供不应求，每年需大量进口，而棕榈油的进口量从20世纪90年代初以来，每年都在100万t以上。目前，我国已成为进口马来西亚棕榈油的第一大国，棕榈油已占据了国内食品工业市场的绝对份额。

据报道[7,8],从1998年开始,世界棕榈油产量随着东南亚棕榈油产量的快速提升而实现了飞跃式增长,截至2006年,世界棕榈油产量已经超过3500万t,相当于20世纪50年代的7倍,并超过大豆油的产量,也成为我国进口量最大的食用植物油品种。棕榈油这种木本油料的快速发展以及我国大量进口给我们的启示是:我国应该借助辽阔的地域优势,大力发展木本油料产业。图2是1996~2006年我国棕榈油进口情况(数据来源于国家粮油信息中心)。

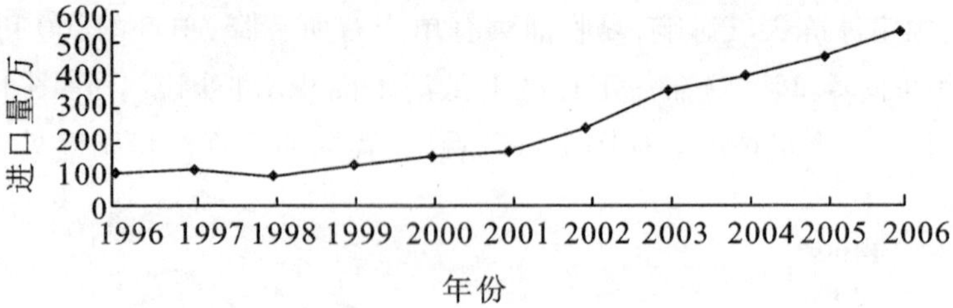

图2　1996~2006年我国棕榈油进口情况

三、国家重视、支持木本油料的发展

(1)2008年11月26日,在希腊进行国事访问的国家主席胡锦涛来到希腊南部克里特岛参观佩扎农业联合体,参观了橄榄园和橄榄油生产车间,了解了橄榄油加工技术和生产流程,足见胡主席对发展木本食用油的重视[9]。

(2)2008年9月,全国油茶产业发展现场会在长沙召开,国务院副总理回良玉亲赴现场会作了重要指示,他指出:党中央、国务院高度重视山区综合开发油茶等木本粮油产业发展,明确提出要大力发展油茶等特种油料作物。我们要站在保障国家粮食安全的高度,重视发展油茶等木本粮油产业。目前,我国已成为世界最大的食用植物油进口国,我国也是世界油料进口大国。当前和今后一个时期,我国粮油供求面临一系列制约因素:人口越来越多,城镇人口快速增加,直接推动了粮油需求总量的刚性增长;耕地越来越少,遏制耕地减少趋势的压力十分巨大;农业基础设施薄弱,农业受自然灾害影响大;农业生产成本不断提高、比较效益不断降低,提高农民发展粮油生产的积极性面临新的困难。从国际方面来看,随着石油价格的变动和粮食需求的增长,粮食危机的困局在持续演化,粮食安全面临的不确定性在增加。这对人类社会的健康发展构成极大威胁,维护粮食安全已成为世界各国高度关注的重大战略问题。我们必须保持强烈的危机感,采取有效措施予以应对。必须指出的是,我们所讲的粮食安全,实际上是包括食用植物油在内的、广义的食物安全,应当通过广辟食源来保障食物安全。木本粮油是优质食物源,应当充分发挥木本粮油在保障食物安全中的重要作用[10]。

国家林业局局长贾治邦在现场会上讲话,从优化油茶产业发展布局、加强种苗生产与管理、实行标准化栽培管理、重视科技支撑作用、加强农民技术培训、加大资金投入和政策扶持、重视市场引导和产品加工、处理好生态与产业的关系、加强组织领导等 9 个方面具体部署了下一步油茶产业发展的工作[11]。

(3)2008 年 11 月,国家发布了《国家粮食安全中长期规划纲要(2008 ~ 2020)》。纲要号召“利用非粮食作物资源,大力发展木本粮油生产,建设一批名、特、优、新木本粮油生产基地。积极培育和引进优良品种,加快提高油茶、油橄榄、核桃、板栗等木本粮油品种和单产水平。积极引导和推进木本粮油产业化,促进木本粮油的精深加工,增加木本粮油供给”。

(4)国家林业局多次发文要求加快木本粮油种苗发展和强化种苗质量管理,并在 2008 年 12 月与云南省签订共建云南木本油料产业示范区合作备忘录。

四、加快发展木本油料的对策

(一)充分认识加快发展木本油料的重要性

我国食用油缺口大的一个重要原因是依靠种植草本油料,90% 以上的食用油是从油菜籽、花生、大豆等油料中榨取的。为了国家粮食安全,要拿出更多的耕地发展油料生产不大可能;而通过提高现有草本油料作物的单产也很有限。目前,我国人多地少的矛盾日益突出,全国食用植物油 60% 左右依靠进口,因此大力发展木本油料,不仅可以改变我国食用植物油主要依赖进口的局面,满足人民群众的消费需求,而且还能够腾出更多的耕地种植粮食,有效维护国家粮食安全。

优良的木本油料如油茶、油橄榄、文冠果、元宝枫等品种,种植 5 年后即可开始结果,管理得好,七至八年后即可进入盛果期。因此,食用油料木本化,这是一条新路,也是一条必由之路。

(二)因地制宜,科学种植木本油料

我国土地辽阔,木本油料资源丰富,南方的油茶、油橄榄,北方的核桃、文冠

果、沙棘、元宝枫、棕子木、黄连木等都是含油量较高的树种。它们一般不受化肥、农药的污染,油质好,营养丰富。北方木本油料树种抗干旱、抗瘠薄、抗严寒,适应性强,可在山区、丘陵等地大力发展,且不与粮、棉争地,一次种植,多年受益。

我国木本食用油料的发展几经起伏,主要原因是低效问题未能很好解决,农民种植木本油料的积极性不高。随着国家经济的快速发展和政府对国家粮油安全的高度重视,木本油料生产面临新的机遇。以南方油茶为例,科学家们通过多年的努力,创立了油茶高效丰产培育技术体系,从根本上解决了油茶低产的问题,使原有的油茶老残林,由产油量 75 kg/hm^2 提高到目前产油量 750 kg/hm^2 以上。

据测算,发展400 万 hm^2 高产油茶林,油茶籽油年产量 300 万 t,就可使油茶籽油在食用油中的消费比例从过去的 1.8% 提高到 27%,可替代耕地 480 万 hm^2。因此,发展木本油料生产前景广阔。

(三)大力发展北方木本油料林

北方木本食用油料树种如核桃、文冠果、元宝枫、沙棘、棕子木、榛子、黄连木等,都是含油量较高的树种,核桃、榛子果用价值大,沙棘可开发保健油,元宝枫和文冠果作为食用油油源开发潜力很大。文冠果油与花生油相似,东北内蒙等省早有食用习惯。我国东北、华北、陕西等地民间就有炒食元宝枫种子的习惯,味似瓜子和花生。《西北油脂植物》记载,元宝枫种子富含油脂和蛋白质,无毒、可炒食,味似瓜子,当果熟时,儿童们常喜采食。《大兴安岭森林与树木》记载,元宝枫种子可榨油,食用价值可与花生油媲美。《中国—日本槭树资源与园林》记载,元宝枫种子榨油供食用及工业用。《中国主要树种造林技术》记载,元宝枫种仁含油 47.83%,是一种优质食用油[21]。

木本油料是经济林,也需要下功夫管理,元宝枫和文冠果的单株产果量比较高,10 年生以上的结果树平均产果量在 10 kg 以上。但是如果不认真管理,像荒芜的庄稼、果树一样,收成也会甚少。建议:①改造复壮现存的低产林,通过整形修剪、嫁接换冠、平茬复壮、病虫防治、强化抚育等措施,将单株产量提高到 5 kg 以上。未进入结果期的幼林,可联合多部门,推动对树叶的开发利用,提取药用活性成分如绿原酸、黄酮,生产保健茶和饲料等产品,增强创造财富的能力,促进农民增收。②建立高产示范园,借鉴"油茶高效丰产培育技术体系"经验，推进文冠果、元宝枫高产示范园建设。要求高标准高起点建园，选用 5 ~ 6 年生优树定植，强化抚育管理，种植后第 3 年进入初果期，单株产果 3 ~ 5 kg，产油量可达 750 kg/hm^2 以上；随着树体发育，产果量不断增加，进入中果期，单株产果在 10 kg 以上，产油量可达到 2250 kg/hm^2。

五、结束语

目前，我国食用油供需矛盾突出，对外进口依存度过大，而生物柴油产业的快速发展，也加剧了这一矛盾。我国地域辽阔，适宜种植的木本油料品种较多，因此，大力发展木本油料产业，不失为解决油料油脂供需矛盾的有效途径。

参考文献：

[1]王汉中. 我国食用油供给安全形势分析与对策建议[J]. 中国油料作物学报，2007，29(3)：347 – 349.

[2]苟勇. 化解我国食用植物油安全隐患的对策[J]. 中国粮食经济，2008(8)：15 – 18.

[3]李娜. 食用油安全问题浅析[J]. 中国粮食经济，2008(3)：17 – 18.

[4]王瑞元. 2007 年的中国油脂工业及油脂市场[J]. 中国油脂，2008，33(.5)：1 – 3.

[5]李娜，杨涛. 国家扶持政策对我国油菜籽产业发展的影响[J]. 粮油加工，2009(1)：22 – 25.

[6]杨湄，黄凤洪. 中国芝麻产业现状与存在问题、发展趋势与对策建议[J]. 中国油脂，2009，34(1)：7 – 12.

[7]程黔. 2007 年国内棕榈油市场行情回顾及展望[J]. 粮食科技与经济，2008(1)：27 – 29.

[8]程黔. 2008 年国内棕榈油市场回顾及 2009 年展望[J]. 农业展望，2009(2)：1518.

[9]吴绮敏，雷达. 胡锦涛参观希腊佩扎农业联合体[N]. 人民日报，2008，11，27.

[10]2008 年 9 月 11 日回良玉副总理在全国油茶产业发展现场会上的讲话[N]. 人民日报，2008，09，13.

[11]2008 年 9 月 12 日贾治邦在全国油茶产业发展现场会上的讲话[N]. 湖南日报，2008，09，13.

[12]王性炎. 中国元宝枫[M]. 成都：四川民族出版社，2003.

（本文原载《中国油脂》2009 年第 34 卷第 9 期）

园林植物骄子——元宝枫

王性炎　曹娟

元宝枫是槭树科槭属植物，在黄河流域下游分布很广，为中国特有树种。落叶乔木，高 8 ~ 10 m，树皮灰褐色或深褐色，深纵裂，小枝有圆形皮孔。叶纸质，花黄绿色，果实为翅果，花期 4 月，果期 8 月。由于其果实酷似中国古代的金锭元宝，常成下垂的伞房果序，老百姓形容其犹如满树垂挂着金元宝，秀美又吉祥。

一、观赏价值

槭属植物中，有多种是世界有名的观赏树种，我国的鸡爪槭、三角枫、元宝枫、五角枫、茶条槭等为主要红叶树种。元宝枫叶的观赏价值首先来源于其色彩的变化，嫩叶红色，秋季枫叶先由青变黄，再转橙、显红、泛紫，往往一株树上有五色并存，为著名的秋色叶树种。元宝枫宜作庭阴树及行道树，在堤岸、湖边、草地及建筑附件配置皆甚雅致，也可在荒山造林或营造风景林中作伴生树种。

随着风景园林和旅游经济的发展，元宝枫作为观叶园林树种进行栽培，在我国取得了长足的进步，著名的北京"香山红叶"吸引了众多的中外游客，香山红叶主要是由黄栌和元宝枫两个树种相配而得名。每年 10 月香山公园都举办红叶文化节，四川九寨沟、南京栖霞山和苏州天平山都以枫林美景驰名中外。

二、园林应用

可作园景树和庭阴树　元宝枫冠大阴浓，树姿优美，叶形秀丽，果形奇特。既是春色叶树，又是秋色叶树，尤其秋后叶甚为美观，能形成景观中的视觉焦点，是作园景树和庭阴树的优良树种。亦可孤植于园路旁、池边、廊、亭前后，也可与山石建筑相配，形成有自然之趣的布置，起到点缀风景的作用。

可作行道树　城市街道的土壤条件差，有烟尘和有害气体的危害。元宝枫对城市环境的抗性强，病虫害少，根系深，萌蘖性强，极耐修剪，可随意调整树形，具备了作为行道树的多数条件。早春元宝枫嫩叶红艳，与道路两侧灰色的建筑物相结合，能产生类似开花的效果。秋季一个个绿色的小元宝在树冠中时隐时现，起到了美化街景的作用。

可与园林建筑配植　元宝枫可列植于建筑物的入口处，也可列植于建筑物前的花灌木后起到框架作用，使风景的构图更完整、更深邃、更能充分显示景观的感染力。元宝枫与园林建筑配置时，还要注意建筑物和其他树种的色彩，一般浅灰色的建筑或浓绿的针叶树能使元宝枫春色叶和秋色叶的特点更好的展现。

可群植、片植形成风景林 在较大的庭院角隅、空旷的草坪或城郊的山坡上，可采用群植或片植的形式设计元宝枫纯林或与针叶树形成的混交林，其独特的叶和果能够增加景观可赏性。深秋之时，纯林呈现出一派金秋的火红与灿烂，混交林带绿映红，美不胜收。若与其他秋色叶树间种，还可形成层林尽染的意境。

可作树桩盆景 元宝枫老桩生长的新枝和幼树的枝条柔软：可攀扎成直干、曲干、丛林式等各种样式的盆景。元宝枫盆景适应性强，好管理，春季和夏季绿叶葱葱，秋季色叶满树，冬季落叶后弯曲的树干和千姿百态的枝条更是使人赞不绝口。如果夏季想用元宝枫展览或照相时，可利用其春色叶树种的特性，提前20天左右将其叶片摘除。20天后新叶长出，片片可人的嫩红，十分美观。

三、秋色叶配置造景

在华北地区，秋叶红色的黄栌、元宝枫、柿树、卫矛可与秋叶黄色的蒙桑、银杏、白蜡配置，红黄交织，相错如绣。在成片的松柏常绿树丛中点缀一株或数株元宝枫，则可以形成“万绿丛中一点红”的效果，引人入胜。

槭树类在大型公园或名胜古迹、天然公园、植物园内群植成林最能显示其红叶之美，亦可结合植物引种，建设专门的“槭树园”。如杭州植物园的“槭树杜鹃园”，将槭树与常绿树和其他落叶树混植，以栲树、青冈栎、樟树、榔榆、臭椿、马尾松等高大乔木为上层；以三角枫、秀丽槭、五角枫、鸡爪槭等各种槭树为中层乔木；毛白杜鹃、锦绣杜鹃、映山红等为下层灌木，空间构图上高低错落、富于变化，色彩搭配上或红绿相间，或红白相映，也符合各物种的生态特性，是一个极为成功的植物配置范例。东北哈尔滨森林公园也有6种槭树，长势良好，入秋供游人观赏红叶或黄叶。苏州拙政园紧接小沧浪的“志清意远”为一独立封闭式小院，池边散植槭树，景色瑰丽。

为表现秋色叶的观赏价值，配置时应当尤其注意背景的选择。背景与欲突出的景物最好色彩互补或邻补，以获得强烈的对比效果。

在日本园林中，秋色叶树种多植于水滨，如瀑口、池畔、溪旁，红叶不仅能形成视线焦点，还可在水中形成斑斓而富于变幻的色彩倒影，蓝天白云与碧水红叶使人流连忘返。

元宝枫观赏价值高，历来就是观赏树种，而其经济价值也相当突出，本文的目的即为唤起大家的关注：积极推广应用。

（本文原载《中国花卉报》2009年12月10日第8版）

发展元宝枫引领农民走生态木本农业致富之路

李钟善　　王性炎
陕西省老教授协会

我国农业发展面临着水土资源短缺、自然灾害与病虫害频发、生产力低下、生态环境恶化等突出问题,这不仅降低了农业的可持续发展能力,而且对国家粮食安全与农民增收构成威胁[1]。发展现代农业是我国农业发展的必然趋势,也是破解“三农”问题的关键。目前,我国农业产业链的发展水平较低,产业链较为简单,同时,其可持续发展能力也较低。现代农业不以提供初级农产品为目标,而是以提供所需求的具有较高附加值的产品为主的农业。并且能够最大限度地实现增值[2]。

一、我国正面临着食用植物油危机

(一)我国食用植物油自给率不足40%

据中国农科院油料作物研究所王汉中所长报告,随着国民经济的持续发展和人民生活水平的不断提高,我国植物油消费量持续增长,是世界第一消费大国,2006/2007 年度达到 2235 万 t,比 2002/2003 年度(1741 万 t)增长28.37%,占世界同期植物油消费总量的 18.4%。2006/2007 年度进 121361.7 万 t。因此,进口油和油料已占我国植物油消费总量的 61%,使我国成为世界最大的油料进口国,而同期国产植物油总量仅有 885 万 t,植物油的自给率仅为 39%。关系民生的食用油产品自给率不足 40%,这对于一个拥有 13 亿人口的大国来说是十分危险的[3]。

(二)植物油大量进口是造成我国农产品国际贸易逆差的主要根源

据中国油脂协会统计,1997 年我国植物油消费量仅为 1027 万 t,到 2007 年上升至 2508 万 t,食用植物油消费量是 10 年前的 2.44 倍,年均增长速度达到 8.95%,年人均消费量达 19.28 kg,超过日本 17 kg 和韩国 16 kg 的人均消费水平,已接近世界平均 20 kg 的水平[4]。

2007 年以来,食用油价格不断攀升,成为消费者和政府共同关注的一大问题。原料短缺是食用油价格上涨主因。油料已成为对国际市场依存度最大的大宗农产品，年进口花费1000多亿元，是造成农产品国际贸易逆差的主要根源。中国工程院院士傅廷栋指出：“油料需求的刚性增长和油料（或食用油脂）总产量增长缓慢之间的供不应求矛盾，是我国油料产业发展存在的核心问题。发展油料生产，保证食用油安全，已是当务之急”[5]。

（三）生物柴油快速发展使植物油供需矛盾加剧

这几年在全世界兴起了一股利用植物油脂生产生物柴油的热潮，此热潮先从欧盟各国兴起，现在发展到一些植物油的生产、出口大国和地区，如美国、南美、马来西亚、印尼等，而且各国都制订了一系列发展生物柴油的政策措施，连我国这样的食用植物油进口大国这几年也建成了200多万t产能的生物柴油生产线。

生物柴油在全球的快速发展，改变了油脂、油料的需求结构，使油脂、油料具有了能源属性。这一变化，使油脂、油料过去由“人吃”发展到现在“汽车与人争吃”的局面。也更加助推了全球对植物油的需求增长，使全球的植物油供需将长期处于紧平衡状态，从而将长期影响植物油的价值和价格[6]。

二、国外木本植物油占领了中国市场

目前，世界上11种主要食用植物油为：大豆油、菜籽油、棉籽油、花生油、葵花籽油、玉米油、芝麻油、棕榈油、椰子油、橄榄油和油茶籽油，其中，后4种为木本植物油，约占植物油总产量的1/3，在西班牙，橄榄油已占全国食用油的84%，希腊达到93%；菲律宾每人年均食用椰子油35 kg，西班牙、意大利和希腊年人均食用橄榄油20 kg，马来西亚年人均食用棕榈油20 kg。我国由于油料生产不足，食用植物油供不应求，每年需大量进口，而棕榈油的进口量从20世纪60年代初以来，每年都在100万t以上。目前我国已成为进口马来西亚棕榈油的第一大国，棕榈油已占据了国内食品工业市场的绝对份额。

据报道[7,8]，从1998年开始，世界棕榈油产量随着东南亚棕榈油产量的快速提升而实现了飞跃式增长，截至2006年，世界棕榈油产量已经超过3500万t，相当于20世纪50年代的7倍，并超过大豆油的产量，也成为我国进口量最大的食用植物油品种。棕榈油这种木本油料的快速发展以及我国大量进口给我们的启示是：我国应该借助辽阔的地域优势，大力发展木本油料产业。图1是1996～2006年我国棕榈油进口情况（数据来源于国家粮油信息中心）。

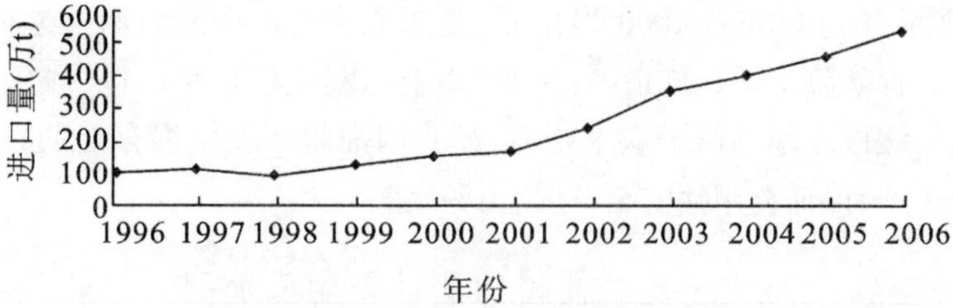

图1 1996～2006 年我国棕榈油进口情况

三、发展我国木本油料引领农民走木本农业致富之路

(一)国家领导人的重视和国家政策的支持

早在 1978 年,李先念副主席对《国内动态清样))636 期《要想多吃油就得发展木本油料》作了重要批示"……在积极发展草本油料的同时,更要花大力气发展木本油料生产,尽快改变缺油状况。只要大家重视,切实加强领导,充分发动群众,认真地抓起来并不难,世上无难事,只怕有心人。花上一年、二年、三年、五年,或者十年,总可以改变面貌的吧!对这个问题,各省、市、自治区都应有个规划,每年还要认真检查一次,并将情况报告国务院。"

2008 年 11 月,国家发布《国家粮食安全中长期规划纲要(2008～2020))。纲要号召"利用非粮食物资源,大力发展木本粮油生产,建设一批名、特、优、新木本粮油生产基地。积极培育和引进优良品种,加快提高油茶、油橄榄、核桃、板栗等木本粮油品种和单产水平。积极引导和推进木本粮油产业化,促进木本粮油的精深加工,增加木本粮油供给"。

2008 年 11 月 26 日,正在希腊进行国事访问的国家主席胡锦涛来到希腊南部克里特岛参观佩扎农业联合体,胡锦涛首先来到一片橄榄园。在一株橄榄树旁,他听取联合体负责人介绍今年该联合体橄榄种植和收获情况,并高兴地应邀手执长长的电动橄榄采摘器采下成熟的果实。接着,胡锦涛参观了橄榄油加工和生产车间,了解橄榄油加工技术和生产流程,足见胡主席对发展木本食用油的重视[9]。

2008 年 9 月全国油茶产业发展现场会在长沙召开,国务院副总理回良玉十分重视,亲赴现场会作了重要指示,他指出:党中央、国务院高度重视山区综合开发和油茶等木本粮油产业发展。中央领导同志多次作出指示,明确提出要大力发展油茶等特种油料作物。最近,胡锦涛总书记又就发展油茶产业作出重要批示,要求纳入整个油料产业发展认真研究部署。今年 1 月,温家宝总理就发展油茶产业作出重要批示，要求在充分论证的基础上作出规划，并研究相应措施。我们一定要很好理解、坚决落实。我们要站在保障国家粮食安全的高度，重视发展油茶等木本粮油产业，解决我国13亿人口的吃饭问题始终是治国安邦的头等大事。目前，进口植物油已占国内市场的大部分，我国已成为世界最大的食用植物油进口国，我国也是世界油料进口大国。当前和今后一个时期，我国粮油供求面临一系列制约因素：人口越来越多，城镇人口快速增加，直接推动了粮油需求总量的刚性增长；耕地越来越少，到2007年底已降为18.26亿亩，遏制耕地减少趋势的压力十分巨大；农业基础设施薄弱，农业受自然灾害影响大；农业生产成本不断提高、比较效益不断降低，提高农民发展粮油生产的积极性面临新的困难。从国际来看，随着石油价格的变动和粮食需求的增长，粮食危机的困局在持续演化，粮食安全面临的不确定性在增加。这对人类社会的健康发展构成极大威胁，维护粮食安全已成为世界各国高度关注的重大战略问题。我们必须保持强列的危机感，采取有效措施予以应对。必须指出的是，我们所讲的粮食安全，实际上是包括食用植物油在内的、广义的食物安全，应当通过广辟食物源来保障食物安全。木本粮油是优质食物源，应当充分发挥木本粮油在保障食物安全中的重要作用[10]。

（二）北方木本油料的新星——元宝枫

元宝枫是槭树科槭属（Acer）植物，又名平基槭、华北五角枫，是中国的特有树种，我国历来将元宝枫作为观赏绿化风景林栽植，是北京“香山红叶”组成树种之一。我们通过陕西省“八五”科技攻关“元宝枫开发利用研究”和“九五”国家科技攻关“元宝枫丰产栽培及产业化技术研究”，已将元宝枫开发为高效经济树种。

1. 优质食用植物油的新资源

种子粒大，含油量高。元宝枫种仁含油量为48%，机榨出油率35%，高于油菜籽出油率。

必需脂肪酸含量高，油质优良。元宝枫油是含油酸和亚油酸为主的半干性油，其中必需脂肪酸——亚油酸和亚麻酸高达53%，神经酸（NA）含量为5.8%。

神经酸（NervonicAcid，NA），又名鲨鱼酸（SelacholeicAcid），化学名顺15—二十四碳烯酸（cis. 15 – Tetracosenic Acid），分子式为$C_{24}H_{46}O_2$，分子量为366.6，白色粉状固体。

神经酸最早发现于哺乳动物的神经组织，故命名为神经酸。神经酸在神经组织和脑组织中含量较高,是生物膜的重要组成成分,通常作为脑甙中髓质(白质)的标志物。根据国外的研究,NA 神经酸对人体具有重要的生理作用。1990年,在日本东京召开了第一届国际 NA/DHA 讨论会。会上,英国脑营养研究所的 Sinclair 肯定地说"在人类大脑发育过程中,肯定需要 NA"。尽管国外对 NA 生理作用的发现仅有 30 多年的历史,但大量的实验证明:神经酸是人体大脑发育的必需营养物,对提高脑神经的活跃,防止脑神经衰老有很大作用。大脑思维、记忆、发布命令等都离不开信息传递和信息加工,而脑细胞膜在信息传递和信息加工中起着十分重要作用。脑神经细胞通过其膜上的离子和受体完成信息传递和信息加工。神经酸是脑神经细胞膜的重要组成部分,对离子通道和受体起着重要的调节作用。通过神经酸对脑细胞膜功能的调节,可增强信息在脑细胞间的连接。通过神经酸对脑细胞间的传递,提高钙离子的作用,从而可增加记忆功能。实验还表明,神经酸有调节血脂的作用,既能抑制血脂升高,又能降低血清胆固醇,升高高密度脂蛋白,所以有降低血脂的作用,同时,又有降低脑细胞内脂褐素的积累,从而起到延缓细胞衰老的作用。在国外,神经酸主要来源于鲨鱼脑,它提取困难,价格昂贵。

元宝枫油作为优质保健油的一个新品种,油中神经酸含量达 5.8%,与深海鱼类相比,元宝枫油是可持续利用的神经酸新资源[11]。

2. 食品蛋白新资源

元宝枫种仁含蛋白质 27%,与蛋白质作物干豆类相比,仅次于大豆和青豆,豆科植物因为它们种子中有高比例的蛋白质,常被称为蛋白质作物。元宝枫种仁中蛋白质含量与常见的干豆类的蛋白质含量比较见表 1。由表 1 可见,多数豆类蛋白质含量通常为 20% ~30%,而大豆蛋白质含量高达 35%。元宝枫种仁蛋白质含量为 27.15%,仅次于大豆和青豆,具有很大的开发潜力。

表 1 我国常见干豆类的蛋白质含量(%)

名称	蛋白质	名称	蛋白质
大豆	35.1	绿豆	21.6
青豆	34.6	豌豆	23.0
扁豆	25.3	赤小豆	20.2
蚕豆(去皮)	25.4	芸豆(白)	23.4
花豆(红)	19.1	芸豆(红)	2.4
豇豆	19.3	元宝枫种仁	27.15

注:摘自中国预防医学科学院营养与食品研究所《食物成分表》(全国代表值)。

元宝枫蛋白含有人体必需的8种氨基酸，赖氨酸含量高于花生蛋白，与棉籽蛋白接近；蛋氨酸含量高于花生蛋白和棉籽蛋白，与大豆蛋白接近；亮氨酸和色氨酸含量最高。在非必需氨基酸中，谷氨酸和甘氨酸远远高于其他植物蛋白。元宝枫蛋白是一种营养丰富的植物蛋白。

3. 抗旱、耐瘠薄、生命力强的菌根树种

西北林学院研究证实，元宝枫根部具有两类菌根，一类是固磷VA菌根，另一类是外生菌根，两类菌根兼有在植物界并不多见。菌根赋予元宝枫以强大的生命力，在1994～1995年在陕西大旱之年，在中德合作陕西西部造林工程中，元宝枫在秦岭山区造林成活率名列前茅，超过洋槐、侧柏、油松、山杏等抗旱树种。内蒙古科尔沁沙地中的元宝枫林是目前我国保留下来最大的一块元宝枫种群，陕西、四川、云南、山西等省从事元宝枫开发生产的企业，每年从这里采购上百吨种子从事元宝枫产品的加工和播种育苗，为我国元宝枫产业化发展提供了无公害的优质原料。

四、陕西省扶风县太白乡农民发展元宝枫走上致富之路

陕西省老教授协会于2008年10月中旬，组织下属30多个分会和专业会的代表50多人，专程去陕西省扶风县太白乡长命村“中国元宝枫苗木基地——扶风县环美苗木公司”实地考察、参观正在发生着深刻变化的新农村，进一步探讨自己如何为“三农”服务，为建设现代化社会主义新农村服务。

这个基地是陕西省老教授协会副会长原西北林学院（现为西北农林科技大学）院长王性炎教授为领导的“元宝枫示范基地”之一，也是陕西省老教授协会农林专业委员会的示范基地。地址在陕西省扶风县太白乡长命村，目前辐射有1万多亩地元宝枫树林，为带动农民走上富裕之路，建设现代化新农村做出了很大的贡献。

陕西省扶风县太白乡长命村西王组的王高红，20岁中学毕业回村务农，一心想改变农村旧面貌，让祖祖辈辈受苦的农民都富起来，过上好日子。这个村子有1000多户7000多人。王高红的父亲王新绪具有高中文化程度，有经常读报的习惯，当看到《陕西日报》上登着“大力发展元宝枫树”的一篇文章报道，便和儿子商量，发展元宝枫生产，如何发展，还得向专家请教。于是一同去杨凌西北林学院向有关专家求教，时任院长的王性炎教授正是从事多年研究元宝枫树木的专家，当时正在研究相关项目课题。听完小王父子的想法后，当场表示了积极支持的态度，过后不久便亲自去该村考察研究，认为该村土质、气候、年降雨量等适宜元宝枫树木生长。此后就经常去该村手把手地教他们选育种、培育枫树苗，指导他们嫁接和防虫，帮助联系销路。为了发展元宝枫事业，小王参加

了西北林学院的函授学习，并获得了中专毕业文凭。

经过10年的建设和发展。王高红成立了“中国元宝枫苗木基地——扶风县环美苗木公司”并担任总经理。他说：目前，已由他们一家种树发展到300多户，惠及3000多人。由最初的3亩多不到4亩地，发展到400多亩直到现在2000多亩。过去我们村每年种一亩地粮食作物，除去投入成本一年净落不到500元，自打改种元宝枫树以来，每年每亩收入在3000～4000元，全村已经有100多户脱贫过上富裕生活。拿我们西王组村民小组来说，共有40户，户均年收入（单种元宝枫树一项）10000多元，如今有30多户已经住上新盖的二层楼房。

我们家早于四、五年前就已盖起三、四百平方米的二层小洋楼，全部装修设施都跟城市好楼房差不多，基本上现代化了，家里现在有两部汽车，年收入平均30～40万元。谈到今后打算，小王指着望不到头的元宝枫树林说：我今年38岁，经常想着如何改变农村面貌，使农业增产、增收的问题，最近看了党的第十七届三中全会公报，我认识这是一次新型的农业革命。打算继续在王教授指导下加大科技含量：（1）建设几个500亩、1000亩元宝枫高产示范园；（2）组建元宝枫茶叶加工厂和元宝枫籽加工厂，生产元宝枫保健油及系列产品。

他介绍说：我们一亩地可种110棵元宝枫树，每棵树初果期可收5斤多籽，盛果期可收10斤多籽，每斤籽以最低价5元（实际高得多）算，每亩收入最低2750～3000元，高时可收5500元。元宝枫树叶可以加工成保健茶叶出售；这种树的木材可做高档家具，现在价格不菲；元宝枫树的种子可以加工为保健油，每斤可卖价200～300元。这种保健油含有神经酸，专家鉴定说比美国深海鱼油还要好，对老年人预防冠心病、老年痴呆病等很有好处。

小王深情地说：我总想给咱农民找一条致富奔小康的捷径，使更多的乡亲们多增加收入，尽快地都富起来，为建设社会主义现代化新农村与和谐社会多做一些实事、多做一些贡献。

当问道：“你要实现理想，有没有困难？”他说：有困难，一是贷不到更多款项支持这项有益于农民的事情；二是想整片的扩大土地面积，现有农民土地都是私有小块，无法整合；三是当地政府支持力度还未完全到位，包括政策、措施等等。只要上述困难得到合理解决，我的想法一定能实现。你们想，当年创业阶段，我家是弃粮种树的，树卖不出去，人家催要借款，当时连吃饭都困难，欲哭无泪啊！认准了路子，我一定要坚定不移地走下去，就凭着这么一股子韧劲，一股子信心和毅力终于走到现在。所以，在现在的情况下，条件那么好，又有政策保障，特别是专家教授们的指导，我更有信心，我相信，我的所有抱负和理想都一定能够实现。

老教授们在参观过程中，大家亲眼看元宝枫树一年生幼苗园，两年生小树林，七八年生中树林，和望不到头的元宝枫大树林。亲耳细听小王的情况介绍，亲手记下他所讲的详细内容，还不时向主人提出这样那样的问题，与主人个别交谈访问，有的还照相纪念，拣下枫叶、种子等带回家去。

应王高红邀请，代表们到他家做客，大家详细地看了小王家的二层楼房和小院子说：大多数教授还住不到象这样大、这样好的小洋楼。接着大家品尝了元宝枫叶茶水，吃了用元宝枫油炸的馍片，有了更为深刻的感受。

在回家的路上，大家赞不绝口地说：“小王真正是当代中国农村的能人”，“自己富了，还不忘要带动全村人富起来”，“是一位名副其实的农村致富带头人”。一致表示“要象王性炎教授一样用实际行动支持象小王这样的农村企业家”。“要积极参与‘三农’服务的各种活动”。“运用不同的专业知识、技能为服务‘三农’做贡献”。

五、发展元宝枫增加森林碳汇

随着气候变化的日愈加剧，森林在应对气候变化中的重要作用受到国际社会的高度关注。

森林是全球陆地生态系统的主体。森林中的树木通过光合作用吸收二氧化碳，释放出氧气，把大气中的二氧化碳以生物量的形式固定下来，因此森林具有碳汇的功能。森林的这种碳汇功能可以在一定时期内对稳定以至降低大气中温室气体浓度发挥重要作用，并且以其巨大的生物量成为陆地生态系统中最大的碳库。因此，在适应和减缓全球气候变化中，森林具有十分重要和不可替代的作用[13]。

胡锦涛主席在 2009 年 9 月 22 日联合国气候变化峰会开幕式上讲话，增加森林碳汇将成为中国应对气候变化有力措施之一。“中国将进一步把应对气候变化纳入经济社会发展规划，并继续采取强有力的措施大力增加森林碳汇，争取到 2020 年森林面积比 2005 年增加 4000 万 hm^2，森林蓄积量比 2005 年增加 13 亿 m^3[14]。”

科学研究表明，森林每生长 1 m^3 蓄积量，平均能吸收 1.8 t 二氧化碳，释放 1.62 t 氧气。专家预测，每人只要每年栽上 3 棵树，就可以吸收个人当年在基本生活中排放的二氧化碳，从而实现“零排放”，一辆奥迪 A4 汽车一年的二氧化碳排放量约为 20.2 t，可被 11 亩人工林吸收[15]。通过大力推进植树造林，保护森林和改善生态环境，增加碳汇能力，是中国政府应对全球气候变化的一项重要措施。但是，植树造林，发展现代林业，提高森林质量，加强生态系统的稳定性不能单纯依靠政府力量。随着社会各界对气候变化认识的不断加深，一些企业、团体和个人自愿通过捐资造林方式，参与应对气候变化的行动。

发展元宝枫增加森林面积和碳汇能力,符合国家经济社会可持续发展要求和应对气候变化的国家战略。元宝枫树耐旱耐寒根系发达,是优良的固沙保土的水土保持树种;元宝枫树冠浓荫,叶形秀丽、嫩叶红色,为著名的秋色叶观赏树种;元宝枫的生态、社会和经济效益其整体服务功能,已受到国内不少企业和社会力量的重视。陕西省扶风县从事元宝枫生产的农户,响应国家号召,积极参与"身边增绿"、"创建绿色家园,建设富裕新村"活动,联络其他农户大力发展元宝枫高产示范林,为国家增添食用油减少进口木本油。元宝枫碳汇林将迎来快速发展的新局面。

参考文献:

[1]宁森,邹秀萍,叶文虎. 中国农业发展的科技支撑体系及其关键技术[J]. 中国科技论坛,2008 年,[10]:102 - 106.

[2]薛风雷. 对于优化农业产业链的思考[J]. 农村经济与科技 2010(2):37 - 39.

[3]王汉中. 我国食用油供给安全形势分析与对策建议[J]. 中国油料作物学报,2007,29(3):347 - 349.

[4]苟勇. 化解我国食用植物油安全隐患的对策[J]. 中国粮食经济,2008(8):15 - 18.

[5]李娜. 食用油安全问题浅析[J]. 中国粮食经济,2008(3):17 - 18.

[6]王瑞元. 2007 年的中国油脂工业及油脂市场[J]. 中国油脂,2008,33(5):1 - 3.

[7]程黔. 2007 年国内棕榈油市场行情回顾及展望[J]. 粮食科技与经济,2008(1):27 - 29.

[8]程黔. 2008 年国内棕榈油市场回顾及 2009 年展望[J]. 农业展望,2009(2):15 - 18.

[9]吴绮敏. 雷达. 胡锦涛参观希腊佩扎农业联合体[N]. 人民日报,2008. 11 - 27.

[10]回良玉副总理在全国油茶产业发展现场会上的讲话[N]. 2008. 9. 11.

[11]王性炎. 中国元宝枫[M]. 成都:四川民族出版社,2003.

[12]王性炎,李艳菊,王姝清. 食品蛋白新资源. 元宝枫蛋白[J]. 中国油脂,2007,32(8):30 - 33.

[13]国家林业局植树造林司关于加强林业应对气候变化及碳汇管理工作的通知,造碳函(2008)72 号,中国碳汇网.

[14]中国碳汇网:WWW. fcarbonsinks. gov. cn.

[15]走一起去种碳汇林. 中国文明网 WWW. wenming. cn. 人民日报,2010. 04. 04.

(本文原载于《中国特色农业现代化与西部大开发论文集》,2010)

神经酸研究现状及应用前景

王性炎,王姝清
(西北农林科技大学,陕西杨凌 712100)

摘　要:神经酸是大脑神经细胞和神经组织的核心天然成分,是促进受损神经细胞和组织修复、再生的特殊物质。了解神经酸的化学结构、生物合成途径、药理作用以及应用研究现状,对开发应用神经酸产品具有重要意义。世界各国政府和科学家都十分关注神经酸的开发与应用,随着传统神经酸资源的短缺和限制,从植物油中发掘神经酸是一条可持续发展之路。

关键词:神经酸;研究现状;应用前景

中图分类号:TQ645;R971　　**文献标志码**:A　　**文章编号**:1003 - 7969(2010)03 - 0001 - 05

Research status and aoplication perspective of nervomc acid

WANG Xingyan, WANG Shuqing
(Northwest A & F U niversity, Yangling712100, Shaanxi, China)

Abstract: Nervonic acid is the key component of nerve cells and tissues of brain, and it is the spccial material to promote the repair and regeneration of the damaged nerve cells and tissues. The chemical structure, bio - synthetic route, pharmacological effects and applications status of nervonic acid were described, which could provide reference for the development of nervonic acid. The extraction of nervonic acid from vegetable oil was a sustainable developmen troad.

Keywords: nervonic acid; present status of research; application perspective

神经酸最早发现于哺乳动物的神经组织中,故命名为神经酸。国外研究表明,神经酸是大脑神经细胞和神经组织的核心天然成分,是迄今为止世界上发现的能促进受损神经组织修复和再生的特效物质,是神经细胞特别是大脑细胞、视神经细胞、周围神经细胞生长、再发育和维持的必需"高级营养素",对提高脑神经的活跃程度,防止脑神经衰老有很大作用[1]。

众所周知,大脑神经系统由白质、灰质组成,任何一方面的缺乏或病变都会引起严重后果。神经酸作为白质的组成成分,它的缺乏将导致大脑的损伤。况且人体自身很难生成,只能靠体外摄取来补充,神经酸的摄入对推迟人体衰老有相当疗效。人体衰老往往是从脑的衰老开始的,大脑的衰老也往往是从白质缺少引起的,当摄入神经酸后,大脑白质得到及时补充,神经元细胞的生物膜组成、结构和功能得到改善,提高了细胞活力,增强了人体正常生命活动的能力,从而达到推迟衰老的目的[1,2]。

一、神经酸的化学结构

神经酸(nervonic acid,NA),又名鲨鱼酸(selacholeic acid),化学名为顺-15-二十四碳单烯酸(*cis*-15-tetracosenic acid),是一种长链单不饱和脂肪酸,分子式为 $C_{24}H_{46}O_2$,相对分子质量为366.6,在常温下为白色片状晶体,能溶于醇,不溶于水,熔点39~40℃。

神经酸的化学结构式为 $CH_3-(CH_2)_7-CH=CH-(CH_2)_{13}-COOH$,图1(A)为神经酸的化学结构,图1(B)为神经酸的三维结构[3]。

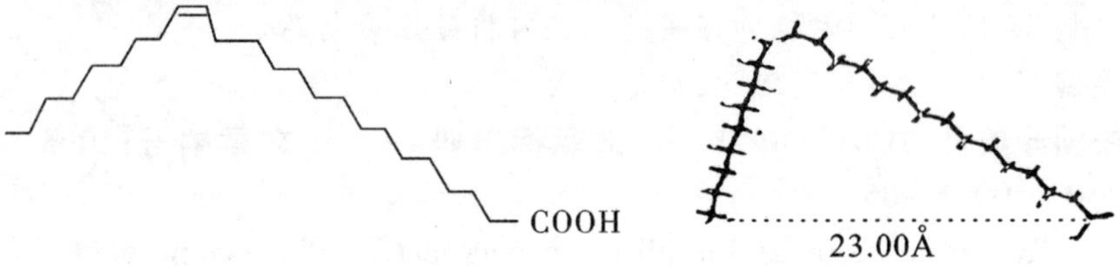

(A)神经酸的化学结构　　(B)神经酸的三维结构

图1　神经酸的结构

二、神经酸的生物合成

Leceff[4]研究发现,在大鼠肺部注射芥酸后,含有神经酸的神经酰胺就会增加。Clouet 等[3]人将芥酸注射到大鼠静脉中,8 min 后检测其在肝、肾和心脏器官中脂肪酸的转化情况,发现芥酸在肾脏中转化为神经酸的比例高于油酸,神经酸为20%,油酸为14%;在肝脏和心脏中转化较少。Sardhir 等[6]人在研究策尔韦斯综合症(Zellweger syndrome)和脑白质肾上腺萎缩症(X—linked adrenoleukodystrophy)时发现,神经酸是由芥酸(二十二碳烯酸)的碳链加长形成的。1953年加拿大学者 Carroll 在研究芥酸治疗肾上腺胆甾酸引起的疾病时发现,只有神经酸与芥酸同样有效。

人体中神经酸的来源:一是从其他的饱和、不饱和脂肪酸演变而来;二是直接摄入。前者的途径如下[11]:

$$C_{16:0}\xrightarrow{+2C}C_{18:0}\xrightarrow{-2H}C_{18:1}\xrightarrow{+2C}C_{20:1}\xrightarrow{+2C}C_{22:1}\xrightarrow{+2C}C_{24:1}$$

三、神经酸的提取

神经酸作为一种特长链单不饱和脂肪酸,早在19世纪20年代就被发现。1925年,Klenkr[7]教授首次从人和牛大脑的脑苷中分离出熔点为41℃的不饱和脂肪酸,推出其分子式为 $C_{24}H_{46}O_2$。1926年日本学者 Tsujimoto 等[8]人从鲨鱼油中提取出神经酸,并首次确认为顺式结构,为此,又称为鲨油酸。

由于鲨鱼资源稀少，国际社会禁止大量捕杀，神经酸的来源受到限制，科学家们提出化学合成神经酸。1930 年 Hale 等[9]人以芥酸甲酯为原料合成神经酸，1953 年 Bounds 等人以油酸和辛二酸酯为原料合成神经酸，但化学合成得率低，副产物多。以后有人转向生物化学合成，以酶为催化剂，用较低碳链的 n－9 系不饱和脂肪酸转化而成，但因工艺路线长，得率低而失败[1]。

随着油脂化学的发展，科学家们检测出某些植物的果实和种子油中富含神经酸，这一发现为神经酸的可持续利用和发展开创了一条新路。加拿大 David Taylor 专门进行植物神经酸的应用研究，目前正在将植物神经酸作为制药工业原料用于治疗神经系统疾病的研究[1]。

1981 年，我国科学家欧乞贞[10]从云南、广西特有珍稀植物蒜头果(*Malania oleifera*)的种仁油中发现了神经酸，其脂肪酸组成中神经酸的含量高达 67.0%。

1996 年，侯镜德等[11,12]人用金属盐沉淀法分离含有神经酸的混合脂肪酸，研究表明该法具有成本低、收率高，能较好除去低碳链饱和及不饱和脂肪酸的优点，为神经酸的工业化生产提供了应用基础。

2005 年，西北农林科技大学王性炎教授与四川亚圣营养食品成套技术研究所、四川青珍企业有限公司合作从元宝枫油中成功提取出神经酸，产品已通过中试。经中国科学院昆明植物研究所检验，其是纯度为 90% 的白色粉状晶体[13－15]。

四、神经酸的药理作用

(一)神经酸治疗脱髓鞘疾病

脱髓鞘疾病包括多重硬化症、肾上腺髓质萎缩症、视神经脊髓炎症、急性弥漫性脑脊髓炎症等。

1. 对多发性硬化症(multiple sclerosis，MS)的作用

多发性硬化症是一种发生于中枢神经系统的脱髓鞘疾病。它的病变位于脑部或脊髓，是主要神经纤维的鞘磷脂被破坏产生大小不一的块状髓鞘脱失而发生的症状，使神经传输中断，出现视力模糊、站立不稳、语言受阻、烦躁、失眠等症状。当摄入神经酸后，可在人体内合成鞘糖酯(脑苷酯、神经节苷酯)和鞘磷脂，促进神经纤维髓鞘化，使其外表脱落的髓鞘再生，改善硬化状况，促进受损神经纤维的恢复[1]。

2. 对肾上腺脑白质萎缩症(ALD)的作用

肾上腺脑白质萎缩症是一种关联遗传性脂类代谢病，该病是由于长链脂肪酸分解酶缺乏，过多地结合了长链饱和脂肪酸，引起中枢神经系统进行性脱髓

鞘病变，在脱髓鞘期间，神经酸含量与肾上腺髓质营养不良有明显的关系。患有这种疾病的人，会变得身体衰弱，身体无法协调，视觉和听觉面临障碍[1,16]。Sarient 等[16,17]人研究发现，动物体内的特长链脂肪酸中神经酸的不足会导致髓鞘形成受损，他们经过多项试验证明，用富含特长链的单烯脂肪酸（神经酸）的植物油进行“食用疗法”，对肾上腺脑白质萎缩症病人是有益的。1953 年加拿大学者 Carroll 在研究芥酸（$C_{22:1}$）治疗肾上腺胆甾酸引起的疾病时发现，只有神经酸与芥酸同样有效[1]。

3. 对策尔韦斯综合症的作用

Zellweger 综合症是一种伴随着长链脂肪酸新陈代谢失调引起过氧化物酶缺失产生的疾病，会导致神经系统发育迟缓，癫痫发作，引起视网膜疾病和肝脏疾病等。该病的主要特征是由于缺少过氧化物酶，从而影响长链脂肪酸缩醛磷脂的合成和 β - 氧化。

Tanaka 等[18,19]人对一个患有 Zellweger 综合症的女孩进行饮食治疗，让其服用含中碳链甘三酯的奶类、DHA、Lorenzo's oil 和富含神经酸的 Lunaria oil，在服用两周后发现其神经系统发育迟缓、肝功能紊乱和胆汁郁积症状均有所缓解。研究表明，这种早期的饮食治疗提高了 Zellweger 综合症患者神经系统的发育，对 Zellweger 综合症的治疗有一定帮助。

（二）神经酸增强免疫功能和防治艾滋病的作用

贺浪冲等[20]人用 S_{180} 肉瘤小鼠模型对含有神经酸的元宝枫油的抗肿瘤活性研究表明，元宝枫油对 S_{180} 肉瘤平均抑瘤率为 82.94%，与环磷酰胺（常用抗瘤药）抑瘤作用相当；用腹水型肿瘤模型对元宝枫油的抗肿瘤活性研究表明，元宝枫油对艾氏腹水瘤小鼠的平均生命延长率为 81.19%。

王熙才等[21]人用含有神经酸的元宝枫油（艾舍尔软胶囊）进行增强小鼠免疫力的研究表明，艾舍尔软胶囊能促进小鼠脾淋巴细胞的增殖、转化，提高小鼠的抗体生成细胞数和血清溶血素水平，提高小鼠 NK 细胞活性。说明该产品可以通过提高机体细胞免疫和体液免疫的双重作用而增强机体免疫力。

Mizushina 等[22]人研究发现，主链上有十八碳以上的长链脂肪酸对哺乳动物 DNA 聚合酶有抑制作用，特别是顺式结构的不饱和脂肪酸——神经酸，能有效地抑制 DNA β 聚合酶的活性。在 $C_{18} \sim C_{24}$ 的长链脂肪酸中，抑制作用最弱的为 C_{18} 亚油酸（LA），抑制作用最强的是 C_{24} 神经酸。他们对比分析了这两种脂肪酸的作用模式和抑制效果。

Nobtlyuki 等[3]人深入研究了神经酸对艾滋病逆转录酶（HIV－1）抑制作用的机理。研究发现，DNA 聚合酶上的神经酸结合位点与 HIV－1 逆转录酶上的神经酸结合位点的三维分子结构非常相似。神经酸在 HIV－1 逆转录酶的作用与其在 DNA 聚合酶上 4 个氨基酸残基形成的菱形结构的结合是相同的。神经酸抑制 HIV－1 逆转录酶的活性,抑制作用与其浓度相关。研究证明,神经酸是 HIV－1 的强抑制剂。该项研究提供了神经酸与 DNA 聚合酶和 HIV－1 逆转录酶的构效关系的新的信息,这些信息能有效地帮助寻找抗艾滋病的药物,并且揭示为什么有的药物会失去其药效。

(三)神经酸对神经发育及降脂降糖的作用

英国 Stiding 大学自然科学研究院生物分子科学实验室 Sarent 等学者研究发现,神经酸作为一种长链脂肪酸,通过促使人体必需脂肪酸 ω－3 系、ω－6 系正常代谢,二者协同作用,能迅速降低血液中低密度脂蛋白,升高高密度脂蛋白,降低血清中总胆固醇含量,降低血液黏稠度,抑制血小板聚集;能促进胰岛中 β－细胞分泌胰岛素,预防糖尿病。研究表明神经酸可以改善血液微循环,对高血脂、高血压、高血糖、动脉粥样硬化等症有明显效果,能有效预防心脑血管病、糖尿病、老年痴呆等疾病的发生[1]。

五、神经酸的应用

(一)神经酸用于各种神经系统疾病的治疗或辅助治疗

大脑是调节人体各个系统、各个器官的“最高司令部”,大脑受了损伤,不能及时修复而工作失调,必将造成各个系统的功能失调而患各种疾病。20 世纪 90 年代以来,欧美日等国科学家,基于神经酸的特殊作用,纷纷致力于神经酸工业化生产的研究与应用,将神经酸用于各种神经系统疾病,代谢内分泌疾病的治疗或辅助治疗。1994 年美国报道了神经酸对多发性硬化症有疗效[1,16]新加坡中央医院和新加坡国立大学用神经酸在脱髓鞘疾病治疗上有突破[1]。加拿大国家研究院植物生物技术学院专门进行植物神经酸的应用研究,他们已发现植物神经酸对帕金森、老年痴呆的显著治疗作用,目前正在把植物神经酸作为制药工业原料,更广泛地用于治疗神经系统疾病的研究[1]。

(二)神经酸用作增强人体免疫功能和防治艾滋病

20 世纪 80 年代以来,获得性免疫缺陷综合症(又称艾滋病,AIDS)已经成为威胁人类健康的重大疾病,且发病人数呈逐年上升趋势。艾滋病是由人体免疫缺陷病毒 I 型感染引起的一种致死性传染病,位于 T 淋巴细胞上的 CD_4 分子是病毒的受体。当今,国内外在该病的防治上,仍处于探索阶段,尚无根治的药物，艾滋病的防治已成为国际性的重大课题。

日本等国科学家研究证明，神经酸对艾滋病逆转录酶有很强的抑制作用[3]。这一研究成果为帮助寻找抗艾滋病的有效药物开辟了一条新的途径。我国对神经酸的药用研究起步较晚，目前尚未见有关报道，但在民间用含有神经酸植物进行抗艾滋病的药用试验反映良好，应该引起重视。例如，2004 年 3 月西安市退休干部陈凯来，在杨凌元宝枫开发示范中心的支持下，用含有神经酸的元宝枫种子配制的“元宝枫养生酒”，送给河南省上蔡县文楼村因卖血感染上艾滋病的患者程某等 6 人服用，2005 年 4 月在当地组织的艾滋病复查中，发现其中 3 名患者血液 T 淋巴细胞 CD_4 超过正常值，取得了良好效果。2006 年 12 月 1 日是第 19 个世界艾滋病日，3 位患者代表“红丝带抗艾俱乐部”专程来西安感谢陈凯来，同时，给陕西省政府和元宝枫开发示范中心送来感谢信[23]。

（三）神经酸作为脑健康食品添加剂

早在 20 世纪 90 年代，欧美发达国家的科学家就提倡将神经酸添加进奶粉，以促进婴儿智力发育，提高国民素质。国外提出可以制成胶囊、片剂或在水中乳化形式服用。婴儿食品中其添加量 4 ~ 7 mg/100 mg。专家指出，神经酸或其衍生物在婴幼儿食物中至少占 0.5%（质量计），对即将怀孕的妇女、孕妇和哺乳期的妇女神经酸用量为 8 ~ 32 mg/d[1]。

浙江大学应用化学研究所和杭州永丰生物制品有限公司合作，于 1998 年完成了“生物制品神经酸的功能应用研究及中试生产”项目，2002 年浙江大学《神经酸的提取纯化生产工艺》获国家发明专利。经国家重点权威卫生检测机构上海市卫生防疫站联合上海市老干部局对 80 位受试人群的神经酸功能测试证明，该产品对改善记忆、延缓衰老、调节血脂和抗疲劳均有较好的功效，平均有效率为 99.6% 以上。[1,24-26]

（四）神经酸用于皮肤护理及防治皮肤病

皮肤是否有完善的防御功能主要取决于皮肤的角质层，角质层由新陈代谢颇低的细胞和细胞外层的双层脂质阵列组成，其结构与生化细胞膜以及脂质体的壁膜极为相似。角质层的结构和皮脂防护层的亲油性，一方面可以防止皮肤过度失水，另一方面可以防止自然环境中异物侵入皮肤。

德国科学家在皮肤医学方面进行了深入研究，为神经酸用于皮肤护理和皮肤病防治提供了有力的科学依据。许多研究试验证明，高含量不饱和脂肪酸的脂质体，如神经酸，可加强角质层的防护作用，并提高皮肤水分含量。真皮层里的血液循环功能，只有在神经酸能达到真皮的情况下，才有可能对其加以影响。角质层对水溶性维生素几乎是一个无法逾越的屏障，只有借助神经酸这样的载体物质，水溶性维生素才能穿透角质层[1]。

六、应用前景

据世界卫生组织统计，全球约有2500万老年痴呆症患者，它已经成为继心脑血管病、癌症和糖尿病之后第4位死亡病。在全世界十大疾病中，精神抑郁症列第5位，预计到2020年可能将跃进第2位。据不完全统计，我国脑性瘫痪发病率占人口的1.84%，弱智儿童占2.23%；每年脑病新发病人近1000万例，其中致死致残率约占75%，国家和患者家庭花在脑病治疗上的医疗费用达上百亿元。因此，有关人类脑病的研究和脑健康的问题已引起世界各国政府和科学家的高度关注。

1997年，在美国正式启动的有十几个国家参与、美国20多家著名大学和研究所参加的人类脑计划工程，是继人类基因计划之后的又一划时代的大科学工程。在该计划的研究项目中，神经酸的特殊功能被列为研究课题之一。2001年9月，中国正式成为参与人类脑计划与神经信息学研究的第20个国家，说明中国在这一研究领域已经和国际接轨。

神经酸的发现，找到了治疗脑病的根本，走出了以往只针对脑细胞而忽视神经纤维修复和疏通的误区，使脑病治疗进入了一个崭新的时代。但神经酸的来源，过去主要依靠在海洋中捕杀鲨鱼获得，资源有限，成本较高，随着国际社会禁捕鲨鱼，神经酸的来源陷入困境，从植物油中发掘神经酸已引起各国政府和科学家的重视。

从植物油中发掘神经酸是一条可持续发展的最优之路。我国含神经酸植物种类虽然很少，但发展潜力很大，蒜头果是含神经酸植物之冠，但适生区范围较小，盾叶木和槭属等含神经酸木本树种近年来人工造林面积增长较快，后继资源培育发展迅速。以元宝枫为代表的槭属含神经酸树种，虽然神经酸含量较蒜头果等低，但槭属树种结实量大，单株15~20年生树木，平均结实量为20~25 kg，发展潜力较大。国际公认神经酸将是21世纪最有前途的脑病健康产品，毫无疑问，含神经酸植物有广阔的发展和应用前景。

参考文献：

[1]侯镜德，陈至善. 神经酸与脑健康[M]. 北京：中国科学技术出版社，2006.
[2]王性炎. 中国元宝枫[M]. 成都：四川民族出版社，2003.
[3]NOBUYUKI K，YOSHIYUKI M，FUMIO S，et al. Threedimensional structural model analy-

sis of the binding site of an inhibitor, nervonic acid, of both DNA polymerase β and HIV - 1 reVerse transcriptase[J]. J Biochem, 2002, 132(5): 819 - 828.

[4] LECERFJ. Evidence of accumulation of ceramides containing[^{14}C] nervonic acid in the rat lung following injection of [^{14}C] erucic acid[J]. Biochim Biophys Acta, 1980, 6l7(3): 398 - 409.

[5] CLOUET P, ONG N, BEXARD J. Conversion of erucic acid in subcellular fractions from liver, kidneys and heart of rat, 8 min after intravenous injection[J]. J Physiol, 1980, 76 (6): 575 - 580".

[6] SARDHIR R, KHAN M, CHAHAL A. Localization of nervonic acid bioxidation in human and rodent peroxlsomes impaired oxidationin Zellwerger syndrome and X - linked adreno-leukodystrophy [J]. Lipid Research, 1998, 39: 2161 - 2171.

[7] KLENK Z. A new cerebroside from the brain[J]. Physiol Chem, 1925, 145: 244 - 260.

[8] TSUJIMOTO M. New fatty acids in shark - liver oil[J]. JSoc Chem, 1926, 46: 385 - 388.

[9] HALE J B, LYCAN W H. Synthesis of nervonic acid[J]. J Am Chem Soc, 1930, 52: 536 - 539.

[10] 欧乞贞. 一个重要脂肪酸 *cis* - tetracos - 15 - enoic 的新存在——蒜头果油[J]. 云南植物研究, 1981, 3(2): 181 - 184.

[11] 侯镜德, 袁晓悟, 吴清洲. 神经酸的表征[J]. 现代科学仪器, 1996(4): 29 - 30.

[12] 侯镜德, 袁晓悟, 胡伟, 等. 金属盐沉淀法分离神经酸[J]. 生物技术, 1996, 6(1): 39 - 41.

[13] 王性炎, 王姝清. 神经酸新资源——元宝枫油[J]. 中国油脂, 2005, 30(9): 62 - 64.

[14] WANG X Y, FAN J S, WANG S Y. A new resource of nervonic acid from Purpleblow maple (*Acer truncatum*) seed oil[J]. Forest Products Journal, 2006, 56(11): 147 - 150.

[15] 王性炎, 樊金栓, 王姝清. 中国含神经酸植物开发利用研究[J]. 中国油脂, 2006, 31 (3): 69 - 71.

[16] SARGENT J R, COUPLAND K, WILSON R. Nervonic acid and demyelinating disease [J]. Medical Hypotheses, 1994, 42(4): 237 - 242.

[17] CHIVANDI E, DAVIDSON B C, ERLWANGER K H. A comparison of the lipid and fatty acid profiles from the Kemels of the fruit (nuts) of *Ximenia coffra and Ricinodendron raatanenii* from Zimbabwe[J]. Ind Crolps Prod, 2007(1): 29 - 32.

[18] TANAKA K, SHIMIZU T, OHTSUKA Y, et al. Early dietary treatments with Lorenzo's oil and docosahexaenoic acid for neurological development in a case with Zellweger syndrome[J]. Brain and Development, 2007, 29(9): 586 - 589.

[19] 刘琳, 杨东福, 严胜娇, 等. 神经酸研究进展[J]. 云南化工, 2008, 35(4): 39 - 44.

[20] 贺浪冲, 高雯. 元宝枫油乳液对艾氏腹水癌小鼠的抗肿瘤作用[M]. 元宝枫开发利用研究. 西安: 陕西科学技术出版社, 1996: 77 - 78.

[21] 王熙才, 左曙光, 邱宗海, 等. 艾舍尔软胶囊增强小鼠免疫力的实验研究[J]. 昆明医学院学报, 2008(6): 71 - 75.

[22] MIZUSHINA Y, YOSHIDA S, MATSUKACF A, et a1. The inhibitory action of fatty acid

on DNA polymerase beta[J]. Biochim Biophys Acta, 1997, 1336(3): 509 - 521.
[23]河南艾滋病人感谢陕西人民[N]. 三秦都市报, 2006 - 12 - 02(A3).
[24]神经酸——人类大脑的保护神[EB/OL]. http://www.sis.net.cn/.
[25]王健民. 神经酸对改善记忆的影响及在益智食品方面的应用研究进展[J]. 食品开发, 2004(1): 111 - 112.
[26]朱东升, 何国庆. 神经酸的研究进展[J]. 粮油加工, 2008(8): 65 - 67.

(本文原载《中国油脂》2010年第35卷第3期)

新资源食品——元宝枫籽油

王性炎, 王姝清
(西北农林科技大学, 陕西 杨凌 712100)

摘　要: 为了促进木本油料元宝枫资源的开发利用, 对元宝枫籽油的开发历史、特性及制取方法进行了介绍。元宝枫籽油含有功能性脂肪酸神经酸、高含量维生素E, 具有抗菌、抗肿瘤等作用, 目前已被卫生部批准为新资源食品, 随着人们对元宝枫籽油认识的深入, 其必然会得到快速发展。

关键词: 元宝枫籽油; 神经酸; 抗菌

中图分类号: TS222; TS218　　**文献标志码:** A　　**文章编号:** 1003 - 7969(2011)09 - 0056 - 04

我国食用植物油供需形势严峻, 自给率只有40%左右, 我国食用油缺口的一个重要原因是主要依靠种植草本油料, 90%以上的食用油是从油菜籽、花生、大豆等草本油料中制取的。目前, 我国人多地少的矛盾日益突出, 全国食用植物油60%依赖进口, 而且进口的食用油中木本食用油——棕榈油和橄榄油占相当大的比重[1]。元宝枫不仅是优良的木本油料[2], 还是食品蛋白的新资源, 其种仁蛋白质含量27%左右[3], 元宝枫还是集风景观赏、水土保持及特用木材于一体的高效经济树种[4]。因此, 大力发展元宝枫木本油料具有重要意义。

2011年3月22日中华人民共和国卫生部第9号文件批准元宝枫籽油作为新资源食品[5], 这将推动元宝枫产业的快速发展。

一、元宝枫籽油开发利用历史

元宝枫是槭树科槭属(Acer)植物, 因翅果形状像中国古代"金锭元宝"而得名, 为中国特有树种。元宝枫历来作为观赏植物栽培, 我国著名的北京"香山红叶"就是由元宝枫和黄栌两个树种相配而成[6]。

我国东北、华北、陕西等地民间就有炒食元宝枫种子的习惯, 味似瓜子和花生。《西北油脂植物》记载，元宝枫种子富含油脂和蛋白质，无毒，可炒食，味似瓜子，当果熟时，儿童们常喜采食[7]。

20 世纪 70 年代初，在我国食用油供应困难时期，原西北农学院王性炎教授等首次用元宝枫种子榨取食用油，并用油渣制造出优质酱油，受到陕西省政府的重视。1971 年 3 月，陕西省粮食局、农林局在西北农学院召开“元宝枫利用现场会”，来自省内各地粮油界 150 多位代表品尝了元宝枫油和酱油产品后给予了高度评价。当时陕西省政府正在召开“全国农业学大寨”会议，学校又将用元宝枫油炸制的油饼、油条送给与会的 700 余名代表品尝，将试制的 1000 kg 油和 12000 kg 酱油分发给学校教职工和与会代表并获得赞赏。会后，陕西省农林局、粮食局联合发出通知，将元宝枫果实作为木本油料正式收购[3]。

1990 年，在陕西省农村工作会议上，王性炎教授建议发展新木本油料元宝枫（五角枫），省委书记张勃兴即刻表示支持并指示省科委、省农办立项支持“元宝枫开发利用研究”，将其列为陕西省“八五”科技攻关重要项目，对元宝枫生物学特性、化学成分、食用和药用价值进行系统研究。1994 年该研究成果通过省级鉴定，专家评定该成果处于国内领先地位，达到国际先进水平，1996 年获陕西林业科技进步一等奖，1998 年获陕西省科技进步二等奖[3]。

1996 年林业部和中国科学院将“元宝枫丰产栽培及产业化技术”列为“九五”国家科技攻关专题，对元宝枫丰产栽培技术、树叶化学成分（其中主要包括绿原酸、黄酮）的提取中试、果实的机械脱粒和榨油技术等进行了深入研究。该项目 2000 年底通过国家验收，被认定为“九五”国家重点科技攻关林业项目重大成果之一[8]。多年来通过多学科、多部门的团结协作，为元宝枫的基础研究和产品开发奠定了坚实的基础。一个传统的观赏绿化树种，被开发为优质食用油、优质蛋白、优质保健茶和药用新资源的高效经济树种[3]。

元宝枫作为一个新兴产业在陕西、云南、山西、四川、重庆、北京、山东等省市悄然兴起。2000 年以来，元宝枫籽油、元宝枫养生茶等产品试销，数万人食用后给予好评，元宝枫籽油先后两次在“国家杨凌农业高新技术博览会”上获得金奖。

二、元宝枫籽油的特性

（一）含有特殊的功能性脂肪酸——神经酸

元宝枫籽油的脂肪酸组成介于花生油和菜籽油之间，不饱和脂肪酸含量达 90% 以上。1998 年，我们委托日本大海堂株式会社理学博士滨野吉秀在日本食品分析中心对元宝枫籽油的脂肪酸组成进行了检测分析，结果见表 1[6]。

表1　元宝枫籽油的脂肪酸组成

脂肪酸	含量(%)	脂肪酸	含量(%)
$C_{16:0}$	3.9	$C_{20:2(n-6)}$	0.3
$C_{18:0}$	2.2	$C_{22:0}$	0.9
$C_{18:1}$	23.8	$C_{22:1}$	17.2
$C_{18:2}$	33.9	$C_{24:0}$	0.4
$C_{18:3(n-3)}$	2.6	$C_{24:1}$	5.8
$C_{20:0}$	0.3	未确定	0.8
$C_{20:1}$	7.9		

从表1可见,元宝枫籽油中含有5.8%的功能性脂肪酸——神经酸($C_{24:1}$)。Coupland等[9]在其发明专利中对神经酸在神经组织中的重要地位作了精确的阐述。各国科学家公认神经酸是大脑神经纤维和神经细胞的核心天然成分,也是唯一的一个能修复疏通受损大脑神经纤维并促进神经细胞再生的双效神奇物质。神经酸的缺乏将会引起脑中风后遗症、脑瘫、脑萎缩、记忆力衰退、失眠健忘等脑疾病[9-10]。

(二)高含量的天然维生素E

据西北农林科技大学测试中心检测,元宝枫籽油中维生素E含量为125.23 mg/100g(见表2),远远高于进口的橄榄油和棕榈油,在国内食用植物油中也名列前茅。

表2　元宝枫籽油与主要植物油中维生素E含量　　mg/100g

名称	总V_E	$\alpha-V_E$	$(\beta+r)-V_E$	$\delta-V_E$
菜籽油	60.89	10.81	38.21	11.87
大豆油	93.08	—	57.55	35.53
花生油	42.06	17.45	19.31	5.30
棉籽	86.45	19.31	67.14	—
芝麻油	68.53	1.77	64.65	2.11
茶籽油	27.90	1.45	10.30	16.15
棕榈油	15.24	12.62	2.62	—
元宝枫籽油	125.23	14.79	72.86	37.58

维生素E又称生育酚,具有抗不育、预防冠心病和癌症等作用,已成为当代药品和营养品研究的热点。同时维生素E本身就是一种优良的天然抗氧化剂,

对延长油脂的保存期有着积极的作用[11]。所以,元宝枫籽油特别耐贮存,通过一次精滤的原油,在常温避光下保存3年不会酸败变质,表明其具有较强的抗氧化稳定性。

(三)抗菌作用

用元宝枫籽油做抗菌试验,对8个菌种的抗菌效果见表3。

表3 元宝枫籽油的抗菌效果[12]

样品	菌种							
	大肠杆菌	枯草芽孢杆菌	蜡状芽孢杆菌	黑曲霉	黄曲霉	啤酒酵母	变形杆菌	金黄色葡萄球菌
元宝枫籽油	2+	2+	±	-	2+	±	-	-
对照(无菌水)	-	-	-	-	-	-	-	-

注:"-"无抑菌圈;"±"抑菌圈不明显;"2+"抑菌圈直径为10~13 mm。

表3结果表明,元宝枫籽油对几种常见的食品腐败菌有较广泛的抑制作用,特别是对大肠杆菌、枯草芽孢杆菌和黄曲霉的抗菌作用极佳,可作为食品和中成药的天然无毒防腐剂。

(四)优良抗菌素药物的基础配料

20世纪70年代,西安制药厂生产四环素,在菌种培养过程中必须加入优质植物油作为培养基,该厂原用进口的精制大豆油配制,我们与西安制药厂合作,用元宝枫籽油与精制大豆油对照,经过6次小试,结果见表4[6]。

表4 元宝枫籽油和精制大豆油对四环素菌种生长对比试验

试验次数	油类	基础料配方(加入油量%)	四环素单位(r/mL)
1	大豆油	2	13000
	元宝枫籽油	0.5	11800
	元宝枫籽油	1	12180
	元宝枫籽油	2	12250
	元宝枫籽油	3	14760
2	大豆油	2	14053
	元宝枫籽油	2	13800
	元宝枫籽油	3	12800
	元宝枫籽油	4	14025

续表 4

试验次数	油类	基础料配方（加入油量%）	四环素单位（r/mL）
3	大豆油	2	14500
	元宝枫籽油	1	13600
	元宝枫籽油	2	13700
	元宝枫籽油	3	14500
	元宝枫籽油	4	16100
4	大豆油	2	14400
	元宝枫籽油	1	14200
	元宝枫籽油	2	13920
	元宝枫籽油	3	14220
	元宝枫籽油	4	14440
5	大豆油	2	11500
	元宝枫籽油	1	13000
	元宝枫籽油	2	12300
	元宝枫籽油	3	12800
	元宝枫籽油	4	13000
6	大豆油	2	14400
	元宝枫籽油	2	14200
	元宝枫籽油	3	15000
	元宝枫籽油	4	16100

表 4 结果表明，元宝枫籽油对四环素菌种的生长代谢无毒性反应，与精制大豆油相似[6]。

（五）良好的抗肿瘤作用

在“八五”、“九五”元宝枫科技攻关中，我们与西安交通大学医学院合作进行了“元宝枫药用开发研究”，获得了较好的成果。大量动物试验证明，元宝枫籽油具有良好的抗肿瘤作用。

1. 元宝枫籽油乳液对 S_{180} 肉瘤小鼠的抑瘤作用（见表 5）

由表 5 可见，元宝枫籽油乳液大、小剂量对 S_{180} 肉瘤平均抑瘤率分别为 87.49% 和 78.38%，元宝枫籽油乳液对肿瘤细胞有明显的抑制作用，与环磷酰胺(抗癌新药)抑瘤作用相当,而毒性远较其小,因此元宝枫籽油是一种很有开发前景的药用植物油[6]。

表5 元宝枫籽油乳液对 S_{180} 肉瘤小鼠的抑瘤作用[6]

组别	动物数(只)	剂量(mL/kg)	途径	瘤重(g)	抑瘤率(%)
空白对照组	15	10	P. O	1.67 ±0.68	—
环磷酰胺组	8	50	S. C	0.17 ±0.11	89.48*
小剂量组	10	10	P. O	0.36 ±0.17	78.38*
大剂量组	10	10	P. O	0.29 ±0.10	87.49*

注:* 给药组与空白对照组比较 $P<0.01$,均有显著性差异;给药组与环磷酰胺组比较 $P>0.05$,无显著性差异;小剂量组含10%的元宝枫籽油乳液,大剂量组含30%的元宝枫籽油乳液;下同。

2. 元宝枫籽油乳液对艾氏腹水癌小鼠的抗肿瘤作用(见表6)

由表6可见,元宝枫籽油乳液小剂量组和大剂量组对艾氏腹水癌小鼠的生命延长率均有明显的效果,而以小剂量组为最佳(81.9%),相当于人8 mL/d。小鼠体重平均增长值测定结果显示:元宝枫籽油乳液具有与环磷酰胺相似的抑制肿瘤生长的作用,且无毒副作用。

表6 元宝枫籽油乳液对艾氏腹水癌小鼠的抗肿瘤作用[6]

组别	动物数(只)	剂量(mL/kg)	给药途径	生存天数($\bar{X}\pm SD$)	生命延长率(%)
空白对照组	19	10	P. O	13.7 ±3.25	—
环磷酰胺组	10	50	S. C	25.2 ±3.18	84.0*
小剂量组	10	10	P. O	25.0 ±1.87	81.9*
大剂量组	10	10	P. O	21.6 ±3.06	57.7*

三、元宝枫籽油的制取

(一)翅果脱粒

经过精选后纯净饱满的翅果才能作为加工原料,进行机械脱粒。过去,国内市场上的农用脱粒机均不适用于元宝枫翅果的机械化脱粒。王性炎等[13]设计制造出的元宝枫翅果专用脱粒机并获得了国家专利，经宝鸡市林业局等单位进行元宝枫榨油的生产性试验，采用该脱粒机获得良好效果（见表7）。

表7 元宝枫翅果脱粒情况[6]

编号	翅果重量 kg	果翅		种皮		种仁	
		重量(kg)	比率(%)	重量(kg)	比率(%)	重量(kg)	比率(%)
1	75	24.8	33.1	12.5	16.6	37.7	50.3
2	75	25.6	34.1	11.4	15.2	38.0	50.7
平均	75	25.2	33.6	11.95	15.9	37.85	50.5

从表7可见，用元宝枫翅果专用脱粒机可顺利地将元宝枫翅果分离为果翅、种皮和种仁3部分，分别为翅果质量的33.6%、15.9%和50.5%。种仁是制取油脂的原料，而种皮中凝缩单宁含量达60%，是提制优质单宁的理想原料。

（二）元宝枫籽油的制取

1. 溶剂浸提

1970年，在西北农学院林产化学实验室，我们首次用溶剂浸出法从元宝枫种仁中浸提元宝枫籽油。每100 kg种仁中，可浸提出42～45 kg原油，提油率在92%以上[6]。

2. 土法榨油

1971年1月，我们首次在武功县杨凌公社杜寨大队榨油厂，用我国传统的大梁式木榨（杠杆榨与楔式榨）进行了元宝枫种仁的榨油试验。4次试验结果，从1387 kg种仁中榨出油365 kg，出油率达26%，受到陕西省政府的重视。

3. 机械榨油

1972年2月，我们用ZLY—90型立式液压榨油机进行了元宝枫种仁的榨油试验，出油率为30%～32%，榨出油的质量与土法榨出的相同。1997年5月，我们和宝鸡市林业局在扶风县榨油厂进行元宝枫种仁榨油试验。选用95型螺旋榨油机，同时配备真空挤压式压滤机过滤，平均出油率为36.07%。试验结果见表8。

表 8　元宝枫种仁榨油试验

编号	种仁重量（kg）	蒸炒温度（℃）	蒸炒时间（min）	出油重量（kg）	出油率（%）
1	55	80	40	19.50	35.45
2	55	85	40	20.50	37.27
3	55	85	40	19.25	35.00
4	55	85	40	19.50	35.45
5	55	85	30	19.10	34.73
6	55	90	30	19.90	36.18
7	55	100	40	21.15	38.45
平均	55			19.84	36.07

四、结语

我国山区总面积占国土总面积的69%，现存的贫困人口主要集中在山区，这一国情就决定了国家在扶贫攻坚中林业重任在肩。山区林业综合开发的指导方针“山上建基地，山下搞加工，山外抓市场，科技创高效”。和其他产业相比，元宝枫产业是最有效的扶贫产业之一。国家卫生部批准元宝枫籽油进入我国食用植物油产品中，必然会大力推进元宝枫产业的快速发展，元宝枫作为一个新兴产业定能在21世纪为发展木本油料开创一条新路。

参考文献：

[1]王性炎. 加快木本油料发展，保障食用油供需安全[J]. 中国油脂，2009，34(9)：1－4.

[2]王性炎，樊金栓，王姝清. 中国含神经酸植物开发利用研究[J]. 中国油脂，2006，31(3)：69－71.

[3]王性炎，李艳菊，王姝清. 食品蛋白新资源——元宝枫蛋白[J]. 中国油脂，2007，32(8)：30－33.

[4]王性炎. 科尔沁沙地元宝枫林亟待保护[J]. 中国林业，2004(11B)：36.

[5]中华人民共和国卫生部. 卫生部关于批准元宝枫籽油和牡丹籽油作为新资源食品的公告(2011年第9号)[EB/701]. (2011－03－29)[2011.05.20]. http://www.moh.gov.cn.

[6]王性炎. 中国元宝枫[M]. 成都：四川民族出版社，2003.

[7]中国科学院西北植物研究所，兰州大学. 西北油脂植物[M]. 西安：陕西人民出版社，1977.

[8]国家林业局科学技术司. “九五”国家重点科技攻关林业项目重大成果汇编：荒漠化

治理[M]. 北京:中国林业出版社,2001:71 - 75.
[9]COUPLAND K, LANGLEY N A. Use of nervonic acid and long chain fatty acids for the treatment of demyelinating dis orders:US,5194448[P]. 1993.03.16.
[10]王性炎,王姝清. 神经酸研究现状及应用前景[J]. 中国油脂,2010,35(3):1 - 5.
[11]王瑞元,李子明. 油脂的营养与强化[J]中国油脂 2007,32(2):7 - 11.
[12]樊金栓,李晓明,侯小蕊. 元宝枫油抗菌作用研究[M]//王性炎. 元宝枫开发利用研究. 西安:陕西科学技术出版社,1996:93 - 96.
[13]王性炎,赵恩歧. 元宝枫翅果专用脱粒机:中国,03218438.7[P]. 2003.12.24.

(本文原载《中国油脂》2011 年第 36 卷第 9 期)

我国应重视神经酸植物的发展与利用

王性炎

(西北农林科技大学,陕西杨凌 712100)

摘 要:神经酸是大脑神经细胞和神经组织的核心成分,神经酸的缺乏会引起脑萎缩、记忆力衰退、失眠健忘等脑疾病。国外十分重视神经酸植物的开发,我国也在进行这方面的研究。近年来,含有神经酸的元宝枫油得到了一定的发展,随着人民生活水平的提高,元宝枫油有望得到快速发展。

关键词:神经酸;脑疾病;中国;元宝枫

中图分类号:TS22;Q946.8 **文献标志码:**A **文章编号:**1003 - 7969(2011)11 - 0052 - 03

神经酸(Nervonic acid ,NA)最早发现于哺乳动物的神经组织中,故命名为神经酸。1926 年日本学者从鲨鱼油中提取出神经酸,并首次确认为顺式结构,为此又称为鲨鱼酸[1]。化学名为顺 - 15 - 二十四碳单烯酸,是一种长链单不饱和脂肪酸。神经酸生理作用的发现仅有 30 多年的历史,而我国对神经酸的研究始于 20 世纪 80 年代,起步较晚,一般群众对神经酸的生理功能知之甚少。

一、神经酸是大脑神经细胞和神经组织的核心成分

美、欧、日等国的科学家研究表明,神经酸在大脑和神经组织中含量较高,是生物膜的重要组成物质,通常作为脑甙中髓质(白质)的标志物。

美国科学家 Coupland 等[2]在其发明专利中,对神经酸在神经组织中的重要地位作了精确的阐述,并列示了正常人大脑中复合脂的长链脂肪酸分布情况(见表 1)[2]。

表 1　髓鞘脂质中的长链脂肪酸分布情况

脂肪酸	神经节苷脂*	脑苷脂*	硫苷脂*	鞘磷脂**
C24:1	24.1	45.7	48.0	35.0
C24:0	11.1	15.8	14.3	—
C25:1	5.0	7.8	10.2	2.3
C25:0	1.8	2.3	3.4	—
C26:1	4.1	4.5	9.1	1.0
C26:0	0.8	0.3	1.1	—

注:* 从人体的纯髓鞘脂质中取得;** 从人的脑白质中取得。

从表 1 可见,正常人的大脑和神经组织的复合脂中含有大量的长链脂肪酸,特别是神经酸占有主要地位。众所周知,多发性硬化症(Multiple sclerosis, MS)是一组脱髓鞘的疾病,包括急性弥散性脑脊髓炎,进行性多灶性白质脑病,特发的多神经性能病、肾上腺脑白质萎缩症(ALD)和肾上腺脊髓神经病等。这些病的共同特点是病人的髓鞘质遭受破坏,导致髓鞘质中重要的长链脂肪酸含量严重下降(见表 2)。

表 2　正常人和 MS 病人脑白质鞘脂中神经酸含量对比

鞘磷脂		硫苷脂		脑苷脂	
正常人	MS 病人	正常人	MS 病人	正常人	MS 病人
36.3 ±2.5	25.7 ±5.7	36.2 ±3.7	28.0 ±4.8	40.3 ±5.7	31.0 ±5.3

注:所列对比数据摘自美国专利文献[3]。

研究发现[3],当 MS 病人的髓鞘质遭破坏,必然导致长链脂肪酸含量的严重下降,不仅使中枢神经系统(CNS)生命必需的脂质枯竭,而且使作为抗原的髓鞘质基础蛋白(MBP)丧失。

各国科学家公认神经酸是大脑神经纤维和神经细胞的核心天然成分,也是唯一一个能修复疏通受损大脑神经纤维并促进神经细胞再生的双效神奇物质。神经酸的缺乏将会引起脑中风后遗症、脑瘫、脑萎缩、记忆力衰退、失眠健忘等脑疾病[4]。

二、国外十分重视含神经酸植物的栽培和利用

神经酸的发现,走出了以往只针对脑细胞而忽视神经纤维修复和疏通的误

区,使脑病治疗进入了一个崭新的时代。神经酸的来源,过去主要依靠在海洋中捕杀鲨鱼获得,随着国际社会禁捕鲨鱼,神经酸的来源陷入困境,从植物油中发掘神经酸已引起各国政府和科学家的重视[5]。

长链脂肪酸特别是单烯脂肪酸——神经酸,在大多数现代食物中是非常稀少的,必须用外源补充。国外研究表明[3,6],神经酸仅存在于少量植物中,目前欧美国家大量栽培和利用的含神经酸植物主要有3种,其中缎花属(*Lunaria biennia*)植物2种,金莲花属(*Tropaeolum speciosnm*)植物1种,其种子油脂肪酸成分详见表3。

表3 缎花属和金莲花属种子油脂肪酸组成及相对含量[3,6]

脂肪酸	缎花属中含量(%)	金莲花属中含量(%)	脂肪酸	缎花属中含量(%)	金莲花属中含量(%)
$C_{16:0}$	1.2	2.0	$C_{20:1}$	1.6	0.5
$C_{16:1}$	0.2	微	$C_{22:0}$	0.2	微
$C_{18:0}$	0.2	微	$C_{22:1}$	45.3	13.3
$C_{18:1}$	23.4	29.3	$C_{22:2}$	0.1	—
$C_{18:2}$	4.8	3.3	$C_{24:0}$	0.2	0.5
$C_{18:3}$	1.0	1.4	$C_{24:1}$	21.8	38.7
$C_{20:0}$	微	微	$C_{26:1}$	—	9.3

欧美国家十分重视发展含神经酸的植物,他们将含神经酸的缎花属植物称为奇特的植物[7]。英国在1993~1995年间,在其南部地区,对缎花属植物在不同播种期生长情况和产量进行了对比试验[8]。1988~1999年,英国在苏格兰地区,对缎花属含神经酸植物进行了高产栽培试验,对不同播种期每公顷的产量进行了对比分析;对不同生长期间种子油中神经酸和其他成分的含量进行了系统分析和检测。试验表明,在苏格兰作为商业性经营每公顷产量达到2 t是可能的,另外还与英国南部和荷兰的栽培试验的产量进行了对比[9]。上述实例足见国外对神经酸植物发展的重视。

随着植物神经酸开发的快速发展,发达国家普遍从植物油中提取神经酸,用于治疗神经系统疾病和食疗保健。加拿大把植物神经酸作为治疗神经系统疾病的药品研发。加拿大国家研究院植物生物技术学院有一个CEHH组织,致力于植物药用价值的研究,目前正在进行的研究课题中,就包含了神经酸项目。该研究项目由大卫·泰勒博士任首席研究员,专门进行植物神经酸的应用研究,他们已发现植物神经酸对帕金森老年痴呆病有显著治疗作用,目前正在把植物神经酸作为制药工业原料药,更广泛地用于治疗神经系统疾病的研究[10]。

日本科学家 Tanaka 等[11]对一个患有策尔韦斯(Zellweger)综合症的女孩用含神经酸的 Lunaria 油等进行饮食治疗获得了良好效果。该病是由于特长链脂肪酸代谢失调产生的疾病,主要表现为神经系统发育迟缓、癫痫发作、视网膜病变、肝脏疾病等导致早期死亡。主要原因是缺少过氧化物酶,从而影响长链脂肪酸缩醛磷脂的合成和β—氧化。这是对该病患者第一次用含神经酸的 *Lunaria* 油进行食疗显示有效的首次报道。

Coupland 等[2]指出,神经酸及其衍生物之所以更受重视,是由于其受欢迎的药用方式,现已用的许多剂型如用 Lunaria 油的原油口服食疗,制成片剂或水乳剂,某些特殊治疗用鼻胃插管注入。对各症治疗均有详细说明,通常对于成年人剂量范围为0.1~10 g,含神经酸的油及其衍生物每天用量为0.5~5 g。

由于神经酸的神奇功效和特殊作用,欧美发达国家纷纷致力于神经酸工业化生产的研究。

三、我国含神经酸植物发展前景广阔

1978 年,中国科学院组织了中科院华南植物研究所、中科院林业土壤研究所、中科院昆明植物研究所等 12 个单位,对全国的油脂植物进行调查研究,共收集油脂植物 974 种,分析样品 1581 份,编写出《中国油脂植物》专著。在 974 种油脂植物种子中,含有 5% 以上神经酸的木本植物仅有 5 种,详见表 4[12]。

表 4　神经酸在油脂植物中的分布

植物科	属	种	神经酸含量(%)
青皮木科 *Olacaceae*	蒜头果属 *Malania*	蒜头果 *M. ofeifera*	62.67
大戟科 *Euphorbiaceae*	血桐属 *Macaranga*	盾叶木 *M. adenantha*	56
		色木槭 *A. mono*	6
槭树科 *Aceraceae*	槭属 *Acer*	元宝槭 *A. trancatum*	5
		鸡爪槭 *A. palmatum*	9

从表4可见,我国含5%以上神经酸植物在974种油脂植物中占的比例很少,还不到1%。蒜头果种子油中神经酸含量非常高,但它仅分布于中国云南东南部至广西西部的狭窄地带,现存资源量已很少,中国植物红皮书将它定为国家重点保护的稀有树种[15]。由于蒜头果可用资源较少、较分散,给采收种子造成一定的困难,开发利用受到一定的限制,云南省林科院曾开展过嫁接试验,虽成活率较低,但成活的愈合及生长状况均较好,现正加紧无性繁殖方面的研究工作,若能解决繁殖问题,蒜头果的产业化栽培将迎刃而解[14]。

盾叶木种子油中神经酸含量也很高,它分布在广西、广东、云南、贵州四省区,生于海拔300~900 m的山地河谷杂木林中[12]。目前医学界对盾叶木枝条的化学成分研究多一些,对其种子油的开发利用研究尚未引起足够的重视。

在槭属3个种中,鸡爪槭主要用作观赏红叶树种,其种仁较小,含油量低,种子的产量不高,工业化生产成本太高。元宝槭(元宝枫)和色木槭(五角枫)二者的含油量、脂肪酸组成和神经酸含量相似[12]。植物分类学家根据二者形态特征的细微差别区分为2个种,但一般群众很难看出其差异,因而往往将二者混为1个种。

元宝枫作为一个新兴产业在陕西、云南、山西、四川等省悄然兴起,2002年元宝枫油、元宝养生茶等产品试销以来,受到欢迎和好评,元宝枫油先后3次在“国家杨凌农业高新技术博览会”上获得金奖。目前国内市场上销售的食用植物油,包括进口的橄榄油均不含神经酸,只有元宝枫油独有[17]。由于元宝枫油性能优越,用途广泛,有良好的保健作用,不仅国内试用群众欢迎,也受到美国、日本、新加坡等国和我国台湾地区客商的追求。

2011年3月22日,卫生部公告批准元宝枫油作为新资源食品,为元宝枫油正式进入我国食用植物油大家庭签发了准入证,它必将推进元宝枫产业的快速发展。

四、结束语

随着我国人民生活水平的不断提高,人们保健意识的增强,元宝枫作为一种纯天然、无公害、高营养的“药食两用”树种,必将成为开发神经酸系列保健品和药品的重要原料。通过丰产示范基地建设、产品的深度开发,市场开拓等多方面的努力和创造性的工作,元宝枫定能在21世纪成为一颗瞩目的明星。

参考文献:

[1] TSUJIMOTO M. New fatty acid in shark - liver oil[J]. Soc Chem, 1926, 46: 385 - 388.

[2]COULPAND K, LANGLEY N A, Use of nervonic acid and long chain fatty acids for the treatment of demyelinating disorders: US,5194448[P]. 1993.03.16.

[3]COUPLAND K. Nervonic acid compositions: US,5994404[P]. 1999.11.30.

[4]中风、帕金森、脑萎缩、老年痴呆、脑外伤、癫痫[EB/OL]. (2004.11.05)[2011.05.20]. http://qingdaonews.corn/gb/content(2004.11.05.content_3858441.htm.

[5]王性炎,王姝清. 神经酸的研究现状及应用前景[J]. 中国油脂,2010,35(3):1-5.

[6]BETTGER W J, MCCORQUODALE M L, BLACKADAR C B. The effect of a Tropaeolum speciosum oiI supplement on the nervomc acid content of sphlngomyelin in rat tissues[J]. Journal of Nutritional Biochemistry,2001,1 2(8);492-496.

[7]WALKER R L, WAIKER K C, BOOTH E J. Adaptation potential of the novel oilseed crop, ltonesty(Lunari ann L.), to the Scottish climate[J]. Industrial Crops and Prod ucts,2003,1 8(1):7-15.

[8]CROMACK H T H. The effect of sowing date on the growth and prodttction of Lunaria annua in southern England[J]. Industrial Crops and Products,1998(7):217-221.

[9]MILLA M S, MITCHELLS, CRAIG A. et a1. In vitro manip. ulation as a means for accelerated improve ment of some new potential oil crop species[J]. Industrial Crops arid Prod. ucts,1997(6):213-219.

[10]侯镜德,陈至善. 神经酸与脑健康[M]、北京:中国科学技术出版社,2006.

[11]1 TANAKA K, SHIMIZU T, OHTSUKA Y, et al. Early diet ary treatments with Lorenzo's oil and docosahexaenoic acid for neurological development in a case with Zellweger syn dfoms[J]. Brain and Development,2007,29(9): 586-589.

[12]中国油脂植物编写委员会. 中国油脂植物[M]. 北 京:科学出版社,1987:22.

[13]梁月芳,吴曙光,黎向东. 蒜头果的濒危原因研究[J]. 广西植物,2003,23(5):404-407.

[14]宁德鲁. 蒜头果的综合利用[J]. 中国野生植物资源, 2004,23(6):24-25.

[15]王性炎. 中围元宝枫[M]. 成都:四川民族出版社, 2003.

[16]国家林业局科学技术司. "九五"国家重点科技攻关林业项目重大成果汇编:荒漠化治理[M]. 北京:中国 林业出版社。2011:71-75.

[17]王性炎,王姝清. 神经酸新资源——元宝枫油[J]. 中国油脂. 2005,30(9):62-64.

（本文原载《中国油脂》2011 年第 36 卷第 11 期）

化妆品工业的优质原料——元宝枫油

王性炎

(西北农林科技大学,陕西杨凌 712100)

摘 要:概述了天然油脂在化妆品中应用的简况,化妆品工业对所用油脂的要求。全面阐述了元宝枫油的特种功能成分——神经酸、多种天然活性成分、优良的抗氧化稳定性和毒理学安全性。元宝枫油将会成为最具潜力的化妆品优质原料。

关键词:元宝枫油;化妆品;优质原料

随着科学技术的进步以及人们生活水平的提高,作为一个正在蓬勃发展的化妆品产业,能否站在绿色、天然、安全和环保的角度满足人们对美的追求,已经成为新时期人们对化妆品质量、内涵与功能所关注的焦点。天然和有机化妆品市场强劲增长,植物来源的美容化妆品和传统产品的竞争日趋激烈。据芝加哥市场调查公司分析报告,化妆品行业最为显著的趋势是有机和天然产品快速崛起[1][2]。

一、天然油脂在化妆品中的应用

在皮肤上使用各种油类起源于古代习俗中的宗教活动,特别是在国王和祭司的献祭上。希伯来文单词"messiah"即指"受膏者",意思就是"抹过油的人"。使用的油脂主要来源于地方资源,包括芝麻油、橄榄油、蓖麻油等。把油脂应用到皮肤上的习俗几乎保持了2000年,这是由于相信油脂作为对环境的阻挡层对皮肤的外观、健康和功能是有益的[3]。

皮肤(作为非均质的膜)是人体的重要器官。皮肤主要功能是隔开和保护内部的器官和组织不受物理和化学及环境的侵害,如细菌、化学品和各种形式的光辐射,它也能防止内部液体和成分从体内损失。皮肤是一个层状结构,不同的皮肤层次有着不同的功能。皮肤由三层组成,表皮、真皮和皮下组织。表皮可进一步分成屏障和活性表皮。屏障(角质层)是皮肤防止渗透的主要结构。正常皮肤的角质层通常含有10% ~30%的水分,以维持皮肤的弹性与柔软性,然而由于年龄和湿度、风等环境因素,当水分少于10%时,皮肤就会呈现干燥状态,而使皮肤失去弹性,导致各种皮肤障碍,而难以维持皮肤的正常健康。这就需要补充一定比例的优质油脂成分与保湿性好的亲水性物质,以减轻皮层损伤,维持皮肤健康[4]。

在化妆品中使用天然油脂的重要原因出于它与人类皮肤脂质的相似性。可食用的天然油脂也可以安全用于皮肤上,天然油脂能够给人以安全感。除了"绿色"运动影响对选择化妆品的成分外,天然油脂至少能提供两个主要的临床重要益处:"吸留性和人体必需脂肪酸"。

在化妆品使用中的吸留性是指物质在皮肤表面上形成的膜阻碍水分从皮肤表面蒸发至环境中的能力。减少穿过表皮的水分损失会提高滞留在表皮各层中的水分含量。因此,油脂的吸留特点被用来增加皮肤的水分含量。这种增加改变了角质层的黏弹性,同时使皮肤更柔软,润肤性与吸留性之间的区别不是绝对的。人体缺乏必需脂肪酸会引起两种主要皮肤缺陷:鳞屑症和表皮细胞增生。植物油脂中多不饱和脂肪酸特别是"必需脂肪酸"含量较高,所以天然油脂成为在皮肤产品中使用日益增长的主要推动力[3]。

二、化妆品工业对所用油脂的要求

几乎所有的化妆品中都利用植物油脂作为其重要组份,油脂在化妆品中使用的目的,是对皮肤表面的保护效果,赋予皮肤以柔软、滋润和光泽性;因具有溶剂作用,能使皮肤表面清洁;在皮肤表面形成疏水性皮膜,在滋润皮肤的同时,还可阻挡外部有害物质的侵入;在寒冷的环境下,可抵制皮肤的水分蒸发;作为特殊成分的溶剂;作为增脂肪剂可对皮肤补充必要的脂肪,而起保护皮肤的作用,赋予毛发以光泽感。

化妆品是直接使用于人体的物质,对安全性的要求非常严格,所以应该十分重视质量,在申请时必须根据原料的来源、制法、化学结构等情况,提供一次性刺激、光毒性、黏膜刺激、连续涂布刺激以及损伤部位的一次性刺激等安全性资料。无论上述各点是否已经收集在法定文件之中,而当用作化妆品原料时,除了法定文件规定的基准以外,还应注意以下各点:

(1)不刺激或毒害皮肤;

(2)不妨碍皮肤的生理作用;

(3)不使皮肤发生生理变化;

(4)不促进微生物的繁殖;

(5)稳定、不变色、不发臭[4]。

美国杰出的油脂化学专家 A. E · 贝雷在其经典著作中对化妆品所用油脂的要求:

(1)特殊脂质的使用取决于其留在皮肤上而不产生油腻感觉的能力;

(2)只可使用高纯度的油脂，不能采用有异味和含有过氧化物(或它们的分解产物)的商业用油脂；

(3)采用的脂质必须是稳定的或易于进行过氧化稳定性处理的；

(4)化妆品使用的油脂(需要在标签上加以说明)必须能为广大消费者所接受和了解(动物或植物油脂)。

(5)在化妆品中使用的油脂应含可叙述清楚(对健康)有益的成分[3]。

国家食品药品监督管理局在接手化妆品卫生监督管理职责之后，相继出台了《关于印发化妆品中可能存在的安全性风险物质风险评估指南的通知》、《关于印发化妆品产品技术要求规范的通知》等一系列文件，对“安全性风险物质”、“技术要求规范”等以往没有明确的问题均提出相关要求。

三、元宝枫油是化妆品工业的优质原料

(一)能为皮肤提供多种天然活性成分和必需脂肪酸

元宝枫油是含不饱和脂肪酸为主的不干性油，其不饱和脂肪酸的含量达90%以上。元宝枫油中的脂肪酸组分除含有神经酸的独特性外，主要成分为油酸(25%)和亚油酸(36%)，两者占脂肪酸总量的60%以上。必需脂肪酸含量合理。元宝枫油中含有丰富的脂溶性维生素(V_A、V_E、V_D)，特别是维生素E的含量很高(125 mg/100 g)，远远高于进口的橄榄油和棕榈油，在国内食用植物中也名列前茅[8][10]。

目前，维生素作为化妆品的一种特殊添加剂用量越来越大，为了达到防治皮肤粗糙、防治粉刺、消除头屑以及生发和养发的目的，在化妆品和疗效用化妆品中积极地配入维生素。不少研究人员通过实验探明了因维生素缺乏而引起的皮肤障碍以及皮肤的能量代谢系统，并确认了以局部涂敷维生素的方法对因缺乏维生素引起的皮肤炎症的治疗效果和药理作用，肯定了作为外用药是有效的，而且副作用也小的实验结果。在皮肤上过氧化脂质会促进皮肤老化，而维生素E可起到抑制作用。它可以防治皮肤弹性降低，皮脂腺作用减退，保水性能减少，过剩色素沉着等皮肤老化的外观症象。维生素E可调整弹性纤维和骨胶朊组织的排列和结合，减少皮肤的皱纹。维持皮肤的真皮结合组织，这些都已获得了证实[4]。

由于元宝枫油与皮肤脂质的相似性，能为皮肤提供多种活性成分和必需脂肪酸，它对皮肤的渗透能力与吸留性能保持平衡，所以在化妆品的使用中能获

得特别的效果。

(二)元宝枫油含有特殊功能性脂肪酸——神经酸

将神经酸作为化妆品介质和有效成分应用于皮肤护理,德国科学家获得了显著的成效。1999 年,德国"皮肤医学协会"在其年刊上公布,干燥皮肤是因为角质层的屏障作用受损,特别是角质层缺乏脂质的原因。保护皮肤的目的就在于运用适当的保养,预防皮肤失水,重新修复已经受损的脂质防护层。许多研究实验证明,含高浓度不饱和脂肪酸的脂质体,如神经酸,可加强角质层的防护作用,并提高皮肤水分的含量。研究显示,这种脂质体涂上皮肤 30 min 后就可提高皮肤的湿度 40%。另一项研究对脂质体进行多次测试结果显示,一星期每天两次使用脂质体,可使皮肤的湿度提高 100%。它之所以有效的原因在于神经酸与皮肤细胞相似的结构,使其能进入细胞间隙组织并与之结合,由此而加强了角质层的水合功能[9]。

1990 年,葛凌(Gehring)用激光双向交流的手段,就神经酸对血液循环功能的影响进行了测试。实验证实,神经酸的确能达到真皮层。该项研究的结论是:真皮层里的血液循环功能,只有在神经酸能达到真皮层的情况下,才有可能对其加以影响。22 名受测试者参加了这个实验,数据清楚显示,所有被测试的神经酸都能影响皮肤血液循环功能,这证实了神经酸的确能渗入真皮层。赫斯卡(Huschka)的实验更进一步证实了,神经酸和其包裹的维生素(维生素 H)渗入人体皮肤的能力。角质层对水溶性维生素几乎是一个无法逾越的屏障,只有借助神经酸这一载体物质,水溶性维生素才可穿透角质层。赫斯卡证实了神经酸包裹的维生素 H 可深入皮肤的表皮层和皮肤的真皮层[9]。

目前,国内外市场上销售的食用植物油,包括我国进口的橄榄油、棕榈油等均不含有神经酸,只有元宝枫油独有。由于元宝枫油中含有适量的神经酸和多不饱和脂肪酸,具有与皮肤结构相同的脂肪(神经酰胺),与人类皮肤天然的脂肪相容性很好,渗透力强,在皮肤表面无油腻感,能有效提高皮肤屏障的修复率,正在受到国内外化妆品界的青睐。

(三)元宝枫油安全无毒性

在我主持的"八五"科技攻关"元宝枫开发利用研究"和"九五"国家科技攻关期间,与西安交大医学院协作,对元宝枫油的急性毒性和长期毒性反复试验证明,元宝枫油食用安全无毒性;大量动物试验证明,元宝枫油具有良好的抗肿瘤作用[5]。2010我国卫生部在审批元宝枫油作为新资源食品时,委托广西壮族自治区疾病预防控制中心对元宝枫油的毒理学安全性进行复查和系统的实验研究,其结论为:元宝枫油为无毒物,未显示有急性、亚慢性及遗传毒性[6]。2011年3月22日中华人民共和国卫生部第9号文件公告,批准元宝枫油为新资源食品[7][8]。因此,元宝枫油对皮肤是十分安全的。

(四)元宝枫油氧化稳定性好、防腐杀菌力强

与其他大多数食用植物油相比,元宝枫油有其独特的性质,它是自然产生的最稳定的液态植物油,由于含有丰富的内源抗氧化剂,能保存多年而不酸败。和芝麻油一样,机榨的元宝枫毛油不需要严格的纯化和精炼就能食用。在当今世界能源消耗持续上升时,这也是重要的优点。

元宝枫油优异的抗氧化性应归于其高含量的维生素E(125 mg/100 g),为常用食用植物油如棕榈油、花生油、茶籽油等的2倍以上[10]。元宝枫种皮中含有60%多酚类化合物,在油籽加工过程中,其中一小部分也在油中存在,更增加其内源抗氧化能力[5]。

西北农林科技大学樊金栓教授用元宝枫油进行抑菌试验证明,元宝枫油对几种常见的食品腐败菌有较广泛的抑制作用,特别是对大肠杆菌、枯草芽孢杆菌和黄曲霉菌的抗菌作用极佳,可作为食品和中成药的天然无毒防腐剂[5,8]。

四、应用前景

由于元宝枫油无毒性、使用安全,油中含有特种功能性脂肪酸——神经酸,能为皮肤提供多种天然活性成分和必需脂肪酸,抗氧化稳定性好,防腐杀菌力强而受到化妆品界的关注。原西北林学院和西安医科大学药学院研制的“元宝美容霜”,群体试验后反映很好。四川省元宝生态资源开发有限公司和四川省轻工研究设计院精细化学品研制厂出品的“元宝枫润肤霜”、“元宝洗面奶”等化妆品受到群众欢迎[10]。

目前,成都枫科生物技术股份有限公司与法国若诗曼国际有限公司,用元宝枫精油研制的RESMAX若诗曼系列化妆品,给化妆品行业带来了新的生命力,受到国内外消费者的重视和好评。西安中自生物科技有限公司与瑞士迪森蒂斯有限公司用元宝枫油研制的PUCIFELI柏洁菲丽护肤护发化妆品产品越来越受到消费者的青睐。

昆明海之灵生物科技开发公司在元宝枫产品开发方面成效显著,艾舍尔元

宝枫神经酸软胶囊在国内畅销；经过多年的对外交流，2006 年元宝枫精油出口美国，2008 年与日本化妆品公司的亚洲总裁家腾先生进行对接达成元宝枫精油出口日本，使元宝枫精油走进了国际市场。

良好而健康的皮肤和光泽的头发源自于人体充足的营养。充足的营养食品最重要的是来自必需脂肪酸和富含抗氧化剂的食物，补充内源性抗氧化剂，能帮助预防炎症，提高人体免疫力，舒缓皮肤光泽并支持人体健康和活力。元宝枫油正是人们日益青睐的既能促进身体健康，又能让外表焕发神采的抗氧化食品和营养补充剂。

参考文献：

[1]张进才，吴峥，杜泰然. 天然化妆品市场及未来发展[J]，日用化学品科学，2012，35(12)：43－46。

[2]施昌松. 天然活性化妆品的现状与发展趋势[J]，日用化学品科学，2012，35(2)：1－5。

[3][美]Hui，YH 主编，徐生庚，裘爱冰主译. 贝雷：油脂化学与工艺学（第五卷）[M]，第五版，北京；中国轻工业出版社，2001. 368.

[4][日]福原信和等编著，陆光崇等译. 实用化妆品手册[M]. 上海：上海翻译出版公司，1990.

[5]王性炎. 中国元宝枫[M]. 成都：四川民族出版社，2003.

[6]彭亮，杨俊峰，覃辉艳，姚思宇，王彦武，黄超培. 元宝枫油的毒理学安全性实验研究[J]. 中国食品卫生杂志，2011，23(1)：70－75.

[7]中华人民共和国卫生部. 卫生部关于批准元宝枫籽油和牡丹籽油作为新资源食品的公告(2011 年第9号)[EB/OL]. (2011.03.29)〔2011.05.20〕. http://www.moh.gov.cn.

[8]王性炎，王姝清. 新资源食品——元宝枫籽油[J]. 中国油脂，2011，36(9)：56－59.

[9]侯镜德，陈至善. 神经酸与脑健康[M]. 北京科学技术出版社，2006.

[10]王性炎，王姝清. 神经酸新资源——元宝枫油[J]，中国油脂，2005，36(9)：56－59.

[11]韩建英. 特种活性物及营养美容[J]. 日用化学品科学，2012，35(6)：47－51.

（本文原载《中国油脂》2013 年第 38 卷第 7 期）

美国“罗伦佐油”(Lorenzo's oil)的启示

王性炎,罗延红,王姝清
(西北农林科技大学,陕西 杨凌 712100)

摘 要:通过对罗伦佐油背景的回顾和对美国发明专利文献的分析,进一步揭示了神经酸作为药物在 肾上腺脑白质退化症(ALD)和多发性硬化症(MS)上的治疗作用。欧美发达国家非常重视富含神 经酸植物的开发和利用,先后公布了多项发明专利和研究报告。我国特有的元宝枫油与欧美发展的缎花种子油(Lunaria biennis seed oil)在神经酸与芥酸含量的组成比例上相差不大,油酸含量相 近,必需脂肪酸亚油酸、亚麻酸含量元宝枫油高于缎花种子油。因此,应重视和大力发展我国特有 的含有神经酸的元宝枫油,使其在多发性硬化症防治及脑保健方面发挥作用。

关键词:罗伦佐油;缎花种子油;元宝枫油;神经酸;肾上腺脑白质退化症;多发性硬化症

中图分类号:TS22;R977. **文献标志码**:A **文章编号**:1003-7969(2014)07-0001-04

一位名叫罗伦佐(Lorenzo)的美国人在幼儿时期患了罕见的肾上腺脑白质退化症(Adrenoleu-kodystrophy,ALD),医生宣布为无药可治的绝症。ALD 的病因是一种过氧化酶体代谢紊乱的遗传病,其症状为行为异常、视力减弱、步行困难、耳聋、癫痫发作、容易疲劳、呕吐、皮肤色素沉积等,随后病人感觉功能和运动功能恶化。其生化特征为特长链饱和脂肪酸(VLCFA)的 β-位氧化作用不足,无法分解“长链脂肪酸”,造成体内特长链饱和脂肪酸,特别是 C24:0、C26:0 在体内的积累,从而伤害环绕大脑神经细胞的髓鞘及持续使肾上腺退化所导致的进行性神经功能退化,通常发病 3 年内病情会迅速恶化甚至死亡。

罗伦佐的父母亲不肯放弃希望,四处求诊,阅读相关医学研究报告与文献,终于研发和调配出一种油剂,发现这种由油酸与芥酸以 4:1 比例调配的混合油,可以快速降低血液中特长链饱和脂肪酸(C26:0),使其接近或恢复到正常值,因此减轻髓鞘流失及临床症状持续恶化,可以控制住儿子日渐恶化的病情,因此将这种混合油取名为“罗伦佐油”(Lorenzo's oil)。此油剂获得美国发明专利,编号 5. 331. 009。专利权所得资金用来支付“髓鞘再生研究计划”。相关研究成果分别于 1987 年 3 月和 1989 年 11 月在 Annals of Neurology 期刊上发表了两篇论文,引起医学界的重视,纷纷开展对罗伦佐油的研究,美国食品与药品管理局（FDA）也给予了长达5年的资金资助。

1 轰动一时的美国影片“罗伦佐油”（Lorenzo's oil）

这部电影是根据上述发生在美国的一宗真实的病例编写搬上银幕的，1992年12月30日在美国上映。该片的剧情是：1984年一对原任职东非科摩罗群岛世界银行代表的奥登夫妇，偕5岁幼子罗伦佐调回华盛顿办事处，罗伦佐一向是个健康正常的小男孩，但自5岁后，一些奇怪的现象发生在他身上，常常暂时失去记忆，健康状况急速衰弱，无故大声咆哮，甚至还丧失了听觉。罗伦佐的父母带着他寻遍名医后，发现罗伦佐得了一种罕见而致命的脑神经疾病ALD，目前的医学技术对ALD尚无药可治，这个诊断结果仿佛为罗伦佐宣判了死刑，眼看罗伦佐一步步走向死亡，群医却束手无策，奥登夫妇领悟到唯有靠自己才能挽救儿子的性命。片中记录了他们如何着手研究ALD，在反复试验后，研制出了一种“油酸 + 芥酸”的混合油给罗伦佐食用，终于从死亡边缘把他救了回来，故命名为“罗伦佐油”，并且造福了无数患此病的儿童。该片获第65届奥斯卡金像奖最佳原创剧本（提名）和最佳女主角（提名）。

编导以半记录片的手法，平实而详细地介绍了整个事件的来龙去脉，全片不重视戏剧性，以流水账方式记录奥登夫妇如何为儿子的病而心力憔悴，又如何学习医学知识自力救助，他们的真挚投入成功地补偿了本片在娱乐性方面的不足，并且有力地作出了一些具有正面意义的社会教育。ALD当时在欧美国家的比例，平均每4.5万人中就有1位ALD患者，当时骨髓移植手术的失败率达5成。美国《华盛顿邮报》2008年5月31日报道，罗伦佐在他30岁生日前夕，因吸入性肺炎在弗吉尼亚州的家中逝世，相比于一开始医生的判断，他不但推翻了ALD幼年夭折的宿命，还顺利多活了22年。

电影“罗伦佐油”虽然改编自真人真事，但是，也难免有失真的部分，罗伦佐油的临床疗效并不像电影描述那么神奇，近年来关于罗伦佐油的研究报告陆续发表，对其预防或延迟神经功能恶化的疗效也受到一些专家的质疑，有待更长时间的评估[1-2]。

2 美国发明专利“神经酸及长链脂肪酸治疗脱髓鞘病的用途”的突出贡献

专利摘要：含有神经酸（顺-15-二十四碳烯酸）的混合物，在生理允许的条件下，用于治疗脱髓鞘病，例如多发性硬化症。其他链长在C16 ~ C26的长链脂肪酸,特别是芥酸或其酯类,也包含在此混合物中。该发明涉及一种药剂组分,该组分含有长链脂肪酸,如神经酸或其衍生物,用于治疗脱髓鞘病,如多发性硬化症(MS) 。该病是一种影响成熟的中枢神经系统(CNS) 的病症,它的病变位于脑部或脊髓, 虽然其病因复杂,但患者的脑髓、视神经和脊髓索的脱髓鞘这一点是肯定的。

随着科学的进步,医学家们对大脑中枢神经系统疾病研究的深入,发现人类大脑中复合脂质的主要成分是长链脂肪酸,复合脂质包括: 神经节苷脂、脑苷脂、硫苷脂和鞘磷脂。这些复合脂质结构中含有大量的长链脂肪酸(特别是神经酸),常规髓鞘脂质中的典型成分如表 1 所示。

表 1 髓鞘脂质中长链脂肪酸的分布情况 %

脂肪酸	神经节苷脂*	脑苷脂*	硫苷脂*	鞘磷脂**
C24:1	24.1	45.7	48.0	35.0
C24:0	11.1	15.8	14.3	—
C25:1	5.0	7.8	10.2	2.3
C25:0	1.8	2.3	3.4	—
C26:1	4.1	4.5	9.1	1.0
C26:0	0.8	0.3	1.1	—

注: * 从人体的纯髓鞘脂质中取得; ** 从人的脑白质中取得。

从表 1 可见,正常人的大脑和神经组织的复合脂质中,含有大量的长链脂肪酸,特别是神经酸占有主要地位。

研究发现多发性硬化症的共同特点是患者的髓鞘质遭受破坏,导致髓鞘质中重要的长链脂肪酸(神经酸) 含量严重下降。通过病理解剖 MS 患者的大脑,与正常人脑白质髓鞘脂中神经酸含量对比得到证明,见表 2。

表 2 正常人和 MS 患者脑白质髓鞘脂中神经酸含量对比 %

鞘磷脂		硫苷脂		脑苷脂	
正常人	MS 患者	正常人	MS 患者	正常人	MS 患者
36.3 ± 2.5	25.7 ±5.7	36.2 ± 3.7	28.0 ±4.8	40.3 ± 5.7	31.0 ±5.3

注: 所列对比数据摘自文献[3]。

从表 2 可见,当 MS 患者的髓鞘质遭受破坏后,必然导致神经酸含量的严重下降,不仅使中枢神经系统必需的长链脂肪酸枯竭,而且使作为抗原的髓鞘质基础蛋白(MBP) 丧失。

因此,该项发明专利认定,为 MS 患者和 ALD 患者提供符合药理学要求的长链脂肪酸,特别是神经酸与芥酸是非常必要的。长链脂肪酸可以通过食物补充,而神经酸在现代食品中含量极少,过去主要依靠捕杀深海鱼获得,随着国际社会禁捕鲨鱼,神经酸来源困难,研究发现有两种途径解决。

采用合成法制备神经酸。以芥酸(顺 -13- 二十二碳烯酸)为原料制备。该合成法具备很多优点,特别是制备同位素标记的神经酸合成法。但缺点是耗时长,价格昂贵。

利用少数植物种子油中含有的神经酸。这种方式引起了科学家的重视,筛选出缎花(*Lunaria*)属中的两种草本油料 *Lunaria biennis* 和 *Lunaria annua*。缎花种子油(*Lunaria biennis* seed oil)的脂肪酸组成见表3。

表3　缎花种子油中脂肪酸组成及相对含量　　%

脂肪酸	相对含量	脂肪酸	相对含量
C16:0	1.2	C20:1	1.6
C16:1	0.2	C22:0	2
C18:0	0.2	C22:1	45.3
C18:1	23.4	C22:2	0.1
C18:2	4.8	C24:0	0.2
C18:3	1.0	C24:1	21.8
C20:0	痕量		

注:痕量通常低于0.1%。

从表3可见,缎花种子油中主要脂肪酸为油酸23.4%,芥酸45.3%和神经酸21.8%,占脂肪酸总量的90.5%,其中芥酸占一半。

该项发明专利可将神经酸作为治疗的一种活性成分,也可选择性地添加一种或多种其他活性成分。包括长链脂肪酸功能衍生物,特别是神经酸功能衍生物的应用。可是,这些药剂的制备工艺繁琐,价格昂贵。专利认定,最好的药剂来源应该是天然种子油,特别是上述的缎花种子油,可将该种子油制成胶囊、片剂或水乳剂服用。也可注射给药、静脉注射或鼻饲给药。通常成年人适宜的给药范围是每天0.1 ~ 10 g,最好是每天0.5 ~ 5 g。专利认定,芥酸及其衍生物可有效降低ALD毒性代谢物浓度。因此,该发明适合治疗ALD。治疗ALD时,应限制患者食用C24以上饱和脂肪酸的食品,同时还可以补充缎花种子油中必需脂肪酸的不足,包括γ-亚麻酸、二十碳五烯酸和二十二碳六烯酸[3-4]。

由此可见,该项发明专利为肾上腺脑白质退化症和多发性硬化症的预防和治疗作出了突出贡献。

3 元宝枫油作为保健和药品开发利用前景广阔

上述含有较多神经酸和芥酸的缎花种子油，对肾上腺脑白质退化症和多发性硬化症的疗效被发现以后，在 1999 年美国发明专利“神经酸的组分”和 2003 年美国发明专利“神经酸衍生物的制备及用途”及相关论文中，对缎花种子油的药用价值给予了高度的评价。

此后，欧美发达国家将这种含神经酸的缎花属植物称为奇特的植物[5]，在本国大量栽培和利用。例如英国在 1993—1995 年间，在其南部地区，对缎花属植物在不同播种期生长情况和产量进行了对比试验[6]。1988—1999 年，英国在苏格兰地区，对缎花属含神经酸植物进行了高产栽培试验，对不同播种期产量进行了对比分析，对不同生长期间种子油中神经酸和芥酸等成分的含量进行了系统分析和检测。试验表明，在苏格兰地区作为商业性种植产量达到 2 t / hm^2 是可能的。另外与荷兰的栽培试验的 产量进行了对比[7]。足见国外对神经酸植物的发展和利用的重视。

发达国家对缎花种子油的开发利用与大力发展，美国多项神经酸专利的公示，给了我们极大地启示。我国特有树种元宝枫(*Acer truncatum* Bunge)，其种子油的脂肪酸组成与缎花种子油完全相同，仅在含量上有差异，见表 4。

表 4 缎花种子油和元宝枫油脂肪酸组成及相对含量 %

脂肪酸	缎花种子油	元宝枫油
C16:0	1.2	4.19
C16:1	0.2	0.08
C18:0	0.2	2.40
C18:1	23.4	24.80
C18:2	4.8	36.35
C18:3	1.0	1.85
C20:0	痕量	0.25
C20:1	1.6	8.23
C22:0	0.2	0.78
C22:1	45.3	16.08
C22:2	0.1	痕量
C24:0	0.2	0.32
C24:1	21.8	5.52

由表 4 可见,元宝枫油与缎花种子油中神经酸含量与芥酸含量的比例相差不大,油酸含量相近,必需脂肪酸亚油酸与亚麻酸含量,元宝枫油高于缎花种子油,且含量合理。两种油中饱和脂肪酸含量均低于 8% ,缎花种子油相对更低。

在我们进行的"八五"科技攻关"元宝枫开发利用研究"和"九五"科技攻关期间,与西安交通大学药学院合作,对元宝枫油的急性毒性和长期毒性多次试验证明,元宝枫油食用安全无毒性;大量动物试验证明,元宝枫油具有良好的抗肿瘤作用[8]。

与其他大多数食用植物油相比,元宝枫油有其独特的性质,它是较稳定的植物油,由于含有丰富的内源抗氧化剂,能保存多年而不酸败。和芝麻油 样,机榨的元宝枫毛油不需要严格的纯化和精炼就能食用。元宝枫油优异的抗氧化性应归于其高含量的维生素 E (125 mg /100 g)。元宝枫种皮中含有 60% 多酚类化合物,在加工过程中,其中一小部分也在油中存留,更增加其内源抗氧化能力。元宝枫油抑菌试验表明,元宝枫油对几种常见的食品腐败菌 有较广泛的抑制作用,特别是对大肠杆菌、枯草芽孢杆菌和黄曲霉菌的抗菌作用极佳,可作为食品和中成药的天然无毒防腐剂[9-10]。

2010 年,卫生部在审批元宝枫油作为新资源食品时,委托广西壮族自治区疾病预防控制中心对元宝枫油的毒理学安全性进行复查和系统的试验研究,其结论为:元宝枫油在本试验条件下为无毒物,未显示有急性、亚慢性及遗传毒性;并认定,元宝枫油不仅可以作为食用油 还是一种保健油[11]。2011 年 3 月 22 日,中华人民共和国卫生部第 9 号文件公告批准元宝枫油为新资源食品[12]。公告全文中对元宝枫油的质量要求,亚油酸(C18:2) 含量大于等于 30. 0% 、油酸(C18:1) 含量大于等于 15. 0% 、神经酸(C24:1) 含量大于等于 3.0% 。这就为元宝枫油正式进入我国食用植物油大家庭签发了准入证。

2010 年 5 月 27 日《科技日报》报道:"中青年妇女易患多发性硬化症"。多发性硬化症是一种易发于青壮年的慢性中枢神经系统炎性疾病。常见症状有行走困难、协调性差、语言缓慢、认知障碍、膀胱直肠和性功能障碍、麻木疼痛、感觉异常、视觉障碍和极度疲劳等,病程中这些症状常常表现为间断的复发和缓解,随着病情的加重最终导致残疾。由于多发性硬化疾病反复发作,且没有特异性的诊断方法,因此诊断比较困难,治疗上也很难治愈但可减轻病情。2014 年 5 月 26 日是第二个"多发性硬化症日",为唤起对多发性硬化疾病的重视,卫生部医改司与默克雪兰诺公司签署合作协议,共同启动了"中国多发性硬化诊疗培训项目"。近年来,多发性硬化症发病率逐渐增高,现有的临床观察得

出的结论表明,人们在 15 岁之前受到的某种病毒感染可能成为诱因,会造成多发性硬化症。目前全球有超过

250 万的多发性硬化症患者,患者多在 20 ~ 40 岁之间,多发性硬化症女性患者是男性患者的 1 倍。

借鉴上述美国发明专利“神经酸及长链脂肪酸治疗脱髓鞘病的用途”“神经酸的组分”及相关论文的启示,对比欧美国家快速发展缎花种子油的经验,以及美国和日本进口我国元宝枫油对药用研究的关注,大力发展我国食用植物油中唯一含有神经酸的元宝枫油作为保健和药用油,应该引起高度重视。

参考文献:

[1]ROSEN F S. Pernicious treatment[J]. Nature,1993,361: 695.

[2] Washington post staff writer saturday[N]. 2008 - 05 - 31

[3] COUPLAND K, LANGLEY N A. Use of nervonic acid and long chain fatty acid for the treatment of demyelinating dis - orders: US,5194448[P]. 1993 - 03 - 16.

[4] COUPLAND K. Nervonic acid compositions: US,5994404[P]. 1999 - 11 - 30.

[5] WALKER R L, WAIKER K C, BOOTH E J. Adaptation potential of the novel oilseed crop, honesty(Lunaria annual L.) , to the Scottish climate[J]. Ind Crop Prod,2003,18(1) : 7 - 15.

[6]CROMACK H T H. The effect of sowing date on the growth and production of Lunaria annua in Southern England[J]. Ind Crop Prod,1998,7(2 /3) : 217 - 221.

[7] MILLAM S, MITCHELL S, CRAIG A, et al. In vitro ma - nipulation as a means for accelerated improvement of some new potential oil crop species [J]. Ind Crop Prod,1997,6(3) : 213 - 219.

[8]王性炎. 中国元宝枫[M]. 陕西 杨凌: 西北农林科技大 学出版社,2013.

[9]王性炎,王姝清. 神经酸新资源——元宝枫油[J]. 中国 油脂,2005,30(9) 62 - 64.

[10]王性炎. 化妆品工业的优质原料——元宝枫油[J]. 中国油脂,2013,38(7) : 3 - 7.

[11]彭亮,杨俊峰,覃辉艳,等. 元宝枫油的毒理学安全性实验研究[J]. 中国食品卫生杂志,2011,23(1) : 70 - 75.

[12]中华人民共和国卫生部. 卫生部关于批准元宝枫油和牡丹籽油作为新资源食品的公告(2011 年第 9 号) [EB / OL]. (2011 - 03 - 29) [2014 - 03 - 10]. http: / / www。moh. gov. cn.

(本文原载《中国油脂》2014 年第 39 卷第 7 期)

附 录

附录一

陕西省政府农林局、粮食局(紧急通知)

陕政农、粮发(1971)030、034号

关于发动群众采集五角枫种子的紧急通知

各地、市、县政府生产组、农林、粮食局:

最近,西北农学院广大职工,遵照毛主席“备战、备荒、为人民”的伟大教导,为革命开辟油源,采集五角枫(元宝枫)种子,试榨化检,含油量在百分之三十二以上,每百斤出油二十六斤半,油品清亮,味道香美,与花生油的质量不相上下,证明是一种很好的木本食用油料。

五角枫栽培容易,生长较快,木质坚硬,质地优良,普遍用于城市、学校、厂矿和机关绿化,十年以上的大树,每年可以采集果实三十斤左右,这是新发现的木本油料。积极开辟和充分利用这一油源,对实现我省食油自给有余,有重要作用。在省政府生产组二月二十三日召开的电话会议上,肖副主任和熊副司令号召城乡人民,在春季植树造林中大量种植。为此,特作如下通知:

一、凡有五角枫资源的地方和单位,特别是西安、宝鸡、铜川、咸阳市,周至、兴平、户县、蔡家坡等工矿区的一些机关、学校、厂矿和部队驻地,各单位都要领

导亲自动手,发动群众,组织人力抓紧时机,争取在最近大约一个月时间内,把悬在五角枫树上尚未脱落的种子,全部采集回来。

二、采得的五角枫种子,首先由本地区、本单位选留一部分,积极安排育苗,发展五角枫生产。其余全部卖给国家,由各地粮食部门收购。

三、五角枫种子收购价格:籽仁饱满、颗粒为圆形。可作种子的毛边角果(不带杆)每市斤试行统一收购价一角三分。质量次不宜作种子的,每市斤掌握一角左右,依质论价,分等收存。粮食部门要便利群众,不论多少,随到随收。还要主动与辖区内有五角枫资源的机关、学校、厂矿、部队联系,抓紧协助采集,上门收购。

四、各地、各单位要保护好现有五角枫资源,建立管护制度,加强对五角枫树的养护和管理,为今年秋季增产果实和大量采收创造条件。

这个通知,望抓紧研究,及时转达到有五角枫资源的机关、学校、厂矿、部队中去,立即行动起来,并将工作进展情况告诉我们。

一九七一年三月九日

油树推广动态

第五期

陕西省油料推广办公室编印 一九七一年四月二十六日

大力发展五角枫 为革命广开油源

在伟大领袖毛主席“备战、备荒、为人民”的伟大战略思想和党的“九大”团结、胜利的路线指引下，在毛主席和党中央对延安人民亲切问候的巨大鼓舞下，西北农学院园林系教工，破除迷信，解放思想，通过三大革命运动的反复实践，发现了一种新的油料树种——五角枫(元宝枫)。最近，省政府农林、粮食两局发出通知，并在西北农学院召开现场会，现场会议上，来自关中三个市、三个地区和重点县农林、粮食、园林部门的同志，学习了西北农学院开展五角枫育苗、利用五角枫榨油和副产品综合利用的经验，解放了思想，统一了认识。大家认为，利用五角枫榨油，为今后发展木本油料生产，创出了新的路子，增添了新的内容。发展五角枫，是落实毛主席“备战、备荒、为人民”伟大战略方针和贯彻全国棉花、油料、糖料生产会议精神的一项有力措施，是增加新的油源、促进工农业生产、加强战备、实现我省食油自给有余的需要。会议要求各地调查资源，做好规划，结合城市和机关厂矿绿化，因地制宜，有计划地发展五角枫生产，为革命广开油源。

现场会议以后，许多地区立即行动起来。西安市农林、粮食、城建三局，联合发出通知，转发经验材料，采取一利用、二保护，三结合、四发展的办法，要求做好宣传工作，对现有五角枫资源、苗木进行一次普查，切实加强管理，严禁乱砍乱伐；组织人力，及时拣拾掉落在地上的五角枫种子，结合油树和其它油料播种育苗工作，争取在四月底五月初开展五角枫育苗活动；今冬明春大力组织采集种子，加强收购，正式纳入生产计划，搞好育苗，力争在“四五”期间做出成效，为社会主义建设和人民生活做出新的贡献。宝鸡地区园林工作站也及时发出通知，要求各县摸清底子，做好规划，抓紧时间，搞好核桃、五角枫的育苗、栽植工作，力争及早解决区内缺油问题。成阳市现有四百多棵两丈多高的五角枫苗木，准备做行道树马上上路栽植。分配给各地的一部分五角枫种子，正在抓紧组织育苗，并研究制定发展规划。

目前，一个发展核桃、油树等木本油料，并在城市、工矿区结合绿化重点发展五角枫的生产高潮，正在省内各地蓬勃兴起。

大力发展五角枫 为革命广开油源

在伟大领袖毛主席“备战、备荒、为人民”的伟大战略思想和党的“九大”团结、胜利的路线指引下，在社会主义革命和社会主义建设蓬勃发展的新高潮中，西北农学院林学系革命教工，通过三大革命运动的反复实践，发现了一种新的油料树种——五角枫。

五角枫，又叫元宝枫、元宝树，属于落叶乔木，因叶子分裂成五个角而得名。种子含油量在百分之三十二以上。每百斤种子土榨出油二十六斤半。油色黄亮，有花生油的香味，是很好的食用油，也是工业生产的好原料。油渣可制酱油、又是很好的饲料和肥料。木材坚韧，结构细致，强度高，可作家具、农具，在纺织工业上可代替桦木制作纱管、木梭。花是很好的密源。树叶和脱粒后果翅，果皮可作牛、羊、猪的饲料。

五角枫的特点是：耐寒、耐旱、抗涝、稳产、高产，病虫害少，管理省力，适应性强，除我省山区海拔两千米以下有零星分布外，因枝叶茂密、花果繁多、树形美观，适作绿化树种，在西安、宝鸡、咸阳等大中城市和兴平、户县、临潼、铜川等工矿区、机关、学校、厂矿有广泛种植。仅西安市城市绿化部分，就有三万多株。

五角枫育苗简单，栽植容易，成活率高，生长较快，栽植后四年开始结果，每年五月开花，十月间果实成熟，秋冬落叶，果实仍长期悬挂树上，直到第二年二、三月间还可继续采收。十年后每株可产油四斤以上。

发展五角枫生产，是落实毛主席“备战、备荒、为人民”伟大战略方针和贯彻全国棉花、油料、糖料生产会议精神的一项有力措施，是增加新的油源，促进工农业生产，加强战备，保证军需民食，实现省内食油自给有余的需要。

省政府农林、粮食两局最近发出通知，并在西北农学院召开现场会，要求各地有计划地发展五角枫生产，并保护好现有五角枫资源，为人民做出新的贡献。

陕西省粮油公司

一九七一年四月

附录二

陕西省农村工作会议

简　　报

第十三期

中共陕西省委办公厅　　　一九九〇年十月七日

王性炎同志建议发展五角枫
张勃兴同志表示支持这件事

10 月 6 日,参加第 2 组(宝鸡市)讨论的西北林学院王性炎同志建议发展木本油料五角枫。他说,陕西食油短缺,供求矛盾突出。全省年食油自给率只 70%,每年吃调进油 3 千万斤以上。而光靠油菜,又不可能完全解决食油问题。

五角枫又名元宝枫,主要分布在北方各省,垂直分布约在海拔 300 ~ 2000 m 之间。下籽出苗率高,移栽成活率高,5 年便可挂果结籽,油籽的含油量为 48%,一棵成年树可产籽 20 斤左右。土法榨油出油率为 25.2% ~ 26.6%,油质清亮,色、味可与花生油媲美。假如全省每户种一棵,即可产油 3 千万斤;若人均一株,全省的食油问题可以解决。五角枫的材质坚硬,弯曲强度高,纹理细密美观,材色淡肉红色,是纺织工业制作木梭、纱管的优质材,也是制作家具或其它细木制品的好材料。果翅、种皮单宁含量为 16.6%,是处理山羊皮、鞋制革的上好原料。五角枫油渣还可制造酱油,每 100 斤可产 500 斤酱油。它还是城市绿化的一个好树种。建议省上有关部门和领导重新认识,采取特殊措施,广为宣传,先在部分地区试点,取得效益后,再全面推广,争取用 10 年时间,使我省的油料生产有一个大的转机,走出一条新的路子。

参加宝鸡组讨论的张勃兴同志听后说,这么好的东西,1971 年省上就做了决定,但没有搞起来。现在咱们只要认准了就干,我支持这件事。你们可以先搞点宣传材料,各新闻单位都给予宣传。油料生产是个大事。发展五角枫,可以解决粮油争地的问题,你们拿个建议,省上做个决定。明年植树造林,我们省上的领导要带头去搞。宝鸡可以先搞试点,定上一个规矩,那一个县发展起来了,到时就给县长(不管他那时在不在任)立碑子。北京香山的红叶就是其中的一种,我们也可以搞一个山,去观赏,去旅游。

宝鸡市委书记纪鸿尚当即表示,宝鸡具有发展五角枫的条件,我们愿意进行试验推广,请林学院的同志在技术上提供帮助。

附录三

建 议 密 级	
批准密级及编号	

科学技术成果鉴定证书（格式）

编号（94）　　鉴字054号

成果名称：元宝枫开发利用研究

研究主持单位：西北林学院

主要协作单位：西安医科大学、西北轻工业学院

鉴 定 形 式：会议鉴定

组织鉴定单位：陕西省科学技术委员会

鉴 定 日 期：1994年6月24日

一、成果简要说明及主要技术指标

本课题为陕西省科委科研项目(编号:91K09—G_2)和省农办农村科技进步重点项目。

1. 首先对元宝枫果实的化学成分进行了比较系统的分析研究,为产品的深度开发研究提供了理论依据。

2. 在国内率先对元宝枫的早实丰产栽培技术,进行了比较系统的研究,为元宝枫工业生产资源基地建设奠定了基础。

3. 为我国皮革工业和纺织印染工业,提供了一种优质单宁。高活性单宁的提制工艺的专利申请已经中国专利局审查批准,国家专利申请号:93119018.5。元宝枫栲胶产品,经林业部林化产品检测中心检验,达到国家同类产品优等指标。

4. 元宝枫药用开发完成了开创性基础研究。元宝枫的生药学特性研究,为药用质量标准的制订提供了科学依据。元宝枫单宁的药理作用试验表明,其具有非常明显的镇痛、抗凝血和止泻等药理作用,可以研制出相应的抗脑血栓等新药。元宝枫油进行抗肿瘤作用研究的结果表明,其不仅能对肿瘤细胞有抑制作用,同时能促进新生组织生长,对体细胞有修复作用。毒性实验证明,元宝枫油无毒副作用,完全有希望开发为一种高效、无毒的抗癌新药。

二、推广应用前景及效益预测

该成果不但有较高的理论性,而且有先进的技术性和实用性。元宝枫是集油料、鞣料、蛋白资源、药用、化工、观赏、水土保持、特用材多效益为一树的重要经济树种。

1 亩元宝枫 =1.4 亩菜籽油 +1 亩大豆蛋白质 +0.5 亩黑荆树单宁 +0.5 亩用材林。

采用早实丰产技术可获得显著的经济效益。每亩栽植 110 株嫁接亩,三年后可产翅果 1000kg(单株产量 8 ~10kg),机械脱粒后可得种仁 500kg、果壳 500kg、可生产元宝枫油 150kg、单宁 140kg、酱油 1800kg。每亩产值以最低价格计算可收人 6000 元,纯利润 3000 元以上。若以医用保健油和药用单宁开发利用,产值将增加 10 倍以上。

集约经营 1000 亩元宝枫,年产翅果 50t,可建立一个中小型综合加工厂,设备投资约 20 万元(还可兼用于菜籽、棉籽榨油、其它食用植物油的加工),年产值达 600 万元以上,可获得显著的经济效益和社会效益。

三、鉴定意见

《元宝枫开发利用研究》鉴定意见

"元宝枫开发利用研究"是由西北林学院主持，西安医科大学药学系和西北轻工业学院应用化学研究所协作完成的陕西省科委的科研重点项目（编号：91K09—G_2），也是陕西省农办的农村科技重点项目。省决策咨询委员会、杨陵农业科技开发基金委员会列项给予资助。1994 年 5 月 24 日，由陕西省科委和省农发办共同组织有关专家教授在西北林学院对该项目进行了鉴定。鉴定委员会详细审查了试验研究技术资料，听取了工作总结、研究技术总结报告和中间试验情况汇报，并观看了产品，经过认真评议研究，一致认为：

1. 元宝枫在我国历来作为庭院和行道绿化树种，在我国长江以北等地广为栽植。该项研究在国内率先对元宝枫果实的化学成分和早实丰产栽培技术，进行了比较系统的研究，为产品的深度开发利用提供了科学依据，为元宝枫工业生产的资源基地建设奠定了基础。

2. 创造了先进的低温高效提制元宝枫栲胶新工艺，已经过中间试验，可以用于这项产品的生产开发。该工艺已经中国专利局审查批准。元宝枫栲胶产品，经林业部林化产品检测中心检验，各项定级指标均符合《黑荆树栲胶》国家标准中所规定的特级品质量要求。元宝枫种籽榨油工艺，前后进行了三次生产试验，产量和质量稳定。

3. 元宝枫栲胶在制革工业和纺织印染固色中的应用试验成功，为我国轻、纺等工业提供了一种优质单宁新资源。

4. 元宝枫药用开发完成了开创性基础研究。元宝枫的生药学特性研究,为药用质量标准的制订提供了科学依据。元宝枫单宁的药理作用试验表明,其具有非常明显的镇痛、抗凝血和止泻等药理作用,可以研制出相应的抗脑血栓等新药。元宝枫油进行抗肿瘤作用研究的结果表明,它不仅能对肿瘤细胞有显著抑制作用,同时能促进新生组织生长,对体细胞有修复作用。毒性试验表明,元宝枫油无毒副作用,完全有希望开发为一种高效、无毒的抗癌新药。

5. 该项综合研究,将一个绿化树种开发为集油料、鞣料、新蛋白质资源、药用、化工等多效益为一树的重要经济树种,其研究成果是显著的。完成了十一篇研究报告,已获准一项专利申请。产品开发利用研究获 1993 年“陕西省第三届科技成果交易会”金奖。早实丰产栽培技术正在宝鸡地区、江苏省宿迁市等地推广应用。

综上所述,该项研究由多学科配合,研究路线正确,方法科学,系统深入,资料齐全,数据翔实,在林产新资源综合开发利用领域中居国内领先地位,国外也未见报道,达到了国际同类研究的先进水平。

建议本项研究成果作为重大成果上报。

鉴定委员会负责人（签字）：

鉴定委员会主任：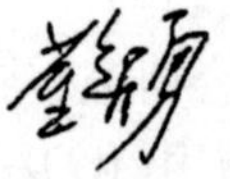

副主任：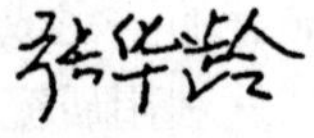

副主任：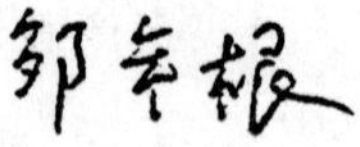

一九九四年六月二十四日

四、主持鉴定单位意见：

同意鉴定委员会意见

陕西省科学技术委员会

农业科技处

（盖章）

年 月 日

五、组织鉴定单位意见：

同意鉴定意见

陕西省科技成果

（盖章）

年 月 日

六、主要技术文件及提供单位：

1. 工作总结	西北林学院
2. 研究技术总结	西北林学院
3. 元宝枫果实化学成分的研究	西北林学院
4. 无宝枫育苗技术研究	西北林学院
5. 优质鞣料新品种——元宝枫	西北林学院 西北轻工业学院
6. 元宝枫栲胶用于锦纶染色的固色试验研究	西北林学院 西北轻工业学院
7. 元宝枫生药学研究	西安医科大学
8. 元宝枫油乳液对艾氏腹水癌小鼠的抗肿瘤作用	西安医科大学 西北林学院
9. 元宝枫油乳液对小鼠 S_{180} 肉瘤的抑瘤效果	西安医科大学 西北林学院
10. 元宝枫单宁的镇静、催眠、镇痛、抗凝和止泻作用	西安医科大学 西北林学院
11. 元宝枫苗木有关生理特性的研究	西北林学院
12. 元宝枫花芽分化及物候观察	西北林学院
13. 元宝枫小孢子产生及雄配子体形成的细胞学观察	西北林学院
14. 影响元宝枫种子萌发因素的研究	西北林学院

七、主要研究人员名单

序号	姓名	年龄	文化程度	所学专业	职务职称	工作单位	对成果的创造性贡献
1	王性炎	60	大学	经济林	教授	西北林学院	项目主持人，完成各项研究及中间试验
2	贺浪冲	36	大学	药物分析	副教授，系主任	西安医科大学	完成药用开发研究
3	吕居娴	60	大学	生药学	教授	西安医科大学	完成药用开发研究
4	李仲谨	42	大学	应用化学	副教授	西北轻工业学院	完成单宁应用研究
5	王姝清	56	大学	生理生化	教授	西北林学院	协助主持人工作并完成化学成分研究
6	李艳菊	30	大学	经济林	讲师	西北林学院	完成丰产栽培技术等研究
7	孙　波	30	大学	经济林	讲师	西北林学院	协助完成单宁制取工艺研究及中试
8	樊金栓	35	大学	经济林	讲师	西北林学院	参加部分产品开发的中间试验
9	梁志荣	46	大学	机械设计与制造	工程师	西北林学院	参加单宁制取中间试验
10	陈铁山	37	大学	林学	助理研究员	西北林学院	参加部分中间试验
11	贾彩霞	29	大学	经济林	助教	西北林学院	参加丰产栽培技术研究
12	王诚吉	32	大学	林学	助教	西北林学院	参加部分中间试验

八、鉴定委员名单

鉴定会职务	姓名	工作单位	所学专业	现从事专业	职称职务	签名
主任委员	董智勇	林业部	林学	资源管理	教授级高工	董智勇
副主任委员	张华龄	林业部	规划设计	资源管理	教授级高工	张华龄
副主任委员	邹年根	陕西省林业厅	森林经营	森林培育	副研究员	邹年根
	刘次伯	西安医科大学	药物学	药物学	教授	刘次伯
	沈良骥	西北轻工业学院	应用化学	应用化学	教授	沈良骥
	商洪生	武功农科中心	植病	植病	教授	商洪生
	康文明	陕西省科委	农学	成果管理	主任工程师	康文明
	李元瑞	西北农业大学	农产品加工	食品加工	教授	李元瑞
	张仰渠	西北林学院	林学	森林生态	教授	张仰渠
	胡芳名	中南林学院	林木育种	经济林	教授	故芳名
	何　方	中南林学院	造林	经济林	教授	何　方

附录四

"九五"国家科技攻关项目

子专题中期检查评估意见

96－017－04"干旱区优良抗逆植物选繁及产业化技术研究"专题

子专题编号	96－017－04－03
子专题名称	干旱区元宝枫丰产栽培及产业化技术研究
承担单位	西北林学院
技术负责人	王性炎

评估意见：

子专题紧密结合示范区特点和产业化技术，在试验示范基地建设及元宝枫产业化进程研究等方面，取得了较好成果。研究目标符合当前社会经济发展需求。研究中采取已有成果应用与新技术研究相结合、研究示范与生产相结合的合理技术路线，各项研究内容在各个试验点全面展开，进行顺利。

该子专题依靠宝鸡市林业局，以私营企业投入资金、科研单位投入技术形式，在联合建设勉县石质山地元宝枫丰产示范基地中作出了突出成绩，研究设计出元宝枫翅果专用脱粒机，并委托电子工业部39所试制样机一台，经生产性试验效果良好，同时完成了元宝枫种籽机械压榨制油中间试验，元宝枫保健茶等系列产品的研制和产业化开发。该子专题在研究中采取多方合作，互惠互利，共同开发元宝枫产业，再加之元宝枫产品具有一定的市场潜力，其攻关后劲较大。

希望在今后的科学研究中，继续保持其良好的研究势头，同时注重元宝枫系列产品的功能宣传、市场预测及市场开拓工作。

建议续签合同

组织部门意见：

同意中期检查评估意见。

国家林业局科技司

1998年8月

检查组成员名单

职责	姓名	性别	职称、职务	单位	签字
组长	江泽慧	女	教授、院长	中国林科院	江泽慧
副组长	王礼先	男	教授	北京林业大学	王礼先
成员	高尚武	男	研究员、国务院参事	中国林科院	高尚武
成员	刘效章	男	高级工程师、秘书长	国家林业局科技委	刘效章
成员	申元村	男	研究员	中国科学院地理所	申元村
成员	朱金兆	男	教授、副校长	北京林业大学	朱金兆
成员	黄鹤羽	男	研究员	中国林科院	黄鹤羽
成员	冯仁国	男	博士	中国科学院资环局	冯仁国

"九五"国家重点科技攻关
林业项目重大成果汇编
·荒漠化治理·
国家林业局科学技术司　编
中国林业出版社

编辑委员会

主　编　江泽慧

副主编　刘效章　祝列克

编　委　（按姓氏笔画为序）

王　虹	王　琦	卢　琦
江泽慧	刘效章	齐宗庆
朱清科	朱金兆	李二波
何力春	张大华	张守攻
张星耀	杨锋伟	侯小龙
祝列克	梅秀英	靳　芳

植物材料产业化技术

元宝枫丰产栽培及产业化技术

成果认定时间:2000 年 12 月 19 日

成果所属专题编号:96—017—01—04

成果主要完成单位:西北农林科技大学林学院、西安交通大学药学院、西北轻工业学院、陕西宝鸡市林业局、元宝枫药业发展有限有公司

成果主要完成人员:王性炎、贺浪冲、王姝清、吕居娴、李仲谨、孙 波、李艳菊、樊金栓、马希汉、高锦明、盛平想、寇 军、王兰珍、郭全健、赵恩岐

一、成果内容概述

元宝枫(*Acer truncatum*)是槭树科槭属(*Acer*)植物,又名元宝槭、华北五角枫,因翅果形状像中国古代"金锭元宝"而得名。我国历来作为观赏绿化和行道树在长江以北等地广为栽植。

该项研究在国内外首次对元宝枫果实和树叶的化学成分进行了系统的分析研究,揭示出其种子富含油脂(48%)和蛋白质(27%),而不含淀粉的特殊化学组成,为开发新油源和蛋白质新资源提供了科学依据。元宝枫种皮含 60% 的优质缩合类单宁,在植物鞣料中是罕见的。研究发现元宝枫树叶中含有多种与人体健康有关的活性成分,不仅含有丰富的维生素、矿质营养元素、超氧化物歧化酶(SOD)、全面的氨基酸组分,还富含绿原酸、黄酮、强心甙等成分。研究证明元宝枫具有很高的综合开发利用价值。

创造了低温高效法提制药用单宁和黄酮的先进工艺,在湖南省林产化工重点实验室和秦岭野生植物化工厂完成了中间试验,中试产品经检测质量优良。研制出元宝枫翅果专用脱粒机,完成了元宝枫种子榨油的生产试验,平均机榨出油率为 36%,最高可达 38%。利用榨油后的油粕酿制优质酱油获得成功。研制出"元宝枫茶",其保健效用可与银杏茶媲美,"元宝醇"饮料已上市。

总结出一套元宝枫育苗和丰产栽培技术，在陕西、山西、江苏、四川、云南、河南、山东、安徽、重庆10个地区推广应用。

二、成果关键技术、主要技术经济指标与国内外同类技术的比较

1. 元宝枫育苗和栽培技术

(1)元宝枫壮苗培育技术　播种育苗种子催芽处理、单位面积播种量和留苗量、抚育和管理。营养繁殖苗培育，包括选择优良单株、插穗和接穗的采集和处理、扦插技术、嫁接技术、苗木培育和管理等技术。

(2)果实丰产栽培技术　在培育壮苗的基础上，合理密植、整形修剪、科学施肥、改良土壤和环割等技术措施，达到早实、丰产。

成果创新性：传统采用播种育苗，实生苗生长缓慢，干形扭曲不直，且结实期需7~8年。“九五”以来，我们成功地解决了嫁接育苗、扦插育苗和平茬育苗技术，营养繁殖苗木无论地径和高生长均优于实生苗，嫁接苗提前3年结实。

2. 元宝枫果实专用脱粒机

在对国内普遍应用的粮食脱粒机械进行综合分析的基础上，根据元宝枫为不规整形翅果的特点，研究设计出既能脱去果皮，又能脱出种皮的元宝枫专用脱粒机。试制出我国第一台翅果型专用脱粒机。

整机尺寸：200 cm×90 cm×135 cm(长×宽×高)

机具重量：1400 kg

脱粒效率：200 kg/h

脱皮率：90%以上

破碎率：5%以下

3. 元宝枫油的营养价值与制油工艺

(1)元宝枫油的营养价值　元宝枫油的物理化学性质与脂肪酸组成的测试结果表明，它与通常食用的芝麻油和花生油的脂肪酸组成近似，必需脂肪酸含量高。可用于炒菜、煎炸食用。热榨的元宝枫油用作口服保健油，口感优于沙棘油，无异味。元宝枫油中脂溶性维生素含量丰富，维生素E含量很高，抗氧化性能好，比沙棘油、核桃油耐贮藏。

(2)制油工艺　通过对原料的预处理，控制好原料的破碎程度、蒸炒温度、进料量、入榨温度和保持榨机的负荷稳定等工艺参数，7次重复榨油结果表明，平均出油率为36%，最高可达38%，较过去土榨出油率提高8%。在同等条件下，比油菜籽出油率高出5个百分点(见表1)。

表 1　元宝枫种仁榨油

编号	种仁量（kg）	蒸炒温度（℃）	蒸炒时间（min）	出油量（kg）	出油率（%）
Ⅰ	55	80	40	19.50	35.45
Ⅱ	55	85	40	20.50	37.27
Ⅲ	55	85	40	19.25	35.00
Ⅳ	55	85	30	19.25	35.45
Ⅴ	55	85	30	19.10	34.73
Ⅵ	55	90	40	19.90	36.18
Ⅶ	55	100	40	21.15	38.45
平均	55			19.48	36.07

4. 元宝枫单宁的提制及应用

用元宝枫果壳提制单宁，先将果壳粉碎，低温浸提，过滤清除滤渣，将滤液浓缩，喷雾干燥以制得元宝枫栲胶。本工艺提供了一个制取优质缩合类栲胶——元宝枫栲胶的适宜工艺。

5. 元宝枫叶化学成分的研究

首次对元宝枫树叶的化学成分进行了全面系统的分析研究，研究发现元宝枫叶中含有多种生物活性成分（见表 2）。

表 2　元宝枫叶的营养成分含量

营养成分	含量（%）	营养成分	含量（%）
含水量（风干叶）	11.39	花青素	4.33mg/g
总糖量	8.65	儿茶素总量	6.74mg/100g
可溶性糖	5.32	SOD	96.97μg/g
还原性糖	3.33	维生 C	10.40mg/100g
总酸（以苹果酸计）	0.77	维生素 B_1	0.27μg/g
矿质元素	10.42	维生素 B_2	5.32μg/g
单宁	11.4	维生素 E	14.22mg/100g
类胡萝卜素	0.46		

研究发现元宝枫叶中黄酮和绿原酸的含量较高，但随季节变化而升降（表 3）。

表 3　元宝枫叶中不同月份总黄酮、绿原酸含量变化

月　份	4	5	6	7	8	9	10	11
总黄酮含量（%）	2.55	4.14	5.46	3.15	5.79	5.01	5.00	3.92
绿原酸含量（%）	2.18	2.18	4.83	3.54	3.38	1.96	1.69	1.72

同时研究发现元宝枫叶中含有丰富的矿质营养元素和全面的氨基酸组分。表明元宝枫叶有很高的营养价值,值得大力开发利用。

6. 元宝枫茶的试制

1997年西北林学院与勉县秦巴山经济技术研究所协作,以元宝枫叶为原料,首次在勉县茶厂研制出"元宝枫"茶。在海拔较高的山区建立的元宝枫茶园,采摘加工制成的元宝枫茶,没有污染、风味独特、功效神奇,经过近千人饮用后反映很好。

7. 元宝枫叶总黄酮的提制

为了开发利用元宝枫叶中的黄酮,进行了从元宝枫叶中提取黄酮方法的研究。随后在湖南省林产化工重点实验室和秦岭野生植物化工厂进行了中试(见表4)。

表4 提取黄酮的不同方法比较

序号	叶重(g)	提取法	提取物(g)	提取物(g)	黄酮含量(%)	提取物颜色
1	50	热水提取法	0.36	0.72	14.2	淡黄色
2	50	碱性水液提取法	2.08	4.16	13.8	褐黄色
3	50	70%乙醇提取法	6.10	12.20	35.0	杏黄色
4	50	60%丙酮提取法	9.96	19.92	55.7	杏黄色
5	50	甲醇提取法	0.84	1.69	23.7	杏黄色

比较看来,70%乙醇提取法克服了水提法存放易霉变等缺点,具有得率及总黄酮含量较高,后续的过滤、回收溶剂、干燥等操作也比较容易等优点。

中试工艺流程:

元宝枫叶→粉碎→低温提取→离心过滤→浓缩→萃取→浓缩回收乙醇→粗黄酮(含量35%)→吸附分离→减压浓缩→冷冻干燥(或喷雾干燥)→黄酮(含量52%),收率为4.65%。

三、成果的适用范围、应用的必备条件

《中国植物志》记载:元宝枫为中国特有树种,主要分布在吉林、辽宁、内蒙古、河北、山西、山东、江苏北部、河南、陕西、甘肃等地。生于海拔400~1000m疏林中。西北农林科技大学林学院研究发现,元宝枫根部具有两类菌根,一类是固磷的VA菌根,另一类是外生菌根,两类菌根兼有在木本植物中并不多见。元宝枫具有很强的抗逆性,能耐零下25℃低温,耐干旱和瘠薄土壤,抗风。在当今水资源不足和大面积土地磷资源缺乏的情况下,发展元宝枫将会产生可观的生态、社会和经济效益。

四、成果的推广应用情况

该项研究在“九五”期间得到及时辐射和推广。元宝枫壮苗培育和丰产栽培技术,在陕西宝鸡和汉中勉县分别建立了示范样板之后,迅速辐射到江苏、山西、江西、河南、山东、安徽、云南、四川和重庆10个省、直辖市。陕西育苗3000余亩,造林8.2万亩;山西育苗近3000亩,造林6万亩;四川造林3.8万亩;云南造林3.2万亩;江苏、河南、山东、安徽、重庆共造林近5万亩。目前,元宝枫荒山造林面积已突破26万亩,仅陕西和山西两省经营元宝枫种子和苗木,两项直接经济收入即达45000万元以上。

随着元宝枫系列产品的不断开发,由于其潜在巨大的经济效益和社会效益,吸引了一批有远见的企业家从城市进军山区,主动投资兴建元宝枫资源基地和产业化开发。

为了促进元宝枫产业的持续稳定、健康发展,经国家杨凌农业高新技术产业示范区管委会批准,于2001年2月26日在杨凌农业科技城建立“杨凌示范区元宝枫开发示范中心”,以协调全国10个省、直辖市元宝枫的良种选育、苗木繁殖、工程造林、产品开发的示范、推广和人才培训工作。

五、成果推广应用前景和效益分析

元宝枫是新开发的一种优质食用植物油和蛋白质新资源,果壳中的单宁又是我国大量进口的黑荆树单宁的同类产品和药用单宁。树叶是提制绿原酸、黄酮的优质原料。其木材又是高级工艺材和装饰材。这种集多种效益为一体,且适应性很强的水土保持树种和观赏树种,在国内适生区推广和应用,将会成为我国高效农业的一个新品种,成为生态经济农业的佼佼者。

根据初步测算,开展元宝枫综合开发,1亩地的总收入可达到4.335万元,因此,该成果的推广应用前景十分广阔。

元宝枫丰产栽培及产业化技术成果简介

2000年10月11日至13日,国家林业局科技司在北京召开了国家"九五"科技攻关项目"荒漠化治理技术研究与示范"专题、子专题验收会,根据子专题组提交的验收文件,结合现场检测意见,验收委员会采用听取子专题汇报,审核验收材料、现场答辩会和分析讨论等方式,对"干旱区元宝枫丰产栽培及产业化技术研究"子专题进行了评议,通过认真讨论,同意通过验收。认定"元宝枫丰产栽培及产业化技术"为研究成果。

1. 专题组提交的验收文件和各类测试报告,符合验收要求。

2. 专题组按合同内容和实施计划完成了各项计划任务:

(1)超额完成了元宝枫丰产栽培示范区建设任务。专题合同原定在宝鸡旱源区和勉县基岩裸露石质山区两地分别建立示范园100亩,共200亩。目前,已在陕西、山西、四川、云南4省建立示范基地10286亩。

(2)初步总结出一套元宝枫育苗和丰产栽培技术,编著出《元宝枫栽培与加工利用》科普书,由陕西人民教育出版社出版,在国内有关省区推广应用。

(3)完成了元宝枫翅果专用脱粒机的研制和定型,委托航天工业部39所试制出样机一台。生产试验证实效果良好,剥皮率在90%以上,为元宝枫果实的系列加工和工业化生产奠定了良好基础。

(4)完成了元宝枫种子机械榨油的生产试验,7次重复试验结果表明,平均出油率为36%,最高可达38%,较过去土榨出油率提高了8个百分点;在同等条件下,比油菜籽出油率高出5个百分点。

(5)完善了元宝枫单宁的提制工艺,研制出单宁含量高,色泽纯正,渗透快、皮革质量高的优质缩合类栲胶。

(6)首次对元宝枫树叶的化学成分进行了比较系统的分析,发现元宝枫叶含有多种生物活性成分,有较高的药用价值和保健效用。现已开发出元宝枫保健茶和元宝枫黄酮等试验产品。

(7)对元宝枫抗旱性进行了研究。就元宝枫有关生理指标的变化及其与抗旱性的关系进行了研究,发表了"元宝枫对干旱适应性的研究"、"水分胁迫对元宝枫膜脂过氧化作用的影响"、"应用P－V技术对元宝枫水分生理特点的研究"三篇研究论文。上述研究为元宝枫在干旱地区和生态条件较差地区造林,表现出的较高成活率和保存率，提供了一定的科学依据。

（8）与西安交通大学药学院合作，对元宝枫进行了药用开发研究。大量动物试验证明，元宝枫油对 S_{180} 肉瘤和腹水瘤有明显的抑瘤作用，是一种很有开发前景的药用植物油。元宝枫黄酮具有明显的促凝血作用，其作用强于止血敏125倍以上；还可使心肌耐缺氧时间延长，对于防止和治疗冠心病、心绞痛、心力衰竭有重要意义。元宝枫在药用开发利用方面潜力很大。

3. 在政府和企业家支持和帮助下，元宝枫育苗和栽培技术，已在陕西、山西、四川、云南、江苏、江西、安徽、山东、河南九个省推广应用。“九五”期间，陕西省育苗2000余亩，荒山造林8万余亩。山西省育苗3000余亩，荒山造林5万余亩。江苏、云南、四川、江西、山东、河南、安徽等省区荒山造林5万余亩。取得了较好的生态效益、社会效益和经济效益，种子和苗木经济收入在3900万元以上，也为山区农民开创了一条致富新路。

4. 通过宣传和示范，吸引企业家主动投资，加快了元宝枫产业化步伐。目前，已注册从事元宝枫产业开发的企业有：元宝枫药业发展有限公司（陕西西安）、福田实业有限责任公司（山西浮山）、陕西元宝枫有限责任公司（陕西西安）、云南昆明威达元宝枫产业开发有限公司（昆明市）。有两家公司已编制设计元宝枫系列产品生产线、工程技术方案，通过省政府主管部门的评审批准实施，明年元宝枫饮料，元宝油等产品将投入市场。元宝枫产业化开始起步。

5. 专题组制定的研究计划和实施方案合理，在实施过程中与政府和企业家密切合作、不断探索、不断创新，共同开创元宝枫产业，为元宝枫资源培育和产业化奠定了坚实的基础。

№ 00003783

著作权登记证书

申请者王性炎提交的文件符合规定要求，对由其于 2002 年 11 月创作完成，于 2003 年 3 月在成都市首次发表的作品《中国元宝枫》，申请者以作者身份依法享有著作权。

经中国版权保护中心审核，对该作品的著作权予以登记。

登记号为：2005-A-03783；发证日期为：2005 年 9 月 5 日。

中华人民共和国国家版权局

中华人民共和国国家版权局 作品自愿登记专用章

参 考 文 献

[1]王性炎. 优良的木本油料树——五角枫[J]. 陕西林业科技,1973(1):36 - 40.

[2]王性炎. 中国主要树种造林技术(元宝枫) [M]. 北京:农业出版社,1978,761 - 765.

[3]王性炎,吴中禄,张仰渠等. 五角枫——一种优良的木本油料树[J]. 油脂科技,全国油脂科技情报中心站,1981(增刊):113 - 117.

[4]王性炎. 木本油脂的化学组成与人体健康[A]. 经济林研究[C]. 全国高等林业院校经济林专业教材编审委员会主编,1983(1):89 - 95.

[5]王性炎,李仲谨,孙波等. 元宝枫栲胶的制取、分析及应用[J]. 西北轻工业学院学报,第二届亚洲皮革科学与技术国际学术论文集,1994(3):60 - 65. 英文版 51 - 56.

[6]王性炎,盛平想,王姝清. 元宝枫开发利用研究[M]. 西安:陕西科学技术出版社,1996.

[7]李艳菊,王性炎,杨正礼等. 元宝枫种子蛋白功能特性研究[J]. 西北林学院学报,1996,11(3):41 - 45.

[8]王兰珍,马希汉,王姝清,王性炎. 元宝枫叶营养成分研究[J]. 西北林学院学报,1997,12(4):61 - 63.

[9]王兰珍,马希汉,王姝清,王性炎. 元宝枫叶总黄酮提取方法研究[J]. 西北林学院学报,1997,12(4):64 - 67.

[10]王兰珍,马希汉,王姝清,王性炎. 元宝枫叶有效成分动态变化的研究[J]. 西北林学院学报,1997,12 (4):68 - 71.

[11]李艳菊,王性炎,李鸿敏等. 元宝枫发酵酸乳加工工艺研究[J]. 西北林学院学报,1998,13(3):56 - 61.

[12]李艳菊,王姝清,贾彩霞. 元宝枫翅果油脂含量及积累规律研究[J]. 西北林学院学报,1997,12(1): 48 - 52.

[13]方文培,包士英,徐廷志等. 中国植物志(46 卷)[M]. 北京:科学出版社,1981,93 - 94.

[14]中国科学院兰州沙漠研究所. 中国沙漠植物志(第二卷)[M]. 北京:科学出版社,1987,349 - 350.
[15]周以良等. 中国东北植被地理[M]. 北京:科学出版社,1997,55.
[16]丁炳录,王银. 大兴安岭森林与树木[M]. 呼和浩特:内蒙古人民出版社,1989,357 - 358.
[17]安徽经济植物志编写办公室. 安徽经济植物志(上册)[M]. 合肥:安徽科学技术出版社,1990,606 - 607.
[18]河北植被编辑委员会. 河北植被[M]. 北京:科学出版社,1996,121 - 122.
[19]陈汉斌,郑亦津,李法曾. 山东植物志(下卷)[M]. 青岛出版社,1997,594 - 595.
[20]孙秀丽,田树霞. 元宝槭种子休眠生理的研究[J]. 林业科学研究,199 1,4(2):185 - 191.
[21]王军,张用宪. 元宝枫引种育苗试验初报[J]. 江苏林业科技,1997,24(2):24 - 26.
[22]盛平想,郭全健. 元宝枫苗木生长特性观察与壮苗培育技术[J]. 陕西林业科技. 1999(3):21 - 22.
[23]赵宗林. 元宝枫旱区造林研究[J]. 林业科技通讯,1999(1):29 - 30.
[24]胡景江,顾振瑜,文建雷,王姝清. 水分胁迫对元宝枫膜脂过氧化作用的影响[J]. 西北林学院学报,1999,14(2):7 - 11.
[25]顾振瑜,胡景江,文建雷,王姝清. 元宝枫对干旱适应性的研究[J]. 西北林学院学报,1999,14(2):1 - 6.
[26]顾振瑜,文建雷,胡景江,王姝清. 应用 P—V 技术对元宝枫水分生理特点的研究[J]. 西北林学院学报,1999,14(4):17 - 22.
[27]申卫军,张硕新,刘立科. 几种木本植物木质部栓塞的日变化[J]. 西北林学院学报. ,1999,14(1):22 - 27.
[28]王性炎,李艳菊. 元宝枫栽培与加工利用[M]. 西安:陕西人民教育出版社,1998.
[29]王性炎. 王性炎学术论文集[M]. 成都:四川民族出版社,2001.

后 记

元宝枫的研究和开发利用,跨越交叉到植物学、植物生理学、生物化学、林学、医学、药理学、轻工和化学工程等领域,涉及的研究内容和成果是多学科交叉融合的展现。西北农林科技大学王姝清、李艳菊、马希汉、樊金栓、高锦明、王兰珍、孙波等教授,在"八五"、"九五"元宝枫项目科技攻关中,在元宝枫的丰产栽培技术、生理生化特性、化学成分研究、活性物质的分离提取、产品加工的中间试验、加工设备的研制和新产品开发等方面进行了开创性的研究,为元宝枫的开发利用和产业化奠定了坚实的理论基础和科学依据。

元宝枫药用开发研究,在西安交通大学医学院贺浪冲、吕居娴、曹永孝等教授的协作下,取得了元宝枫作为药用植物新资源开创性的研究成果。在西安科技大学应用化学研究所李仲谨教授的协作下,元宝枫栲胶在皮革鞣制和纺织印染固色中的应用试验成功,为我国皮革和轻纺工业提供了一种优质单宁新资源。

宝鸡市林业局盛平想局长和郭全健高工,是我主持国家"九五"攻关项目邀请的协作单位。他们在宝鸡地区率先建立了元宝枫丰产示范基地,为我国元宝枫资源基地建设奠定了良好基础和示范作用。

元宝枫药业发展有限公司董事长寇君,是参加元宝枫"九五"国家科技攻关唯一的企业家,他率先在陕西勉县基岩裸露的石质山地上,用炸药爆破整地,建立起千亩元宝枫示范林,为我国石质荒山造林做出了突出贡献。

对于上述在"八五"和"九五"元宝枫项目科技攻关中的教授、专家、科技人员和企业家,对他们的辛勤付出和严谨的科学精神,特在此表示诚挚的敬意;摄影家郑耀祖为本著提供了部分照片,在此一并致谢。

北京元宝枫世纪农业科技有限公司董事长常玉,为本著作再版大力支持,在此深表谢意。

最后,本著作再版之际说几句心里话,元宝枫从一个观赏绿化树种研究开发为引人注目的高效经济树种,是前无古人的事业,是艰苦奋斗的事业,是拓展创新的事业,是前景光明的事业。期盼更多有识之士为之奋斗,开创我国木本农业的光辉未来。限于著者的水平,本书不妥之处敬请批评指正。

王性炎

2016 年元月